산에 오르는 마음

산에 오르는 마음

매혹됨의 역사
Mountains of the Mind

로버트 맥팔레인 지음
노만수 옮김

글항아리

일러두기

- ( )는 지은이 주다.
- 〔 〕는 옮긴이 주다.
- 본문 하단 주에서 '지은이'라고 표시된 것 외에는 옮긴이 주다.
- 일부 피트, 파운드, 마일 등 영국식 단위는 한국에서 사용하는 단위로 대략 환산해 병기했다.
- '등산 용어'는 원서에서 일괄적으로 영어식으로 표기했으나, 한국어판은 영어식, 독일식, 프랑스식을 가리지 않고 '한국에서 일반적 혹은 관용적'으로 쓰이는 용어를 선택해서 표기했다. 가령 피켈, 아이젠, 자일, 아레트 등이다.
- 본문에 인용된 도서 중 국내에서 번역 출간된 책은 한국어판 제목으로, 그렇지 않은 경우는 원제를 번역하여 달았다.

Mountains of the Mind 차례

나의 외조부님에게 바칩니다!

아, 산에 오르는 마음이여,

나의 마음속에 산이 첩첩이 솟아오르네⋯⋯.

— 제라드 홉킨스, 1880년

제1장

홀림

Mountains of the Mind

나는 사람들을 매우 험난한 등반으로 내모는 저항할 수 없는 '열정'을 생각했다. 어떤 실패의 선례도 그들을 만류할 수 없다. 산봉우리는 심연처럼 억누를 수 없는 매력을 발산한다.

—테오필 고티에, 1868년

나는 열두 살 때 스코틀랜드 북부의 산간 고지대인 하일랜드에 자리한 외조부모님 댁에서 처음으로 위대한 등산 이야기 중 하나인 『에베레스트와의 승부The Fight for Everest』[1]를 읽었다. 1924년 조지 맬러리와 앤드루 어빈이 에베레스트산의 정상 부근에서 실종되자 마지못해 철수한 영국 원정대의 이야기를 다룬 책이다.

우리는 여름 내내 그 집에 머물렀다. 남동생과 나는 외할아버지의 서재인 복도 끝 방 말고는 어디든 내키는 대로 갈 수 있었다. 우리는 곧잘 숨바꼭질 놀이를 했고, 나는 침실의 큰 옷장에 숨곤

---

1 1924년 영국의 3차 에베레스트 원정대의 대장이던 에드워드 노턴이 1925년에 출간해 이후 인류의 에베레스트산 정복에 많은 도움을 주었다.

했다. 그곳에선 코를 찌르는 장뇌[2] 냄새가 강하게 풍겼고, 옷장 바닥에는 신발들이 어지럽게 널려 있었기에 서 있기조차 불편했다. 옷좀나방을 쫓기 위해 얇고 투명한 비닐봉지에 덧씌운 외할머니의 모피 코트도 그 옷장 안에 걸려 있었다. 부드러운 모피를 만지려고 손을 뻗었지만 그 대신 만져진 것은 매끈매끈한 비닐로, 느낌이 이상야릇했다.

그 집에서 가장 좋은 방은 외조부모가 '선 룸Sun room'이라 부른 온실이었다. 온실 바닥이 회색 널돌이라 발밑은 늘 차가웠고 두 벽은 거대한 통 유리창이었다. 외조부모님은 창문 하나에 매를 본떠 자른 검은 종이를 붙여두었다. 작은 새들을 놀라게 해 쫓아버릴 심산이었지만, 유리창을 허공이라고 착각한 새들이 자주 머리를 부딪혀 목숨을 잃었다.

여름인데도 외가는 스코틀랜드 고지대의 춥고 쌀쌀한 공기로 가득 차 있었고 모든 표면은 늘 서늘했다. 저녁을 먹을 때는 찬장에서 나온 둔중한 은제 날붙이 식기류가 손에 한기를 전했다. 밤에 잠자리에 들 때는 침대 시트가 얼음처럼 몹시 차가웠다. 나는 침대 아래로 최대한 몸을 밀착시킨 후 에어록(공기를 가두는 밀폐 공간)을 만들기 위해 시트 속으로 정수리까지 집어넣곤 했다. 그런 다음 침대가 따스해질 때까지 가능한 한 숨을 깊게 들이쉬었다.

---

2   독특한 향기가 나는 무색의 고체로, 물에 잘 녹지 않는 방충제.

집에는 사방에 책이 나뒹굴었다. 그러나 외할아버지는 책을 따로 분류해 정돈하지 않아 다양한 책들이 마구 뒤섞여 있었다. 부엌 안의 작은 시렁에는 『크랩트리 씨의 낚시질Mr Crabtree Goes Fishing』 『호빗』 『난롯가에서 읽는 탐정소설 선집The Fireside Omnibus of Detective Stories』이 가죽으로 제본된 존 스튜어트 밀의 『논리학 체계』 두 권과 함께 드러누워 있었다. 내가 제목조차 제대로 이해하지 못하는 몇 권의 러시아 관련서와 탐험과 등산에 관한 수십 권의 책도 즐비했다.

도통 잠을 이룰 수 없던 어느날 밤, 무언가 읽을거리를 찾으려고 아래층으로 내려갔다. 복도 한쪽에는 가로로 눕혀놓은 책들이 높이 쌓여 있었다. 나는 거의 닥치는 대로 벽에서 벽돌을 꺼내듯이 책더미 중간쯤에서 녹색의 커다란 책을 꺼내 '선 룸'으로 가지고 왔다. 밝은 달빛 아래, 나는 돌로 된 창문턱에 앉아 『에베레스트와의 승부』를 읽기 시작했다.

외할아버지가 이미 에베레스트 원정대에 관한 이야기를 해준 덕분에 이 책의 내용을 어느 정도는 알고 있었다. 그러나 기나긴 묘사, 스물네 장의 흑백사진, 극동의 롱북 빙하, 시가의 종펜, 락파라와 같은 낯선 지명에 관한 접이식 지도들이 있는 이 책이 외할아버지의 설명보다 훨씬 더 강렬했다. 책을 읽으며 나는 '내 몸'에서 스르르 빠져나와 히말라야 기슭에 다다른 듯했다. 여러 이미지가 밀려왔다. 나는 티베트의 자갈밭 평원이 저 머나먼 설봉雪峰으로 뻗어나가는 형상을 볼 수 있었다. 에베레스트산 그 자체는 가무잡잡한 피라미드 같았다. 등반가들이 등에 메고 있는 산소통 실린더는 그들을 마치 잠수부처럼 보이게 했다. 밧줄과 사다리를 이용해 노스 콜North Col[3]의 육중한 빙벽을 타고 올라가는 그들은 마치 중세 시대에 성을 포위 공격하는 전사들 같았다. 그리고 마침내 제6캠프에서 눈밭에 검은 침낭으로 만든 'T자' 모양을 만들었다. 그것은 아래 캠프에서 망원경으로 산비탈을 주시하고 있는 등산대원들에게 맬러리와 어빈이 실종되었다는 소식을 알리는 신호였다.

아래에 인용한 대목이 다른 어떤 것보다 나를 특히 흥분시켰다. 바로 원정대의 지질학자 노엘 오델이 제6캠프에서 맬러리와 어빈을 마지막으로 목격했다고 묘사한 부분이다.

갑자기 내 위쪽의 하늘이 맑게 개었다. 정상으로 올라가는 모든 능선과 에베레스트의 가장 높은 봉우리까지 완전히 베일을 벗은 듯 선명하게 보였다. 나는 정상의 마지막 구간인 피라미드 하단에서 딱한 스텝[능선에서 계단처럼 돌출된 곳]밖에 떨어져 있지 않은 듯한 눈비탈 위에서 작은 물체 하나가 움직이며 암석 스텝을 향해 다가가는 것을 알아차렸다. 두 번째 물체가 따라오고 곧 첫 번째 물체가 암

---

3 북안부北鞍部. 콜은 높은 두 봉우리 사이의 움푹 들어간 지형이 말의 안장을 닮았다고 해서 안부라고도 불린다.

석 스텝의 꼭대기까지 올라갔다. 이 극적인 모습을 골똘하게 응시하면서 서 있는데, 순간 그 광경 전체가 홀연히 사라졌다. 구름이 감싼 것이다.

나는 그 단락을 읽고 또 읽었다. 그때의 나는 희박한 공기 속에서 생존하기 위해 고군분투하는, 그 두 개의 작은 점 중 하나가 되기를 갈망하는 존재에 불과했다.

✳

그렇게 나는 모험에 푹 빠져들었다. 유년 시절이 오롯이 허락하는 자기만의 시간에, 마치 폭음이라도 하듯 외할아버지의 장서를 탐독했다. 그 여름의 끝자락에 이르렀을 땐 이미 남극 탐험의 고난을 이야기한 앱슬리 체리 개러드의 『지상 최악의 여행The Worst Journey in the World』[4], 존 헌트의 『에베레스트 등정』[5], 에드워드 휨퍼의 살벌한 묘사가 담긴 『알프스산맥 등정기Scrambles amongst the Alps』를 포함해 산과 극지 원정에 관한 가장 유명한 실화 탐험서 10여 권을 모조리 읽어치운 상태였다.

---

4 로버트 스콧의 남극탐험대에 참가한 이가 1922년에 출간했다.
5 1953년 영국 에베레스트 원정대의 대장이던 이가 그해 뉴질랜드인 에드먼드 힐러리와 셰르파 텐징 노르가이가 에베레스트를 초등한 과정을 기록해 1954년에 출간한 산악서적의 고전.

어른들과 달리 어린이의 상상 속에서는 이야기가 더욱 쉽게 신뢰를 얻고, 전해진 그대로 현실에서 틀림없이 발생했을 거라고 믿어지기가 쉽다. 또 실제로 겪어보지는 않았지만 몸소 체험한 듯 느끼는 공감 능력도 더 탁월하다. 나도 그 책들을 읽을 때 탐험가들과 거의 함께, 또 치열하게 살았고, 마치 그들 중 한 명이 된 것처럼 텐트에서 긴 밤을 보냈다. 밖에서 광풍이 휘몰아칠 때에는 그들과 어울려 텐트 안에서 바다표범 기름 난로 위에 진한 페미컨 수프를 끓였다. 나는 허벅지까지 빠지는 극지의 설원에서 썰매를 끌며 앞으로 나아갔다. 또 사스트루기6에 부딪히고 눈 도랑에 굴러떨어지고 아레트7를 기어오르고 험한 산등성이를 따라 성큼성큼 걸어갔다. 꼭대기에서 나는 이 세계를 마치 '한 장의 지도'처럼 내려다봤다. 열 번, 아니 그 이상일까, 나는 하마터면 죽을 뻔도 했다.

나는 이 남자들이 직면하여 감내하는 고초에 매료되었다. 극지방의 혹한은 브랜디를 얼게 할 만큼 맹렬했고, 개가 혀로 털을 핥으려고 하면 그 혀도 즉시 얼었으며 고개를 숙이면 외투에 구레나룻이 바짝 붙어버렸다. 양털 옷은 금속 조각처럼 뻣뻣하게 얼어버리는 탓에 망치로 때려야만 구부릴 수 있게 됐다. 추위로 인해 얼음 칼집처럼 차갑게 굳어버린 순록 털 침낭에 들어가야 하는

---

6 눈 쌓인 표면이 바람에 씻겨 물결 무늬나 울퉁불퉁한 모양이 만들어진 눈의 융기부.
7 빙하의 침식 작용으로 뾰족해진 바위나 얼음으로 이뤄진 능선.

밤에는 체온으로 침낭을 고통스럽게 녹이면서 그 속으로 몸을 꾸역꾸역 조금씩 밀어넣어야 했다. 고산에는 수평의 파도처럼 벼랑 가장자리에 매달린 코니스[8]가 즐비했고 순식간에 온 세상을 하얗게 물들일 수 있는 블리자드[9]와 눈사태, 그리고 고소공포증이 은밀하게 인간을 공격해왔다.

1953년 뉴질랜드 등산가 힐러리와 텐징[10]이 세계 최초로 에베레스트산 정상을 등정하는 데 성공한 일화와 어니스트 섀클턴이 1916년 그의 남극 횡단 원정대원을 모두 구한 일화—워슬리의 기적적인 운항으로 작은 해난 구조선인 제임스 케어드호는 폭풍우가 휘몰아치는 남쪽 해양에서 1300킬로미터를 완벽하게 항해했으며, 섀클턴은 북쪽의 유럽이 제1차 세계대전으로 마치 바다 위를 떠다니는 부빙浮氷처럼 사분오열해 있는 동안에도 시종일관 침착한 채 태연함을 잃지 않았다—를 제외하면, 거의 모든 탐험 이야기는 '죽음'이나 신체가 절단되는 '불구'로 끝맺었다. 나는 모골이 송연해지도록 오싹하고 섬뜩한 세부 묘사를 좋아했다. 극지 탐험에 얽힌 이야기는 페이지마다 대원의 죽음이나 신체 어느 한 부위의 훼손을 언급했다. 때로 어떤 대원은 '신체 일부분'을 의미하기도 했다. 괴혈병도 탐험가들을 심하게 훼손했다. 살이 물에

---

8 능선이나 절벽 끝에 지붕 처마 모양으로 얼어붙어 툭 튀어나오거나 매달려 있는 눈 처마.

9 이미 땅에 쌓인 눈이 강풍에 휘날려 일어나는 눈보라.

10 네팔 셰르파족 산악인, 1914~1986.

젖은 비스킷처럼 뼈에서 쓱 떨어져 나갔다. 어떤 이는 심하게 앓은 나머지 온몸의 모공에서 피가 스며나왔다.

이야기의 이런 배경도 이야기가 발생한 지점도 나를 몹시 흥분시켰다. 그들의 발자취가 닿은 곳들의 황량한 살풍경이 나를 귀신처럼 홀렸다. 고산과 극지는 자신의 황량함을 흑백의 이원 대립적 색채로 가혹하리만큼 극도로 간결하게 표현했다. 인류의 가치관마저 이런 이야기들 속에서는 양극으로 갈라졌다. 용기와 비겁함, 휴식과 전력 질주, 위험과 안전, 착오와 올바름 등 매정한 자연환경의 본질은 모든 것을 이토록 간결하게 나누어버렸다. 내 삶에도 이토록 명확한 선들이 있어 인생의 우선순위가 단순해지기를 원했다.

나는 점점 그들, 이런 사람들, 노래를 부르면서 썰매 타고 펭귄을 각별하게 아끼는 극지 탐험가들, 상식 밖의 정력과 무사태평함을 보이며 파이프 담배를 피우는 산 사나이들을 사랑하게 되었다. 나는 그들의 거친 외양에 빠졌다. 영원히 찢어지지 않을 듯한 튼튼한 트위드 반바지를 입고 뻣뻣하고 수북한 구레나룻과 팔자 콧수염을 기르고 혹한 속 방한복으로 몸을 겹겹이 두르고 노출된 신체 부위에 곰 기름을 잔뜩 발라 견디는 모양새가, 자연경관의 아름다움에 까다롭게 구는 그들의 감성과 얼마나 불협화음을 이루는지를 깨달았지만 도리어 그런 점이 너무나 사랑스러웠다. 그 밖에 귀족적인 결벽—가령 1924년 영국의 에베레스트 3차 원정 시에는 메추라기 푸아그라 60캔, 나비넥타이와 빈티지 몬테벨로

샴페인을 가져갔다—과 엄청난 불굴의 정신도 묘하게 조화를 이루고 있었다. 그리고 갑작스럽게 죽음을 맞이할 수도 있다는 태도, 비록 반드시 비명횡사한다는 것은 아니지만, 그럴 확률 역시 적지 않다는 순리를 받아들이는 담대한 생각을 그들은 품고 있었다.

그런 그들은 유년 시절의 나에게 역경에 굴하지 않고 또한 젠체하지 않는 이상적인 여행자들처럼 보였다. 나도 그렇게 자라나길 열렬히 갈망했다. 특히 스콧 선장의 오른팔인 버디 바우어스의 서모스탯(주로 전열 기구에 사용되는 온도 조절기)이 되고 싶었다. 키가 작은 그는 남극 탐험을 위해 출항한 테라노바호가 항해하는 동안 매일 아침 일찍 갑판 위에서 한 양동이의 차가운 바닷물로 몸을 씻고 기온이 섭씨 영하 30도까지 떨어진 혹한 속에서도 수면을 취했다.

무엇보다 나는 거대한 산의 정상에 오르려고 원정을 떠난 남자들에게 한껏 이끌렸다. 그들 중 많은 사람이 죽었다. 나는 그들의 출석을 마음속으로 막힘없이 부를 수 있다. 가령 에베레스트의 맬러리와 어빈, 낭가파르바트의 앨버트 머메리,[11] 코시탄타우의 돈킨과 폭스…… 이 목록은 익숙한 순서대로 계속 이어진다. 내 상상

---

11 영국 등반가. 가이드를 앞세워 가장 쉬운 코스를 선택해 정상에 오르기만 하면 된다는 등정주의登頂主義와 반대되는 등로주의登路主義, 이른바 머메리즘mummerism을 주창했다. 쉬운 능선을 따라 정상에 오르기보다는 절벽 등 어려운 루트를 직접 개척해가면서 역경을 극복하는 것이 '참된 등반 정신'이라고 강조한 근대 등산의 아버지, 1855~1895년.

속에서 등산은 극지 탐험과 같았다. 이를테면 지형의 위험과 풍경의 아름다움, 무한한 공간, 이 모든 것의 철저한 쓸모없음 따위가 말이다. 하지만 다른 점은 산의 높은 해발고도가 극지 탐험의 고위도高緯度를 대체한다는 것이다. 물론 그들에게도 '결점'은 있었다. 그들은 그 시대에 흔히 볼 수 있는 죄악 곧 인종 차별, 성차별, 뿌리 깊은 우월 의식, 더러는 사그라들 줄 모르는 속물주의에 포박되어 있었다. 그리고 그들의 용기엔 날카로운 자아 중심주의가 섞여 있었다. 하지만 나는 그 당시 이러한 습성들을 알아차리지 못했다. 내가 봤던 모든 건 미지의 찬란한 빛 속으로 발걸음을 내딛는 불가능할 정도로 용감한 사람들이었다.

＊

두말할 나위 없이 가장 인상 깊었던 책은 모리스 에르조그가 1951년 병원의 병상에서 구술하며 받아쓰게 한 『안나푸르나』였다. 당시 그는 히말라야산맥의 네팔 중앙부에 자리한 안나푸르나[12] 정상을 등정한 뒤 동상에 걸려 손가락을 다 잃은 탓에 글쓰기가 불가능했다. 1950년 봄, 에르조그는 네팔의 히말라야로 원정 온 프랑스 등산 탐험대의 대장이었다. 그들의 목표는 지구상에서

---

12 산스크리트어로 '풍요로운 여신'이라는 뜻으로 최고봉은 8091미터.

표고標高 8000미터 이상인 고봉 14좌 중 한 곳의 정상을 최초로 등정하는 것이었다.

그때만 해도 안나푸르나 산군은 누구도 탐사한 적이 없어 지도상 공백으로 남아 있는 미지의 영역이었다. 이 프랑스 등산대는 한 달여 동안 힘겹게 지형을 정찰하고 접근로를 탐색한 후 마침내 몬순13이 불어오기 바로 전, 지구상에서 가장 높은 산들로 포위되어 있으며 얼음과 암석으로 구성된 '잃어버린 세계', 안나푸르나 연산의 중심 지대로 진입했다. 에르조그는 썼다.

우리는 인류가 이전에는 본 적 없는 야만적이고 황량한 산들의 권곡圈谷[원형 협곡]에 있었다. 이곳에서는 어떤 동식물도 생존할 수 없다. 청정한 아침 햇살 속에서 이 모든 생명체의 부재, 이 철저한 자연의 결핍은 우리에게 오직 자기 자신의 힘을 더 강하게 길러야만 한다는 것을 가르쳐주려는 듯 보였다. 인간의 타고난 본성은 풍요롭고 관대한 대자연의 모든 것으로 향하기 마련인데, 이 불모지에서 느낀 독특한 쾌감을 다른 누군가가 이해할 수 있으리라고 어찌 기대할 수 있겠는가?

등정 대오는 점차 산 위로 이동하면서 잇따라 더 높은 캠프들

---

13 여름엔 남서쪽, 겨울엔 동북쪽에서 부는 인도양의 계절풍.

을 세워나갔다. 높은 고도와 혹한, 짐의 무게가 등산대를 해치기 시작했다. 에르조그의 몸 상태는 갈수록 나빠졌으나 최고봉에 도달할 수 있다는 그의 신념은 도리어 강해졌다. 마침내 6월 3일, 그와 루이 라슈날이라 불리는 등산가는 가장 높은 캠프인 제5캠프에서 안나푸르나의 꼭대기를 향해 떠났다.

이 산의 마지막 노정은 등산팀이 '낫 빙하'라 부르는 길고 굴곡진 얼음 경사면을 오른 뒤 최고봉을 지키고 있는 가파른 암석대를 등반하는 것이었다. 이 암석대를 제외하고는 이 루트에서 등반 기술적으로 심각한 장애물은 없었고 라슈날과 에르조그는 하중을 줄여야겠다는 생각뿐이어서 몸에 걸치고 있던 자일(등산용 밧줄)을 뒤에 남겨두었다.

그들이 제5캠프를 떠날 때 날씨는 흠 없이 완벽했다. 하늘은 파랗고 만 리 창공에는 구름 한 점 없었다. 하지만 청량한 하늘이 한파를 불러온 탓에 높이 올라갈수록 공기는 차가워졌고, 그들은 발이 부츠 안에서 얼어붙고 있다는 것을 감지했다. 얼마 지나지 않아 패퇴해 되돌아가거나 심각한 동상의 위험을 무릅써야만 한다는 사실도 깨달았다. 하지만 그들은 포기하지 않고 계속 올라갔다.

이 등반에 대한 기록에서 에르조그는 신체 부위가 점점 감각을 잃어가는 과정을 묘사했다. 공기의 맑음과 희박함, 고산의 투명한 아름다움, 동상의 기이한 무통증이 공모하여 그가 점점 악화돼가는 부상에 둔감해지도록, 그를 일종의 '마비된 평온 상태'로 빠져

들게 했다.

내가 라슈날과 우리 주변의 모든 것을 바라보는 방식에는 뭔가 색다른 점이 있었다. 기대한 산 앞에서 우리의 모든 노력이 이토록 시시하다고 생각하니, 쓴웃음을 참을 수 없었다. 더구나 더 이상 중력이 존재하지 않는 양 전력을 다해 등정하겠다던 앞서의 다짐은 모조리 사라져버렸다. 이토록 순수하기 이를 데 없는, 아찔하고 영묘한 풍경만이 존재할 뿐이었다—이것은 내가 기존에 알고 있던 산이 아니라, 내가 꿈꾸어왔던 '완벽한 산'이다.

이런 황홀경에 휩싸여 통증에도 무감한 채로 그와 라슈날은 마지막 암석대를 간신히 통과한 뒤 마침내 1950년 6월 3일, 안나푸르나의 최고봉에 올라섰다.

나는 두 발이 꽁꽁 얼었다는 것을 느꼈지만 별로 신경 쓰지 않았다. 인류가 등반한 가장 높은 산이 바로 우리 발밑에 놓여 있었다! 내 머릿속에서는 일찍이 이런 고도 위에 올라섰던 선행자의 이름들—머메리, 맬러리와 어빈, 바우어, 벨첸바흐,**14** 틸만,**15** 에릭 십턴**16**—이

---

14 근대적 암벽 등반의 난이도를 6등급으로 나눈 독일 등산가, 1900~1934년.
15 네팔 트레킹의 선구자로 불리는 영국 등반가, 1989~1977년.
16 1951년 히말라야 임자체에 초등한 영국 산악인, 1907~1977년.

안나푸르나

안나푸르나 남봉

마차푸차레

항공기에서 본 안나푸르나 대산괴Annapurna Massif, view from aircraft.
© Sergey Ashmarin.

재빠르게 스쳐 지나갔다. 그들 중 얼마나 많은 사람이 죽었고 그 얼마나 많은 사람의 유체가 이런 곳에서 발견되었는가. 나는 '끝'이 가까워졌다는 걸 알았지만, 그것은 모든 산악인이 바라 마지않는 '끝맺음'이었다. 그들을 지배하는 열정과 일치하는 결말이었던 것이다. 그날 나는 나를 위해 그토록 아름다워진 산악에 의식적으로 감사의 마음을 품으며, 마치 성당에 있는 듯 느끼게 하는 뭇 산의 고요함을 경외했다. 나는 이미 아무런 고통도 아무런 걱정도 없었다.

그러나 예기치 못한 고통과 걱정은 영광스러운 승리 뒤에 찾아왔다. 암석대를 내려오는 동안 에르조그는 산소 결핍으로 환각 상태에 빠져 엉겁결에 장갑을 떨어뜨렸고 제4캠프에 도착했을 때는 거의 걸을 수조차 없었다. 두 발과 두 손은 심각한 동상에 걸렸다. 베이스캠프까지 가파른 비탈을 내려가는 필사적인 퇴각을 하는 동안 그는 넘어졌고, 엎친 데 덮친 격으로 이미 훼손된 두 발에서 몇 개의 뼈가 더 부서졌다. 어쩔 수 없이 자일을 타고 미끄러져 내려오던 중에도 자일은 손에 붙은 살을 두툼한 조각들로 찢어발겼다.

일단 지형이 덜 험준해지자 에르조그는 옮겨질 수 있었다. 그는 처음에는 등에 업혀 내려오다가 곧 바구니에 담겨 운반되었고, 그 뒤 썰매에 태워졌다가 결국 들것에 뉘인 채 실려왔다. 귀환하는 동안 손발은 더 이상 손상을 입지 않도록 비닐에 싸여 플라스틱 자루에 담겼다. 매일 밤 그들이 야영지에 이르렀을 때, 원정대의 주치의 자크 우도는 노보카인(국부 마취제), 진통제, 페니실린을 그의 넓적다리와 팔의 동맥에 주입했다. 우도는 긴 주삿바늘을 사타구니 좌우 양측의 살과 팔꿈치의 굽혀진 부위에 찔러 넣었다. 극에 달한 고통에 에르조그는 차라리 죽고싶다고 애원했다. 에르조그가 산을 떠날 무렵, 그의 두 발은 이미 검은색과 다갈색으로 변해 있었다. 그들이 안전지대인 인도의 고락푸르에 기적적으로 살아서 도착했을 때 우도는 에르조그의 발가락과 손가락을 거의 다 절단한 상태였다.

　나는 그해 여름 『안나푸르나』를 꼬박 세 번 되풀이해서 읽었다. 에르조그는 비록 손가락과 발가락을 '안나푸르나 초등정'의 제단에 바치는 섬뜩한 대가를 치렀지만(라슈날은 동상으로 두 발을 잃었고 다른 두 대원은 설맹으로 시력을 잃었다), 내가 보기에 정상 공격을 멈추지 않겠다고 결정한 것은 분명 현명한 선택이었다. 수 제곱미터에 불과한 산 정상의 눈밭 위에 올라서는 것과 비교하면, 몇 개의 손가락과 발가락이 뭐 그리 대수였겠는가? 그와 나는, 이 한 가지 생각이 일치했다. 설령 그가 죽었더라도 여전히 안나푸르나 초등은 그 가치가 있었으리라! 이것이 내가 에르조그의 책에서 얻은 교훈이었다. 인생에는 다양한 결말이 있다. 그중 산꼭대기에서 끝을 맞이하는 형식이 가장 멋지고 통쾌하다. 오, 하느님! 산 정상에 이르지 못하고 산골짜기에서 죽는 결말로부터 저를 구원해주시옵소서!

※

처음으로 『안나푸르나』를 읽고 12년—내 휴가의 대부분을 산에서 보낸 12년—이 지난 어느 날 나는 스코틀랜드의 한 중고서점에서 책등을 따라 손가락을 움직이다가 우연히 또 다른 판본을 발견했다. 그날 밤 나는 늦게까지 그 책을 재독한 뒤 또다시 산에 홀리는 마법에 걸려들고 말았다. 얼마 지나지 않아 등산 파트너—토비 틸이라고 불리는 내 군인 친구—와 일주일을 알프스에서 보내기로 하고 비행기 표를 예약했다. 우리는 6월 초순에 체어마트[17]에 도착했고 여름 피서객들이 몰려오기 전에 마터호른[해발고도 4478미터]에 오르기를 바랐다. 그러나 그 산은 여전히 두꺼운 얼음을 갑옷처럼 두르고 있어 등반을 시도하기에는 너무 위험했다. 우리는 해빙이 조금 더 진행된 인근 계곡으로 다시 차를 몰았다. 높은 곳에서 하룻밤 야영을 하고, 이튿날 아침에 오르기 쉬운 동남면 능선을 타고 라긴호른이라 불리는 산을 등반하기로 했다. 라긴호른의 해발고도는 4010미터가량으로, 어림잡아 안나푸르나의 절반 높이였다.

---

[17] 스위스 남부의 마터호른 기슭에 있는 마을, 표고 약 1620미터.

그날 밤 천지간에는 눈이 내렸고, 나는 텐트의 방수용 천 위로 눈송이가 푹푹 떨어지는 소리를 듣고 잠에서 깼다. 눈은 한데 뭉쳐 텐트 위에 짙은 그림자를 드리우다가 텐트가 견딜 수 없을 만큼 무거워지면 쉿 하는 부드러운 소리를 내며 지면으로 미끄러졌다. 눈은 새벽녘에야 멎었다. 그러나 아침 6시쯤 텐트의 문을 열었을 때, 불길하게도 폭풍설을 예감케 하는 누르스름한 빛살이 구름장을 헤집고 내리쬐고 있었다. 우리는 우려스러운 마음을 안고 산등성이를 향해 출발했다.

일단 산 위로 올라가자, 산마루는 산 아래에서 봤던 모양새보다 더 단단해져 있었다. 산등성이를 몇 피트 높이로 덮고 있는 오래된 썩은 눈과 그 위에 16센티미터 두께로 내려앉은 신설新雪이 한데 뭉치지 않고 끈적끈적하게 깔려 있어 산행이 더 어려웠다. '썩은 눈'은 설탕처럼 작은 알갱이거나 속이 비어 있고, 서로 분리된 길고 얇은 결정체로 퍼석퍼석하고 무르기 쉽다. 어떤 쪽의 눈이 쌓이든 불안정하기는 마찬가지다.

한 바위에서 다른 바위로 순탄하게 올라갈 수 없었기에 우리는 하는 수 없이 눈길을 따라 아등바등 기어 올라가야 했고, 걸음을 내디딜 때에도 아래가 대체 '암석'인지 '허공'인지를 확신할 수 없었다. 우리를 이끌어줄 길도 끊겨 있었다. 지난해 여름 이후 아무도 이 능선에 오르지 않은 게 분명했다. 게다가 날씨마저 추웠다. 그것도 극심하게 추웠다! 코에서 흘러내리는 누렇고 차진 콧물이 얼굴에 얼어붙어 불룩하고 꾀죄죄한 '콧물 길'이 생겨났다. 바람마저 강하게 불어와 눈물이 쏟아졌고 오른쪽 눈의 속눈썹은 뭉쳐 얼어붙었다. 손으로 눈꺼풀을 당겨서 떼어놓아야 했다.

두 시간 동안 한껏 고생한 뒤에야 정상에 가까워졌지만 능선의 경사도는 점점 더 가팔라지고 등반 진도는 더 느려졌다. 뼛속 깊이 사무치는 으스스한 한기를 느꼈다. 저온이 생각의 흐름을 엉겨 붙게 만들었는지 뇌 반응도 더 둔감해지고 흐릿해졌다. 지금이라도 되돌아갈 수 있었다. 하지만 우리는 위로 올라갔다.

이 산의 마지막 16미터는 정말 가파른 데다 오래되고 푸석푸석한 적설도 많았다. 나는 멈춰서 상황을 살폈다. 이 큰 산은 마치 어깨를 으쓱해 외투를 벗는 것처럼 어느 때든 눈을 모조리 털어낼 수 있을 듯했다. 이따금 소소한 눈사태가 곁을 허둥지둥 스쳐 지나갔다. 산의 동쪽 측면에서 바위가 와르르 떨어지는 소리가 들려왔다.

부츠의 코를 눈 속에 쑤셔 넣어 몸을 단단히 고정했다. 산비탈이 코앞에 곧추 솟아 있었다. 고개를 뒤로 젖히고 스카이라인을 올려다봤다. 구름장들이 정상 위쪽으로 맹렬하게 돌진하는 중이었고, 그 잠깐 사이에 이 산이 나를 향해 천천히 기울어지고 있는 듯 느껴졌다.

나는 뒤돌아 7미터 아래에 있는 토비에게 물었다. "계속 올라가야 하나? 상황이 심상치 않아. 언제든 다 무너질지도 몰라."

토비의 아래쪽은 설사면雪斜面이 아래로 내려갈수록 좁아지다 능선의 남면 절벽으로 깔때기 모양처럼 모여들어 하나의 거대한 도랑을 형성하고 있었다. 만약 내가 발을 헛디디거나 적설이 무너지면 나는 토비 쪽으로 미끄러지다 그를 밀쳐내고 함께 수백 피트 아래의 빙하로 자유낙하를 하게 될 판이었다.

"당연하지! 계속 올라가, 로버트! 당연히 계속 올라가야지."

토비가 위쪽을 향해 외쳤다.

"좋아!"

당시 내겐 피켈〔얼음 곡괭이〕이 하나밖에 없었지만, 두 개가 필요할 정도로 심하게 경사진 눈 비탈이었다. 임기응변이 필요했다. 피켈을 왼손으로 바꿔 쥐고, 오른손 손가락들은 최대한 곧게 펴서 눈 속에 찔러넣었다. 그것들이 피켈의 '픽'처럼 지렛대 역할을 하도록 한 것이다. 나는 그렇게 초조하게 다시 산을 오르기 시작했다.

견고한 '임시 피켈'은 꽤 쓸모가 있었다. 식탁만 한 크기의 산 정상에 금세 오른 우리는 산꼭대기의 눈더미 사이로 살짝 엿보이는 철관 십자가를 꽉 움켜쥐었는데 무섭기도 하고 한편으론 의기양양하기도 했다. 산 정상에서 어느 방향으로 내려다봐도 전부 곤두박질치듯 가팔랐다. 마치 에펠탑의 뾰족한 꼭대기에 서서 간신히 균형을 잡고 있는 듯했다. 그때 구름층은 이미 물러갔고, 번쩍번쩍한 하얀 빛줄기가 이른 아침의 어두침침함을 밀어냈다. 나는 수천 피트 아래에 있는 작고 노란 점을 알아봤다. 우리의 텐트였다.

이 높이에서 보니, 전날 능선의 캠프에 도달하기 위해 가로질렀던 빙하는 얇고 엷은 파도 물결 모양으로 변형되어 있었다. 파도 물결 사이 우묵하게 팬 곳에 빙설이 녹아 조성된 수십 개의 작은 호수는 햇빛을 받아 마치 방패처럼 나를 향해 반짝였다. 그 앙증맞은 호수들은 놀라울 정도로 투명하고 파랬다. 서쪽에서는 떠오르는 태양 빛이 미샤벨 산군의 능선을 따라 쏟아져 내렸다. 세차게 분 바람이 살갗이 저릴 때까지 얼굴을 두드리고, 옷의 틈새를 차갑게 파고들었다.

나는 불안하게 손을 내려다봤다. 등반 중 줄곧 얇은 장갑을 낀 데다 그걸 '얼음 비탈'에 푹 찔러넣는 바람에 오른손 장갑의 손가락 끝쪽이 대부분 찢어져 있었다. 손가락들은 이미 무감각해져 있었고, 손이 감각을 느낄 수 없다는 것을 깨달았는데도 이상하게 당황스럽지 않았다. 손을 들어 눈물이 흐르는 눈가에 바짝 갖다 댔다. 손끝은 밀랍처럼 창백한 황색으로 변했고, 오래된 치즈처럼 반투명해져 있었다.

여분의 장갑이 없었지만 그런 걸 걱정할 겨를이 없었다. 등반하는 동안 우리의 무게를 견뎠던 적설이 이미 아침 햇살에 녹아내리고 있기 때문이다. 최대한 빨리 하산해야 했다.

산을 내려가는 동안 마지막 난관처럼 보이는 곳에 다다를 때까지 빠르고 효율적으로 움직였다. 얇은데다 휘어지기까지 한 그것은 9미터 길이의 눈다리로, 두 개의 뾰족한 암석 봉우리 사이에 매달린 모습이 마치 양 끝을 빨래집게로 고정한 침대보 같았다. 눈다리가 너무나 가파른 데다 무너지기 쉬웠기 때문에 그 위를 걸어서 지나갈 수도, 아래쪽으로 돌아서 갈 수도 없었다. 다리 전체가 무너져 아래쪽 빙하로 추락할 위험이 컸지만, 우리는 산에 올랐을 때처럼 눈다리의 가장자리를 밟으며 살살 내려가야만 했다.

토비가 부드러운 눈을 발로 차서 작은 일인용 접이식 의자 같은 자리를 만들기 시작했다. "너 하는 꼴을 보니, 날 먼저 내려보내려는 수작 같은데?" 내가 묻자 그는 답했다. "그래, 부탁할게. 그래주면 정말 고맙겠어."

나는 경사가 수직에 가까운 능선의 비탈에서 설벽을 차며 조금씩 내려갔다. 나와 토비 사이에는 활처럼 가로로 휜 자일이 서로를 '확보'해주고 있었다. 내가 발로 걷어찬 곳에서 눈이 쉬익 소리를 내며 젖은 설탕처럼 미끄러져 떨어졌다. 정말 재수없게도 나는 거의 수직인 데다 질척이는 설벽을 살금살금 게걸음으로 내려가고 있었고, 세 손가락은 동상에 걸려 마비됐고, 단 한 자루의 피켈만 쥐고 있었다. 난 모리스 에르조그를 저주하며 아래를 흘긋 내려다봤다.

양다리 사이는 그야말로 아무것도 보이지 않는 '허공'이었다. 나는 또 다른 아이젠으로 눈을 걷어찼다. 그러자 커다란 썩은 눈덩이가 발 아래서 휘청거리다 떨어진 뒤 빙하를 향해 수레바퀴처럼 굴러가다 산산이 부서졌다. 자일에 의지해 공중에 매달린 나는 양팔을 머리 위로 올린 채 눈덩이가 굴러떨어지는 광경을 쳐다봤다. 그때 궁둥이가 얼얼해지기 시작하더니 곧바로 사타구니와 허벅지에 따끔거림이 전해졌고, 곧 웅웅거리며 밀어닥친 엄청난 공포가 온몸을 휘감았다. 이 공간이 마치 나를 통째로 삼킬 듯, 광막하고 사악하게 그 허공 속으로 끌어당길 것처럼 느껴졌다.

왜 나는 피켈을 하나만 가져왔는가? 다시 한 번 오른손, 얼어버린 촛농 같은 손가락을 눈 속에 찔러넣었다. 손가락들이 통증을 느낄 수 없는 게 여간 도움이 되는 게 아니었다. 이에 나름 리듬을 유지하면서 '손가락 찔러넣기'를 계속했다. 차고, 차고, 찌르고, 찌르고, 욕하고. 차고, 차고, 찌르고, 찌르고, 욕하고.

물론 우리는 성공했고—그렇지 않았다면 이 책을 쓸 수 없었을 것이다—배낭을 멘 채 썰매를 타고 텐트를 향해 미끄러져 내려오며 정상에 오른 뒤 안전하게 귀환했다는 사실에 안도감과 환희를 느끼고는 "우와" 하고 소리를 내질렀다.

두 시간 후 나는 텐트 밖 큰 바위에 앉아 피곤하고 무관심한 표정으로 손가락들을 빤히 쳐다봤다. 하늘은 온화하고 화창하게 개었고, 눈앞의 풍광은 고지대 특유의 빈틈없이 평등한 햇살로 반짝반짝 빛났다. 소음은 희박한 대기를 통해 또렷히 전달되기 때문에 나는 800미터쯤 떨어진 바이스미스산에서 내려오는 등산객들이 내는 쩅그렁 소리와 촐싹대는 수다를 들을 수 있었다. 오른손은 이미 내 몸의 일부가 아닌 것 같았다. 하지만 나는 단지 세

손가락만 손상을 입고 상처가 그리 깊지 않다는 사실에 어렴풋이나마 위안을 얻었다. 손가락으로 바위를 가볍게 두드리자, 마치 나무가 금속에 부딪히는 것마냥 딱딱하고 텅 빈 소리를 냈다. 나는 주머니칼을 꺼내 그 손가락들을 깎기 시작했다. 무릎 사이에 끼고 앉은 평평한 회색 돌 위에 비듬 같은 피부 부스러기가 쌓여갔다. 마침내 분홍빛 피부가 드러날 때까지 깎자, 칼날에 긁힌 곳에서 아픔이 느껴지기 시작했다. 나는 라이터를 켜 피부 비듬 더미를 화장했다. 그것들은 타닥타닥 하는 소리와 함께 새까맣게 타버린 고기 냄새를 풍기며 사라졌다.

*

3세기 전까지만 해도 목숨을 건 등산은 '정신 이상'이나 다름없는 취급을 받았다. 야생의 풍경이 어떤 매력을 품고 있을지 모른다는 관념은 거의 존재하지 않았다. 17세기와 18세기 초반의 전통적인 상상력에 따르면, 자연경관이 인류에게 얼마만큼 진가를 인정받느냐는 주로 농업 생산력에 달려 있었다. 목초지, 과수원, 방목장, 방대한 면적의 농경지─이곳들이야말로 풍경의 이상적인 구성 요소였다. 다시 말해 '길들인〔개간된〕 경관', 쟁기질이 되어 있다거나 울타리가 쳐져 있다거나 도랑이 만들어진, 인간이 질서를 부여한 풍경들만이 매력적이었다. 1791년 말 윌리엄 길판[18]은 사람들이 보편적으로 야생을 싫어한다는 사실에 주목했다. "분주히 농사짓느라 익숙한 풍경보다 거친 대자연을 더 좋아하는 사람은 거의 없다." 게다가 자연의 가장 우악스러운 작품인 산은 '농업적'으로 제어하기 어려울 뿐만 아니라 미적으로도 혐오감을 주었다. 산의 불규칙하고 거대한 윤곽이 인류 영혼의 자연스러운 정신적 균형을 무너뜨리는 듯 느껴졌기 때문이다. 비교적 유순한 17세기 주민들마저 산을 '사막'이라 부르는 등 못마땅해하면서, 지구의 얼굴에 생긴 '부스럼'이나 '사마귀' '피지 낭종' '옴'으로 매도했다. 심지어 능선과 계곡은 각각 입술과 질을 닮았다는 이유로 '자연의 외음부'라 불리기도 했다.

더욱이 산은 위험한 곳이었다. 사람들은 눈사태가 기침 소리, 딱정벌레의 발걸음, 눈이 두껍게 쌓인 산비탈 위로 낮게 나는 새의 날갯질과 같은 가벼운 자극으로도 촉발될 수 있다고 믿었다. 만일 빙하의 갈라진 틈새인 크레바스의 창백한 입으로 추락한다면 수년 후 빙하가 그를 토해내겠지만 그땐 이미 굳고 딱딱한 살덩어리가 되어 있을 것이었다. 혹은 전통적으로 산은 초자연적이며 적대적인 악령의 서식지였기 때문에 산에 오른다면 자신들의 영토가 침범당한 것에 분노한 신이나 반신반인, 괴물과 마주치게 될지도 몰랐다. 영국 작가 존 맨더빌[19]의 유명한 저서 『맨더빌 여

---

18 영국 성공회 성직자 겸 여행 작가.
19 1356년경 활동한 영국의 작가·여행가.

행기』는 신비로운 산골 노인이 엘브루즈산맥의 높은 봉우리들 사이에 사는 암살단 부족을 이끄는 이야기를 담고 있다. 토머스 모어의 『유토피아』에서 자폴레테스―'비열하고, 야만적이고, 잔인한' 용병 종족―는 높은 산악 지대에 거주한다고 여겨졌다. 사실 과거에 산은 괴롭힘을 당하는 이들에게 피난처―가령 롯과 그의 딸들이 소알에서 쫓겨날 때 도망쳐간 장소―를 제공했지만, 대부분은 회피해야 할 곳이었다. 일반적으로 옛사람들은 가능한 모든 방법을 동원해 산을 우회해야 한다고 생각했다. 만약 많은 상인이나 군인, 순례자, 선교사가 그래야 했던 것처럼 어쩔 수 없이 지나가야 한다면 산허리나 산과 산 사이를 다녔지, 결코 정상을 타고 넘지는 않았다.

18세기 후반이 되어서야 사람들은 산을 필요보다는 '정신적인' 차원에서 여행하고, 또 산의 아름다움에 대한 일관된 감각이 발달하기 시작했다. 몽블랑[20]의 정상은 1786년에 정복되었으나, 엄격한 의미로서의 '등산'은 19세기 중반에 출현했다. 이는 과학적 사명감(이러한 운동의 청춘기에, 모든 명망 있는 등산가는 적어도 비등점으로 해발고도를 측정하는 온도계를 휴대하지 않고서는 정상에 오르려 하지 않았다)으로 인해 촉진됐지만, 산의 타고난 아름다움이 큰 몫을 했음도 분명했다. 얼음, 햇빛, 암석, 고도, 각도 그리고 존 러

20　프랑스·이탈리아·스위스 국경에 걸쳐 있는 알프스산맥의 최고봉. 해발 4807미터.

스킨이 "공간의 끝없는 명쾌함이자 지치지 않는 빛의 성실성"이라고 부른 공기의 복잡한 미감은 의심할 여지 없이 19세기 후반의 사상을 다채롭게 했다. 산은 인류의 사상에 괄목할 만한, 그리고 종종 치명적인 매력을 발휘하기 시작했다. 러스킨은 1862년 마터호른을 가장 좋아한다고 자랑스레 말했다. "가장 엄숙한 철학자들조차 거부할 수 없을 정도로, 이 이상야릇한 마터호른이 인류의 상상에 미치는 영향력은 실로 어마어마하다." 3년 뒤 인류는 처음으로 마터호른을 정복했고, 성공한 정상 등정가 중 네 명은 하산 중에 유명을 달리했다.

19세기 말 알프스산맥의 모든 고봉은 대개 영국인에 의해 정복되었고, 거의 모든 알프스의 등산로는 지도에 표시되었다. 이른바 '등반의 황금시대'도 이에 따라 막을 내렸다. 많은 사람이 유럽에서의 산행을 한물간 구식이라 여겼고, 등산가들은 더 웅장한 산맥으로 눈길을 돌리기 시작했다. 그곳에서 그들은 극심한 곤경을 겪었고, 심지어는 캅카스산맥, 안데스산맥, 히말라야산맥—가령 우시바,[21] 포포카테페틀,[22] 낭가파르바트, 침보라소, 또는 바위에 묶인 프로메테우스의 간을 독수리가 쪼아먹었다는 카즈베크—의 정상을 정복하기 위해 스스로를 훨씬 더 큰 위험에 노출시켰다.

19세기에서 20세기로 넘어갈 무렵 이토록 거대한 산꼭대기들이

---

21 조지아에 자리한 캅카스산맥의 고봉 중 하나. 해발 4698미터.
22 '연기의 산'이라는 뜻의 멕시코에 있는 화산. 해발 5452미터.

자아내는 상상의 힘은 막강했고, 그곳들은 종종 찬미자들의 마음 속에서 '집착의 대상'이 되었다. 날씨 좋은 날 흰 지붕이 둘러싼 다르질링 산간의 피서지 마을에서 보이는 표고 8000미터가 넘는 산봉우리인 칸첸중가[23]는 인도 저지대 지역의 무더위를 피하기 위한 사히브Sahib[24]와 멤사히브Memsahib[25]의 마음을 수십 년 동안 사로잡았다. 1904년 영국의 티베트 공격을 이끈 그레이트 게이머[26] 프랜시스 영허즈번드는 이렇게 읊조렸다. "짙푸른 하늘을 가까이 마주한 칸첸중가 설봉은 햇살 속에서 천상의 영혼처럼 순백하고 무구해 (…) 우리의 성령을 승화시켰다." 그에 앞서 1892년 『타임스』의 수많은 독자가 인도 북부 카라코룸산맥의 가셔브룸[27]을 용감무쌍하게 원정 탐험한 마틴 콘웨이에 열광했다. 그리고 모든 산 중에서 가장 높고, 가장 위압적인 에베레스트산은 온 대영제국을 홀렸다. 당시 영국인들은 그것을 아예 '대영제국의 산'으로 여기는 경향도 보였다. 이 마법에 걸린 사람 중에는 1924년 에베레스트산 어깨 지점에서 죽어 영국 전역을 충격에 빠뜨린 조지 맬러리가 있다. 한 신문은 부고 기사에서 맬러리와 어빈에 대해 "내국인과 에베레스트산 정상 공격자들 사이를 긴밀하게 이은 마음의 고리"라

---

23 히말라야산맥에 있는 세계 제3의 고봉. 해발 8598미터.
24 인도에서 신분이 높은 유럽인 남성을 부르던 호칭,
25 인도에서 신분이 높은 유럽인 여성을 부르던 호칭.
26 유라시아 패권을 둘러싸고 19세기에 영국과 러시아가 벌인 경쟁인 그레이트 게임의 행위자.
27 여섯 개의 봉우리로 이뤄진 산군.

고 묘사하며 대중의 격렬한 관심을 불러일으켰다.

초기 산악인들을 움직이게 한 감정과 태도는 오늘날까지 서양인들의 상상 속에서 번창하고 있으며 오히려 흔들림 없이 고착되어 성행중이다. 산악 숭배는 수많은 사람에게 본능이 되었다. 솟구침, 사나움, 차가움, 이 모든 것을 이제 무의식적으로 숭배하게 되었으며, 그러한 이미지들은 더 거친 야생에 대한 간접 경험에 굶주린, 도시화가 진행된 서구 문화에 스며들었다. 산행은 지난 20년 동안 가장 빠르게 성장해온 여가 활동 중 하나다. 어림잡아 해마다 약 1000만 명의 미국인이 등산에 참여하고 5000만 명이 하이킹을 즐긴다. 영국에서는 약 400만 명이 자신을 '산 위를 걷는 여행자'로 여긴다. 아웃도어 상품의 전 세계 매출은 연간 100억 달러로 추산되며 꾸준히 증가하고 있다.

여가활동 중에서도 등산이 특별한 까닭은 일부 등산객에게 '죽음'을 대가로 요구할 수 있기 때문이다. 1997년 여름, 잔인한 7주 동안 알프스에서 103명이 목숨을 잃었다. 몽블랑 대산괴Massif의 연간 평균 사망자 수는 3명쯤 된다. 어느 해 겨울에는 스코틀랜드 산간에서의 사망자가 산 주변에서 교통사고로 죽은 사람보다 많았다. 맬러리가 에베레스트산을 등반했을 때 그곳은 정복할 수 없는 지구의 마지막 요새, 즉 '제3의 극지'라 불렸다. 이제 에베레스트산은 경험이 부족한 등산 회사 고객 수백 명이 오르락내리락하는 만년설로 뒤덮인 타지마할이 되었고, 당의糖衣를 정교하게 입힌 웨딩케이크로 전락하고 말았다. 에베레스트산의 산비탈에는 현대인들의 시체가 흩어져 있다. 대부분은 인간의 몸이 서서히, 그러나 끊임없이 악화일로에 빠져드는 고도, 데스 존[28]에 누워 있다.

※

그리하여 3세기가 지나는 동안 서구에서는 산에 관한 엄청난 인식 혁명이 일어났다. 가파름, 황량함, 위험함 등 한때 욕먹었던 산의 특징들이 가장 가치 있는 특징으로 손꼽히게 되었다.

이 혁명은 너무나 극적이어서 이제와 곰곰이 돌아보면, 풍경에 대한 우리 반응 대부분은 '문화적으로 고안된' 것이라는 사실을 일깨운다. 다시 말해 풍경을 바라볼 때 우리는 '거기에 무엇이 있는지'를 보는 게 아니라 '그곳에 있다고 생각하는 것'을 본다. 우리가 풍경에 부여하는 특성들은 풍경이 본래 갖추고 있는 것이 아니다. 더욱이 우리는 풍경에 부여한 특성으로 그 가치를 평가한다. 우리는 풍경을 읽는다. 개인적인 경험과 기억, 또 공유된 문화적 기억에 비춰 풍경을 해석하는 것이다. 비록 인류가 문명이나 관습으로부터 도피하기 위해 야생으로 갔을지라도, 그들이 사물을

---

28 스위스 의사이자 히말라야 등반가인 에투아르 위스 뒤낭은 1953년 해발고도 7500미터가 넘는 곳을 일컬어, 고소 적응을 못한 몸이 중대한 장애를 맞닥뜨리고 '쇠퇴 현상'에 들어가게 되는 '죽음의 지대'라 했다.

연관성이라는 필터를 통해 지각하듯이 야생도 같은 방법으로 인식했다. 윌리엄 블레이크는 이런 진실을 정확히 지적했다. "누군가에게 기쁨의 눈물을 흘리게 하는 나무가 다른 누군가에게는 길을 가로막고 서 있는 '녹색 사물'일 뿐이다." 역사적으로 볼 때 산에 대한 인식도 같은 맥락이다. 새뮤얼 존슨 박사가 경멸에 가득 차 말한 대로 산은 수 세기 동안 쓸모없는 장애물—거대한 혹—로 여겨졌다. 하지만 이제 산은 자연계의 가장 아름다운 존재로 손꼽히며 더구나 사람들은 산을 사랑하며 거기서 죽는 걸 마다하지 않는다.

그래서 우리가 산이라고 부르는 것은, 사실 자연의 물질 형태와 인류의 상상력이 협력해 구성한—'마음의 산Mountain of the mind'이다. 그리고 사람들이 산에서 행동하는 모든 방식은 바위, 얼음과 같은 실제 사물들과는 거의 또는 전혀 관련이 없다. 산은 그저 지질의 우발적 사건에 불과하다. 산은 고의로 사람을 죽이거나, 기쁘게 하지 않는다. 산이 가진 어떤 감정적 속성들은 인간의 상상력이 부여한 것이다. 사막, 극지의 툰드라, 심해, 정글 등 우리가 낭만적 존재로 여기는 다른 모든 야생 풍경처럼 산도 그저 '거기에' 있다. 산은 늘 그곳에 남아 있고, 그들의 물리적 구조는 지질과 날씨의 영향에 의해 차차 재구성되겠지만, 산에 대한 인류의 인식을 초월해 산은 계속 존재할 것이다. 하지만 산은 인류 지각 작용의 산물이기도 하다. 수 세기를 거치며 인류의 상상력이 지금의 산을 만들었다. 이 책은 시간이 흐름에 따라 인류가 산을 상상하는 방식(또한 산에 오르는 마음)이 어떻게 변화해왔는지를 이야기하고자 한다. 산과 인간 마음의 관계를 밝혀내고자 하는 것이다.

모름지기 상상과 현실 사이의 괴리는 모든 인류 활동의 특징인데, 그것이 가장 극명하게 드러나는 곳 중 하나가 산이다. 돌, 바위, 얼음은 마음의 눈보다 손의 접촉에 훨씬 덜 순종적이며, 또한 지구의 산은 으레 '인류 마음속 산'보다 훨씬 더 저항적이고 치명적이라는 게 밝혀졌다. 에르조그가 안나푸르나에서 발견한 것처럼 그리고 내가 라긴호른에서 깨달은 것처럼, 인간이 응시하고, 독해하고, 꿈꾸고, 갈망하는 산은 인간이 실제로 오르는 산이 아니다. 우리가 실제로 오르는 산은 견고하고 가파르고 날카로운 암석과 얼어붙은 눈, 극심한 추위, 위장에 경련을 일으키고 창자를 쥐어짜는 육체적 현기증, 혈압의 급상승, 메스꺼움, 동상 그리고 이루 다 형언할 수 없는 아름다움과 관련된 것이다.

＊

조지 맬러리는 1921년 에베레스트산 지형 탐사 원정을 수행하는 동안 아내 루스에게 편지 한 통을 썼다. 선봉대는 산에서 25킬로미터쯤 떨어진 곳에 진을 쳤는데, 거기는 티베트의 한 라마 불교 수도원과 빙설이 부서진 에베레스트산 기슭에서 쓸려내려온 빙하의 끝부분 사이에 있었다. 맬러리는 이렇게 묘사했다. "마치 분노한 갈색 바다의 거대한 파도 같았다오." 그곳은 춥고, 높고, 바람이 미친 듯이 불어닥치고, 눈과 먼지의 미립자들에 의해 형체가 생긴 바람이 탁류 위의 암석들 사이를 뱀처럼 구불구불 헤치고 나아가는 매우 험준한 지점이었다. 맬러리는 산 위로 올라가는 루트를 처음으로 탐사하다가 6월 28일 하루를 보냈고, 3년 뒤 바로 그 산에서 죽음을 맞이했다. 심신이 쫄딱 지친 하루였다. 새벽 3시 15분에 일어나 저녁 8시가 되도록 돌아가지 못한 채 수 마일에 이르는 빙하의 얼음과 빙퇴석氷堆石, 암석 위를 걷다가 아주 차가운 물웅덩이에 두 번이나 빠졌다.

고된 하루가 끝난 후 맬러리는 기진맥진한 상태로 비좁고 축 늘어진 텐트에 누워 틸리 램프의 투박한 불빛 아래서 루스에게 편지를 썼다. 그는 영국에 있는 아내에게 편지가 도착할 한 달 후 즈음이면 아마 어떤 식으로든 그해의 산행이 마무리될 거라고 짐작했다. 편지 내용 대부분은 그날의 분투에 관한 술회였지만 끝 단락에서 맬러리는 이런 곳에서 그런 쾌거를 이루려는 시도가 어떤 느낌인지를 묘사하려고 애썼다. "에베레스트는 내가 봤던 산 중 가장 가파른 산마루들과 가장 섬뜩한 벼랑들을 갖고 있어요. 나의 가장 사랑하는 연인이여. (…) 이 산이 나를 어떻게 소유하게 되었는지를 당신에게 설명할 길이 없어 안타깝다오."

이 책은 이것이 어떻게 가능한지, 산이 어떻게 인류를 그토록 완전하게 소유하게 되었는지, 바위와 얼음의 커다란 덩어리에 불과한 산이 어떻게 이렇게나 엄청난 흡인력을 발휘하면서 우리를 홀리는지 설명하려고 노력했다. 이런 이유에서, 이 책은 인류가 산에 어떻게 올랐는지가 아니라, 그들이 '산에 오르는 마음'을 상상하는 방식과 그들이 산을 어떻게 느끼고, 어떻게 인식해왔는지를 꼼꼼히 살펴보는 역사다. 그런 까닭에 산에 관한 표준적인 역사서처럼 인명, 날짜, 봉우리, 고도가 아닌 (산에 관한) 마음, 감정, 관념을 다룬다. 정말이지 이 책은 등산사登山史가 전혀 아니며 사실 상상의 역사서다. 산에 오르는 마음을 담은 역사책인 것이다.

조지 고든 바이런의 장편시 「차일드 해럴드의 편력」에서 기사가 되려는 귀공자 해럴드는 레만 호수[29]의 고요한 물을 상념 가득한 두 눈으로 바라보며 "나에게/ 높은 산은 감정이다"라고 언명했다. 이어지는 이 책의 각 장은 산에 대한 다양한 감정의 계보를 추적하면서, 이러한 감정이 어떻게 형성되고, 계승되고, 재구성되고 또 개인이나 시대에 받아들여질 때까지 어떻게 전달되었는지를 보여주려고 애썼다. 마지막 장에서는 에베레스트산이 어떻게 조지 맬러리의 마음을 점유하게 되었고 무엇이 그를 아내와 가족으로부터 떠나게 했으며 결국 죽음에까지 이르게 했는지를 설명한다. 맬러리는 이 책의 주제들을 입증해주는 전형적인 예다. 산을 느

---

[29] 스위스와 프랑스 국경에 위치한 알프스산맥 지역에서 가장 넓은 호수.

끼는 이러한 모든 감정이 독특하고 치명적인 힘으로 그에게서 집중적으로 체현되었기 때문이다. 이 책에서 나는 맬러리가 참가한 1920년대 세 차례의 에베레스트산 원정을 추측에 근거해 재현하기 위해 그의 편지와 탐험 일기를 내 가설과 한데 융합했다.

산을 둘러싼 이러한 감정의 계보를 추적하기 위해서는 먼저 우리는 시간을 거슬러 올라가야 한다. 알프스의 설벽을 따라 조금씩 초조하게 이동하던 과거의 나로 되돌아가고, 머릿속으로 저명한 선행자들의 이름을 좇으며 안나푸르나 꼭대기에 서 있던 에르조그에게로 되돌아가고, 에베레스트산 기슭에 마련된 야영지 텐트의 접이식 침대 모퉁이에서 고요히 타오르는 틸리 램프에 의지해 루스에게 편지를 갈겨쓰던 맬러리에게로 되돌아가고, 1865년 4명의 산악인이 마터호른의 절벽에서 떨어졌던 그 옛날로 되돌아가고, 산에 대한 이 현대적인 감정들의 레퍼토리가 막 형성되기 시작한 때로 거슬러 올라가야 한다. 실제로 우린 알프스 산간 지대의 어느 고갯길에 때아닌 추위가 몰아쳤던, 철학자이자 성직자였던 토머스 버넷이 그가 돌보던 젊은 귀족 윌트셔 백작을 이끌고 알프스를 넘어 이탈리아 북부의 롬바르디아까지 내려왔던 1672년 여름으로 되돌아가려고 한다. 왜냐하면 산이 사랑받을 수 있게 되기 전에 우선 '산을 어떻게 정의해왔는가' 하는 과거로 거슬러 올라가야만 하고, 그러려면 토머스 버넷이 필수라는 사실을 증명해야 하기 때문이다.

제2장

거대한 돌 책

Mountains of the Mind

우리가 산을 자연의 엄청난 힘이 천년이라는 무수한 세월 동안
느릿느릿 공들여 완성한 '기념비적 작품'으로 바라볼 때, 우리
의 상상력은 숙연한 경외감으로 가득 찰 것이다.

— 레슬리 스티븐, 1871년

1672년 8월, 유럽 대륙 여름의 한낮. 이탈리아 북부의 밀라노와
스위스 제네바 시민들은 유럽의 강렬한 태양 아래서 찌는 듯한 무
더위에 시달렸다. 그들보다 수천 피트 위쪽에 있는 심플론 고갯
길(유럽 알프스산맥의 주요 교차점 중 하나로 스위스와 이탈리아 사이
를 넘는 산길) 눈밭에서 토머스 버넷은 추위에 오슬오슬 떨고 있었
다. 그와 함께 떨고 있는 사람은 젊은 윌트셔 백작으로, 팔자가 기
구했던 앤[30]의 아버지인 토머스 불린의 현손이다. 불린 가문은 이
남자아이에게 양질의 교육이 필요하다고 결정했다. 비범하고 반항

---

30   헨리 8세의 두 번째 왕비이자 엘리자베스 1세의 어머니, 1507~1536년.

적인 상상력을 지녔던 영국 성공회 목사 버넷은 여러 10대 귀족의 샤프롱(보호자)이자 여행 안내인을 맡기 위해, 교직을 담당하던 케임브리지대학 기독학부에 장장 10년의 안식년을 신청했다. 버넷에게는 로마 가톨릭의 유럽 대륙을 견문할 수 있는 구실이 되어주었기 때문이었다.

그들은 시무룩한 가이드, 시끄럽게 울어대는 노새 떼와 함께 심플론 고갯길을 가로질러 남쪽을 향해 나아갔다. 희미한 빛이 반짝거리는 기다란 마조레호를 지나고, 산기슭 언덕의 과수원과 마을을 통과해, 두꺼운 양털 융단 같은 롬바르디아 평원의 풀밭을 건너 마침내 이 아이가 꼭 견문해야 할 이탈리아 북부의 창백하고 교양 있는 도시들—그중 첫 번째 방문지는 밀라노였다—로 내려갈 참이었다.

다만 그 전에 산길을 넘어야 했다. 심플론 고갯길은 도무지 추천할 가치가 없는 곳이었다. 꼭대기에 누추한 여관이 있었지만, 밤잠을 잘 수 있는 쾌적한 공간은 아니었다. 또 추위가 괴롭히고 곰과 늑대가 출몰하는 지역이었다. 게다가 그 여관은 양치기와 여관 경영자를 마지못해 겸업하는 사보이 주민의 오두막에 불과했다.

하지만 이런 갖가지 불편에도 불구하고 버넷은 행복했다. 여기 산 사이에서 그는 여느 곳과는 전혀 다른 곳, 즉 그가 잠시 비교를 멈추도록 한 곳을 발견했기 때문이다. 이곳의 풍경은 버넷에게, 문자 그대로, 지구상의 그 어떤 곳과도 완전히 달랐다. 한여름인데도 불구하고 깊이 쌓인 눈은 바람에 의해 여러 모양으로 조각된 채 얼어붙어 있었다. 햇빛에 영향을 받지 않은 게 분명했다. 적설은 햇살 아래서는 금빛으로 반짝였지만 그림자 아래서는 마치 연골처럼 보드랍고 매끄러운 회백색으로 보였다. 집채만 한 바위가 곳곳에 널려 있었고 그것들은 사위에 어지럽고 푸른 그림자를 드리웠다. 남쪽 저 멀리서 천둥소리가 들려왔지만 눈으로 볼 수 있는 유일한 적란운은 버넷의 수천 피트 아래에 있는 산록 지대로 모여들었다. 그는 먼 곳을 바라보다 자신이 폭풍우 위에 있다는 현실을 기쁜 마음으로 깨달았다.

이탈리아 저 아래에는 유명한 로마 유적지가 있다. 버넷은 이 젊은 백작이 고대에 대한 교육 차원에서 그곳을 여행해야만 한다는 사실을 알고 있었다. 버넷 자신조차 부서진 로마 신전의 장엄함과 교회 벽감壁龕에 가득한 도금된 성상이 눈물을 흘리는 모습에는 감동하지 않았다. 그러나 여기, 훗날 버넷이 "이 소리 나는 산의 일부분"이라고 묘사할, 이 알프스산맥의 거대한 잡석들 사이에는 무언가가 있었다. 그에게는 이것이 로마제국의 유적들보다 훨씬 더 의미심장하고 압도적이었다. 비록 아직 젊은 버넷은 고산에 적의와 반감을 느끼고 있었지만 그는 이 산으로부터 뚜렷한 이유 없는 감명도 받았다. 심플론 고갯길을 지나간 후 그는 썼다. "위대한 사상과 열정으로 마음을 고무시키는 이런 사물들이 존재하는 대기에는 위풍당당하고 품위 있는 무언가가 있다. (…) 그런 유의 힘을 갖춘 모든 사물은 너무나 거대해서 우리의 이해 범위를 초월하고 자신들의 '과도함'에 흡족해하면서 우리의 사유를 압도하며 우리 영혼을 일종의 유쾌한 황홀과 상상 속으로 내던진다."

✳

유럽 대륙에서 토머스 버넷과 피보호자들은 10년 동안 알프스산맥과 아펜니노산맥[31]을 여러 차례 가로질렀다. '야생적이고 광활하며 엉성한 돌무더기와 흙더미'가 되풀이되는 광경은 버넷으로 하여금 이러한 이질적인 풍경의 기원을 이해하고자 하는 열망을 품게 했다. 어떻게 바위들이 이토록 어수선하게 흩어져 있을까? 그리고 산은 왜 이토록 강한 심리적 영향을 미칠까? 산은 버넷의 상상력과 탐구 본능에 깊은 자극을 주었다. 그는 "자연 속에서 어떻게 그러한 혼란이 생겨났는지에 대한 그럴듯한 이유를 나 자신에게 설명할 수 있을 때까지 편안함을 느끼기 힘들 것"이라고 했다.

그리하여 버넷은 묵시록과 같은 그의 걸작을 쓰기 시작했다. 시간을 초월한 가장 명백한 대상인 산의 과거를 상상한 최초의 책이었다. 버넷은 유럽이 불안했던 시기에 이 책을 쓰고 있었다. 1680년과 1682년에 비정상적으로 흉측한 혜성들이 하늘에서 목

---

31 이탈리아반도의 서북에서 동남으로 뻗은 산맥.

격되었다. 한 화산 분화구의 꼭대기에서 천체의 운행을 관측하던 에드먼드 핼리는 그 '불타듯 붉은 전령사'를 추적한 뒤 자신의 이름 따 '핼리혜성'이라 명명했으며, 1759년에 그것이 (정확하게) 되돌아올 것이라고 예언했다. 군주들의 사망, 들판을 뒤덮는 폭풍우, 가뭄, 난파선, 역병, 지진 등 문명화된 땅을 폐허로 만들 재앙이 임박했다고 예언한 수천 장의 팸플릿이 유럽 전역에서 인쇄되었다.

바로 이 불길한 전조와 액운의 분위기가 팽배하던 때, 토머스 버넷의 『지구신성론The Sacred Theory of the Earth』(1681)이 세상에 나왔다. 조심스럽게 찍은 라틴어 초판의 인쇄 부수는 25부였으며, 그 안에는 영국 국왕에게 바치는 당돌하고도 짧은 헌사(행간에서 '폐하'의 어리석음을 암시했다)가 포함돼 있었다. 버넷의 책은 미래에 일어날 수 있는 재앙들을 예측한 게 아니라, 역사를 거슬러 올라가 모든 대이변 가운데 가장 큰 재난이었던 대홍수, 즉 '노아의 홍수'를 서술했다. '지구는 늘 똑같아 보인다'는 성경의 정설에 침식을 일으키기 시작한 책이 『지구신성론』이었고, 더욱이 우리가 산을 감지하고 상상하는 결정적인 방식을 형성시킬 책이 바로 이 책이었다. 지금 우리가 지구 풍경의 과거 그 심원한 역사를 상상할 수 있게 된 것은 부분적으로 버넷이 대홍수로 인한 세계의 파멸을 장장 10년 동안 숙고해준 덕분이다.

＊

　　토머스 버넷 이전까지 지구를 보는 관점에는 4차원, 즉 시간이 빠져 있었다. 인류는 산보다 영구적이고 더 명백한 존재를 무엇이라고 생각했을까? 산은 현재의 자태로 신에 의해 지구에 내던져졌을 뿐만 아니라 영원히 이런 모습으로 남아 있을 것이다. 18세기 이전, 지구의 과거가 어떻게 상상되었는지를 결정한 이념은 성경이 묘사한 '천지창조설'이었다. 게다가 성서에 따르면 세계의 기원은 비교적 '최근의 사건'이었다. 17세기 당시, 성경에 나오는 정보로 지구가 기원한 날짜를 계산하기 위한 몇 가지 기발한 시도가 있었다. 그중에서도 가장 널리 알려진 것은 '기원전 4004년 10월 26일 월요일 오전 9시'에 지구가 시작되었다는 것을 의심스러울 만큼 꼼꼼한 산술로 풀어낸 아마[32]의 대주교 제임스 어셔의 측정이었다. 1650년에 계산된 어셔의 이 '지구 창세 연표'는 19세기 초반까지도 영문판 성서의 견주肩注〔책의 쪽 상단 모서리에 표기한 주〕로 인쇄되고 있었다.

　　따라서 버넷의 시대에는 지구사를 인식하는 데 있어 정통 기독교의 상상이 철저하게 주입되었다. 그때만 하더라도 사람들은 지구가 나이 6000년도 채 되지 않은 늙지 않은 별이라고 여겼다. 세

32　북아일랜드 남부에 위치한 주州.

계의 표면은 항상 똑같아 보였기 때문에 과거의 그 어떤 경관도 숙고할 만한 가치가 없었다. 산은 지구상의 다른 만물과 마찬가지로 구약성경 「창세기」에 묘사된 것과 같이 열광의 첫 주 동안 창조되었다. 성경에 따르면 산은 사실상 창조 사흘째 되던 날 만들어졌으며 동시에 극지방이 얼어붙고 열대지방이 더워졌다. 미용 장식을 한 듯 지의류가 자라나고 가벼운 풍화가 일어난 것을 제외하면 그 이후에도 산의 모양새는 크게 달라지지 않았다. 심지어 대홍수조차 산을 변형시키지 못했다.

버넷의 시대에는 이런 기독교 전통의 관점이 지배적이었다. 그러나 토머스 버넷은 천지창조설이 설파한 성서의 설명으로는 이 세계의 출현을 충분히 설명할 수 없다고 확신했다. 특히 그는 대홍수의 수리학이 의심쩍었다. 이토록 맹위를 떨친 대범람과 성경에 기록된 것처럼 '가장 높은 산꼭대기들을 모조리 덮어버릴 수 있을' 만큼 엄청난 물이 대체 지구의 어디에서 왔는지 알고 싶었다.

버넷은 그 정도 깊이의 전 세계적 대범람이 일어나려면 '여덟 대양의 물'이 필요했을 거라고 계산했다. 그러나 「창세기」에 묘사된 40일간의 비는 기껏해야 대양 하나의 수량만을 제공했고, 심지어 대부분의 산기슭조차 휘감지 못할 정도였다. 버넷은 물었다. "우리에게 여전히 필요한 일곱 대양 이상의 수량은 어디로 가서 찾아야 하는가?" 그는 만약 물이 충분하지 않았다면 지표 면적도 더 작아야 한다고 추론했다.

그래서 버닛은 '지구란Mundane Egg'이라는 이론을 제시했다. 천지가 창조된 직후, 지구는 매끄러운 난형의 타원체, 즉 '알'이었다고 제안한 것이다. 지구란은 겉모양이 흠잡을 데 없었던 데다 그 아름다운 겉모양을 파괴하는 구릉이나 골짜기가 없어 질감이 균일했다. 하지만 마치 사기그릇 같은 표면은 복잡한 내부 구조를 감추고 있었다. 지구의 정중앙 '노른자'는 불로 가득 차 있었고 러시아의 마트료시카 인형처럼 노른자의 외곽을 한 바퀴 돌며 감싸고 있는 몇 개의 원구 안에 또 다른 원구가 포개진 형태로 배열되어 있었다. 그리고 은유법에 집착한 버닛에 따르면 '흰자'는 지구의 지각地殻이 떠 있는 물로 가득 찬 심연이었다. 버닛의 지구는 이런 식으로 구성되었다.

버닛은 탄생 초기 지구의 표면은 매끈했지만 불가침 영역은 아니었다고 단언했다. 수년 동안의 태양 활동으로 지각이 건조해진 탓에 지구는 부서지고 갈라지기 시작했다. 바로 지표 밑 심연에 있던 물은 조물주의 부름을 받고 '거대하고도 치명적인 대범람', 즉 노아의 홍수가 닥칠 때까지 약해진 지각을 더 거세게 압박하기 시작했다. 지구 내부의 대양과 용광로가 마침내 지구의 껍데기를 찢어버렸다. 버닛이 성공적으로 묘사한 대로 지구 지각의 일부는 갓 열린 심연으로 들어가고 대홍수의 물줄기는 포효하며 솟아올라 남겨진 육괴陸塊 위를 넘실대다 '경계와 둑 없는 공중에서 떠다니는 거대한 대양'을 만들었다. 지각 위의 유형 물질은 암석과 흙의 난투 속에서 소용돌이쳤고, 물이 드디어 퇴각한 후에는 카오스가 남겨졌다. 버넷의 표현을 빌리자면 대홍수는 '그 자신의 쓰레기 더미에 누워 있는 세계'를 남겼다.

버넷과 동시대 거주자들이 알고 있었던 지구는 서대한 폐허의 이미지이거나 그림이었고, 또 매우 불완전한 형상이었다. 하느님은 인류의 불경함을 단박에 징벌하기 위해 구세계의 틀을 용해하고, 그 폐허 위에 지금 우리가 살고 있는 신세계를 만들었다. 그리고 모든 풍경 가운데 가장 무질서하고도 가장 매력적인 산은 신의 본의도에 따라 창조된 형상물이 절대 아니었다. 산은 사실 노아의 홍수가 물러갈 때의 잔여물이고, 대홍수로 인한 광폭한 수역학이 이리저리 빙글빙글 소용돌이치며 지구 껍데기의 파편을 쌓아 생겨난 것이었다. 사실 산은 인류가 저지른 죄의 웅대한 기념품이었던 셈이다.

버넷의 저서는 1684년 영어로 옮겨진 뒤 여러 언어로 번역됐다. 지구의 현재 설계에 결함이 있다는 그의 제언과 기독교 성서의 전통적인 지식에 대한 도전은 많은 사람에게 그의 '신성론'을 논박하는 글을 쓰도록 자극했다. 이 논쟁은 버넷의 관점과 반론들을 순식간에 자주 거론되고 인용되는 일반적인 지식으로 만들었는데, 옹호자와 비평가들은 『지구신성론』을 언급할 때 아예 '그 이론'이라고 간략하게 불렀고, '그 이론가' 역시 별도의 언급 없이도 버넷을 의미하는 것으로 이해되었다. 스티븐 제이 굴드는 『지구 신성

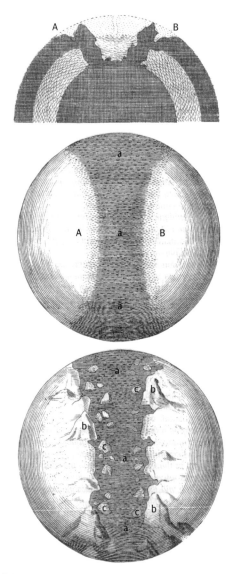

토머스 버넷『지구신성론』제2판(1691)에 있는 '대홍수와 지구의 붕괴'. 이 삽화는
지구의 지각이 물속의 심연으로 붕괴하는 연속적인 3단계를 보여준다(a). 가장 아
래쪽인 마지막 그림은 산(b)과 섬(c)의 탄생을 보여준다.

론』이 17세기에 가장 널리 읽힌 지질학서라고 평가했다.

이처럼 유사 이래 처음으로 인류의 지적 상상력이 과거 지구 야생의 풍경이 어땠을까를 가정하는 데 관여하게 되었다. '버넷 논생'으로 산의 탄생에 큰 관심이 쏠리게 됐다. 산은 디 이상 벽지나 배경에 머물지 않고 그 자체로 인류가 심사숙고하고 관조할 가치가 있는 대상이 되었다. 또한 그를 따르는 사람들의 마음에 산은 경외의 대상인 동시에 매혹적이라는 관념을 정립시킨 이가 버넷이란 점도 중요하다. 예컨대 버넷의 산문에 고무된 새뮤얼 테일러 콜리지는 『지구신성론』을 무운의 장편 서사시로 각색할 계획을 세웠으며, 조지프 애디슨과 에드먼드 버크가 찬술한 '숭고미 이론'도 모두 버넷의 작품에 영향을 받아 형성되었다. 버넷은 산악 풍경에서 장엄함을 발견하고 그러한 느낌을 독자에게 전달했으며, 그로써 인류가 산을 감각하는 완전히 새로운 감정의 토대를 마련했다.

버넷은 너무 총명해서 피곤했다. 케임브리지대학은 해롭거나 반反성서적인 견해의 유입을 막기 위해 사상 방역의 경계선을 그었는데, 성경에 의문을 던진 버넷은 이미 그 선을 침범한 것이었다. 명예혁명 이후 그는 궁정 직무에서 물러나라는 강요를 받았고, 이후 캔터베리 대주교의 지위에서 물러났다. 그러나 그가 작가로서 이룬 명성은 순조롭지 못했던 영국 성공회 목사로서의 생애보다 더 오래 기억될 것이다. 버넷은 '지구의 표면이 항상 똑같지는 않

토머스 버넷의 『지구신성론』 제2판(1961)의 권두 삽화. 이 일곱 개의 지구본은 버넷의 책에 묘사된 것처럼 시계 방향의 연대기로, 지구사의 연속적인 단계들을 묘사했다.

았을 것이다'는 이론을 제창하기 위해 지구 역사를 계속 탐구했다. 그는 『지구신성론』 서문에서 호언장담했다. '나는 인류의 기억에서 수천 년 동안 잃어버렸던 세계를 되찾았다.' 그의 자랑은 일리가 있었다. 버닛은 최초의 지질학적 시간여행자이자 역사를 거슬러 올라간 탐험가, 모든 국가 중에서 가장 낯선 국가인 '머나먼 과거'에 다다른 한 명의 정복자였다.

✳

　비록 버닛은 '지구는 늘 변하지 않은 듯 보인다'는 믿음에 도전했지만 지구의 나이가 제임스 어셔가 계산했던 6000년보다 더 오래되었다고 주장하지는 않았다. 18세기 중반이 되어서야 처음으로 지구의 연대가 대폭 연장되었다. 당시의 통설이었던 이른바 '어린 지구'에 대한 주요 반대론자 중 한 명인 프랑스 자연사학자 조르주 뷔퐁은 그의 간명한 저서 『자연사Natural History』에서 지구사 파노라마를 7단계로 나누어 개술하고 사실 성경이 이야기한 창세기(일주일)의 하루하루는 훨씬 더 긴 시기에 대한 은유일 수 있다고 제안했다. 그는 공개적으로 지구의 나이가 7만5000년일 거라고 어림잡았으나, 이 수치가 지나치게 보수적이라고 생각하긴 했다. 아니나 다를까, 그의 사후에 '수십억 년'일 거라는 추측을 휘갈겨 쓴 노트들이 발견되었다.

뷔퐁의 가설은 기발했다. 그는 구약성경 「창세기」에 나오는 각각의 날을 '무한히 긴 시기'로 바꿈으로써, 지질학자들이 성구^{聖句} 존중의 경계선 안에 머무르게 하는 동시에 지구의 진짜 역사를 규명하는 그의 연구를 시작하는 데 필요한 공간과 시간을 창조해냈다. 어셔가 단정한, 기원전 4004년이라는 믿기 어려울 정도로 정확한 연도를 바보 천치 같은 성경 축자주의^{逐字主義} 토템으로 바꿔놓기 시작한 것은 뷔퐁과 그 부류의 작품이었다.[33] 왜냐하면 일단 지구의 나이를 더 이상 6000년이라고 한정하지 않는다면, 지구가 어떻게 변화했는지를 더 긴 시간에 걸쳐 더 체계적으로 궁리할 수 있기 때문이었다. 지질학이라는 과학이 등장하고서야 이 '오래된 지구'라는 신개념의 틀 안에서 지구사를 명확히 밝혀내고 신성 모독이라는 비난에 맞설 수 있었다.

19세기 초반에 이르러 지구의 과거를 가정하는 데 관심이 있던 사상가들이 두 부류의 학파로 갈리기 시작했다. 그들은 격변론과 균일론으로 나뉘었다. 언급해야 할 점은 19세기 후반의 지질학자들─특히 영국의 찰스 라이엘─은 위 두 학파로 나뉘어 서로 지적인 논쟁을 벌이는 정도를 과장하는 경향이 있었다는 것이다. 아울러 비록 그들의 의견이 다르긴 했지만 그들 사이의 전선은

33　비록 영국의 지질학자 사이먼 윈체스터(1944~)가 최근에 지적한 바와 같이, 1991년의 한 여론조사에서 1억 명의 미국인은 하느님이 지난 1만 년이라는 세월 동안, 어느 시점에 자신의 형상에 따라 인간을 창조했다는 주장을 믿는다고 응답했다. 하지만 과학은 지구의 나이가 약 50억 년이고, 인류는 200만 년 전쯤 최초로 출현했다고 여긴다─지은이.

칼로 물 베듯 결코 엄격하게 갈린 적이 없다는 점을 깨닫는 게 중요하다.

격변론자들은 지구의 역사가 지구물리학적 혁명[34]에 의해 주도되었다고 믿었다. 물, 얼음, 불 등 자연의 힘이 지구를 격렬하게 뒤흔들었던 과거에 한 번 혹은 여러 번 발생한 괴터데머룽Götterdäm-merung[35]이 생명체를 거의 절멸시켰다는 것이다. 그래서 지구는 하나의 묘지인데, 그것도 지금은 앞서 멸종된 무수한 종이 매장되어 있는 '공동묘지'다. 격렬한 조석 운동, 전 지구적인 쓰나미, 맹렬한 지진, 화산, 혜성 통과 등은 지구의 표면을 형성하고 또 뒤흔들어 현재의 혼란을 조성했다. 산악 형성에 대한 하나의 인기 있는 격변설은 지구가 애초에 백열白熱 상태에서 냉각되었기 때문에 마치 사과 껍질이 말라가며 주름지는 것처럼 지구의 부피가 천천히 줄어들고 표면은 심하게 쭈글쭈글해졌다고 제안했다. 이 세계의 산맥이 지구의 피부가 주름지거나 구겨진 형태라는 것이다.

지구사에 대한 이토록 발작적인 시각의 반대 이론은 균일론자들에 의해 설파되었다. 그들은 지구가 여태 전 세계적인 대이변을 겪은 적이 없다고 주장했다. 지진도 일어났고, 화산도 터졌고, 해일도 닥쳤지만 모두 국지적인 재앙이었고, 단지 주변 풍경을 훼손

---

34 지구 내부의 원인으로 지각에 일어나는 변동. 조산造山, 단층, 지반의 융기, 침강 따위의 지각운동이다.
35 북유럽 신화에 나오는 라그나뢰크Ragnarök를 독일어로 번역한 낱말로 '신들의 황혼' 즉 '세상의 종말'을 의미한다.

하고 재정리했을 뿐이라는 것이다. 물론 지구의 지표는 급격한 변화를 겪어왔고 어떠한 산맥이나 해안선에서든 변화의 뚜렷한 증거를 엿볼 수 있다. 그러나 이러한 변화는 지금도 지표면에 작용하고 있는 파열과 마모 따위의 각종 자연력에 의해 놀랍도록 천천히 진행되고 있다.

균일론자들은 충분한 시간이 주어진다면 자연계의 전통 무기인 비, 눈, 서리, 강, 바다, 화산과 지진 등이 가장 큰 효과를 낼 수 있다고 주장한다. 그래서 격변론자들이 재앙의 증거로 삼는 것은 사실 느리고 지속적으로 지표가 충돌한 결과라고 말한다. "현재는 과거를 아는 열쇠"라는 게 균일론의 이론적 토대인데, 이는 바꿔 말하면 지구사는 지구 표면에 작용하는 '현재의 과정'을 주의 깊게 관찰함으로써 추론할 수 있다는 의미다. 이 의견은 '뚝뚝 떨어지는 물이 돌을 뚫을 수 있다'는 아이디어로, 강이나 빙하에 충분한 시간이 주어질 경우, 산을 두 동강 낼 거라는 말이다. 균일론자의 학설이 성립하기 위해서는 바로 이 '시간'이 필요했기에 그들은 지구의 기원을 심사숙고했던 이전의 누구보다 훨씬 더 뒤로 거슬러 올라가 계산했다.

가장 유명한 초기의 균일론 주창자는 스코틀랜드인 제임스 허턴(1726~1797)으로 지금은 보통 '구지질학의 아버지'라 불린다. 허턴은 물리적 과정을 뒤집는, 말하자면 풍경을 역방향으로 관찰하는 본능적인 능력을 지니고 있었다. 다른 모든 지질학 창시자와 마찬가지로 허턴은 비범한 산책자였고 수십 년 동안 그는 스코틀랜드의 산수 경관을 성큼성큼 오르내리며 그곳을 현 상태에 이르게 한 과정을 직관하기 위해 귀납과 상상의 융합을 시도했다. 허턴은 스코틀랜드의 한 골짜기에서 회색 화강암 바위들과 꿰맨 듯 붙어 있는 하얀 석영石英을 손가락으로 만져보며 이 두 종류의 암석 사이에서 한때 발생했던 대항을 이해하고, 용해된 석영이 그 얼마나 큰 압력을 받으며 '어미 화강암'의 약한 부분 속으로 밀고 들어갔는지를 짚어봤다. 허턴의 생각을 이해하려면 두려울 정도로 심원한 과거의 세계로 이주해야 한다. 허턴의 동료이자 추종자 중 한 명인 존 플레이페어는 허턴과 함께 스코틀랜드 동남부 버윅 해안에 있는 한 지질 유적지를 방문한 묘사로 유명해졌다. 허턴이 암석 구성의 의미를 설명했듯, 플레이페어는 이렇게 썼다. '그 깊고 끝없는 시간의 심연을 탐구하다보니 마음이 점점 황홀해지는 듯했다.'

1785년에서 1799년 사이에 허턴의 세 권짜리 대작 『지구 이론 Theory of the Earth』이 세상의 빛을 봤다. 지구의 풍경이 어떻게 형성되었는지에 대해 수십 년간 사색한 정수였다. 책에서 그는 현재 우리가 거주하고 있는 지구는 몇 차례인지 알 수 없는 일련의 순환 주기 안의 '한 폭의 스냅사진'일 뿐이라고 제안했다. 산악과 해안선이 영구불변한 것처럼 보이는 까닭은 사실 '인류의 짧은 수명'에서 비롯된 착각이다. 만약 우리가 영생한다면 문명의 붕괴뿐만 아니라 지구 표면의 완전한 재배열을 목격할 수 있을 것이다. 우리는 침식으로 헐어서 평야가 되는 산을 볼 수 있고 바다 밑에서 새로운 땅덩어리가 형성되는 광경도 볼 수 있다. 대륙으로부터 침식되어 해저의 퇴적층에 쌓인 침전물들은 지구의 발열성 중심핵에 의해 돌로 변화된 후 수백만 년에 걸쳐 부단히 들어올려져 새로운 대륙과 새로운 산맥을 형성할 것이다. 그래서 허턴은 산꼭대기의 암석에 단단히 박혀 있는 조개껍데기는 대홍수에 의해 그곳으로 밀려온 것이 아니라 영구적이고 견결한 지구의 변형 과정에 따라 해저로부터 산봉우리로 들어올려진 것이라고 말했다.

허턴은 지구의 나이를 확정적으로 쓰지는 않았다. 그의 시각에서 지구의 역사는 과거로 무한히 뻗어나가며 또한 미래로도 무한히 펼쳐지기 때문이다. 그의 책 마지막 문장은 앞으로도 수 세기에 걸쳐 여운을 남길 것이다. "그런 까닭에 우리가 현재 조사한 결과는 지구 기원의 흔적도 찾을 수 없고 지구 종말의 가능성도 전망할 수 없다." 말로는 다 형용할 수 없는 '지구의 심원한 역사'는 지질학이 인류 공통의 지식에 중대한 공헌을 하도록 했다.

＊

이러한 지질학의 혁명은 인류가 산을 상상하는 방식에 어떤 영향을 미쳤을까? 일단 지질학자들이 지구의 나이가 수백만 년이나 되었고 거대하고 지속적인 변화의 대상이라는 것을 보여주면서 다시는 같은 방식으로 산을 바라볼 수 없게 되었다. 갑자기 이 산이라는 영구적인 형상은 흥미롭고 당혹스러운 가변성을 갖게 되었다. 산은 이토록 견고하고 영원히 변치 않을 듯 보였지만 실제로는 이미 1000년의 긴 세월 동안 형성되고, 변형되고, 새구성되었다. 산의 현재 외관은 지구의 지형을 결정하는 침식과 융기의 끊임없는 순환 주기 속의 한 단계에 불과했던 것이다.

본래 유령처럼 모호했던 자연경관이 지질학의 정밀 탐사로 새롭게 열리자 신세대 산행객들은 산에 더욱 매료되었다. '근대 등반의 아버지'라고 하는 오라스 베네딕트 드 소쉬르는 1780년대에 이렇게 썼다. "내가 그토록 파악하고 싶었지만 결코 보지 못했던 것은 이 모든 명봉名峯 간의 연결과 실제 구조의 뼈대였다." 지질학은 산으로 여행을 가는 이유와 구실을 제공해주었다. 1801년 어느 영국 신문 기자가 보도했다. "호기심이라는 감정이 유럽 각지의 여행객으로 하여금 구대륙에서 가장 높은 지점인 몽블랑을 방문하게 만들었고 그 주변의 빙하를 조사하도록 유도했다. 요즘 이런 곳들은 지질학자, 광물학자, 또 그런 곳에서 활력을 되찾고자 하는 아마추어들에게 새로운 관심을 얻었다. 더구나 여성들까지 완전히 새로운 풍경을 보는 데서 오는 즐거움으로 여행의 피로를 말끔히 씻으면서 충분한 보상을 받았다." 산을 바라본다는 건 이제 그곳을 탐구하는 행위이고, 산의 과거를 상상하는 활동이 되었다. 1805년 영국의 과학자 험프리 데이비가 이를 잘 표현했다.

1	Granite	7	Granular Mar
2	Gneis	8	Chlorite Shist
3	Micaceous Shistus	9	Quartzose Rock
4	Sienite	10	Grauwacke
5	Serpentine	11	Silicious San
6	Porphyry	12	Limestone

Published May 1813.

P. 172

hale   19   *Rock Salt*

lcareous Sand Stone   20   *Chalk*

on Stone   21   *Plum Pudding Stone*

salt   AA   *Primary Mountains*

al   BB   *Secondary Mountains*

psum   aaa   *Veins*

& Brown Paternoster Row.

험프리 데이비 『농업 화학 원소Elements of Agricultural Chemistry』(1813)의 권두
삽화 「지층 유형들Strata Types」은 지질학이 밝혀낸 여러 암석층을 보여주고 있다.

지질학 탐구자에게 모든 연산連山은 지구가 겪었던 중대한 변화를 보여주는 인상적인 기념비를 제공한다. 산은 모두의 마음속에 가장 숭고한 사색을 불러일으키고, 현재를 무시하게 하며, 과거의 시대로 상상력을 몰입시킨다. 그리고 언뜻 혼란스러워 보이는 질서를 확립한 대자연의 위대한 힘의 설계에 정신을 잃을 정도로 감탄하게 한다.

여기에다 누구나 가파른 산허리에서 또 다른 현기증―헤아리기 어려운 긴 시간이 초래한 황홀경―을 더 친숙하고도 즉각적으로 느꼈을지 모른다. 토머스 버넷이 한 세기 전에 말했듯이, 산에 오르는 경험은 위로 향하는 공간 이동일 뿐만 아니라 세월을 거꾸로 넘나드는 시간 이동이기도 하다.

✳

제임스 허턴이 '지질학의 아버지'일지는 모르지만 결코 지질학의 최신 조류를 대표하지는 않았다. 허턴의 『지구 이론』은 공감할 수 있는 그 마지막 몇 줄을 제외하고는 그가 좋아했던 구적색사암Old Red Sandstone[36]처럼 난삽한 산문으로 쓰였다. 진정으로 대중

36　고생대 중기 데본기에 형성된 붉은빛의 사암으로 북유럽이나 북아메리카 등지에 발달해 있으며 어류의 화석이 많이 들어 있다.

적인 지질학의 발전과 경이로운 발견, 더 많은 사람을 산으로 꾀어내기 위해서는 30년이라는 세월과 또 다른 전설적인 지질학자가 필요했다. 버넷이나 허턴보다 훨씬 큰 영향력으로 19세기 사람들에게 지실학의 언어와 상상력을 교육한 인물은 바로 스코틀랜드의 지질학자, 이른바 '근대 지질학의 아버지'라 불리는 찰스 라이엘이었다.

찰스 라이엘은 지질학을 연구하기 전에는 변호사였다. 법정에서의 변론 훈련은 그가 극도로 명료하고 우아한 작문 스타일을 갖추도록 했다. 1830년에서 1833년 사이에 그는 세 권짜리 『지질학 원리: 현재의 지각운동 원인을 참고하여 지표의 이전 변화를 설명하려는 시도The Principles of Geology: an Attempt to Explain the Former Changes of the Earth's Surface by Reference to Causes Now in Operation』를 출판했다. 이 책은 '현재를 연구하는 것이 과거를 아는 열쇠'라는 균일론자들의 주장을 주도면밀하고 아름답게 전개한 저작이다. 『지질학 원리』는 빠른 속도로 당시 상류 지식인층의 필독서로 등극했고, 여러 언어로 번역되었다. 1872년에는 이미 11종의 개정판이 출간되었다.

라이엘의 탁월함은 주로 세부 사항을 잘 정리한 데 있었다. 찰스 다윈이 훗날 『종의 기원』(1859)에서 그랬던 것처럼, 라이엘은 반박할 수 없을 정도로 축적된 사실—이런 점에서 그의 저술 방식은 그가 기술하고 있는 지구의 변화 과정과 닮았다—과 계몽적인 일화의 결합으로 독자층을 사로잡았다. 라이엘이 개설한 이 지식에는 민주주의 정신이 깃들어 무언가 강한 호소력이 있었다. 지구의 역사를 해독하기 위해 특별한 장비나 오랜 훈련은 요구되지 않았다. 오로지 명민한 눈, 균일론 원리에 대한 기본 지식, '시간의 심연'의 가장자리를 유심히 응시할 만큼의 호기심과 용기만 있으면 됐다. 이러한 최소한의 자격만 있으면, 누구든 지구상에서 가장 흥미로운 쇼인 지구의 과거사에 참석할 수 있었다.

산에 대한 이 같은 새로운 지각 방식을 실제로 목격하기 위해, 1835년으로 돌아가 칠레의 태평양 해안선에서 위태롭게 돌출된 발파라이소시로 가보자. 이 도시의 이름은 '천당 계곡'을 의미하는데 이보다 안 어울리는 이름은 찾아보기 어렵다. 우선 이곳에는 계곡이 없고 오히려 태평양의 큰 파도와 도시 뒤편으로 가파르게 솟아 있는 붉은 바위 산맥 사이를 가로지르는 길고 좁은 평탄한 땅이 있다. 게다가 확실히 천국 같지 않다. 앞바다에서 끊임없이 불어오는 산들바람은 지표면의 흙을 쓸어내리고, 경사진 땅과 염분이 많은 토양은 이곳이 작은 식물조차 자라지 못하는 불모지임을 보여준다. 이곳에서는 개울과 골짜기 사이에 있는, 붉은 기와 지붕에 하얗게 회칠한 작은 집에서 북적이는 거주자들을 제외하곤 다른 생명체를 찾아볼 수 없다. 하지만 발파라이소는 보기와 다르게 칠레의 주요 항구이기 때문에, 해안선 근처에서는 바닥이 얕은 소형 어선들이 더 깊은 물에 정박하러 오는 큰 배를 서비스하기 위해 줄지어 홱홱 오간다. 이 모든 장면에는 여름 바닷가의 청량하면서도 건조한 공기가 드리워져 있다.

1835년 8월 14일, 찰스 다윈은 이 발파라이소에서 말을 타고 안데스 산악 지대의 내륙으로 긴 답사를 떠났다. 만澤 밖에는 대포 10문을 배치한 쌍돛대 범선인 군함 비글호가 정박해 있고, 그는 이 함상에서 과학 측량관을 맡고 있었다. 다윈은 케임브리지대학에서 공부하면서 지질학에 큰 흥미를 갖게 되었고, 폭풍우가 사납게 몰아치는 1831년 12월 밤에 데번포트에서 남쪽으로 항해하기 전, 남아메리카로 향하는 장거리 항해 동안 읽을 라이엘의『지질학 원리』제1권을 챙겼다. 그는 카보베르데Cape Verde에 머무는 동안 라이엘의 이론을 실험했다. 그리고 비글호가 파타고니아 평지에 다다를 무렵, 눈앞에 보이는 풍경으로 '심원한 과거'를 추론하기 위해 다윈의 상상력은 그가 마주한 지형을 '라이엘식 용어'로 해석할 준비가 되어 있었다. 다윈은 나중에 친구 레너드 호너에게 보낸 편지에 이렇게 썼다. "난 늘 내 책의 절반은 라이엘의 두뇌로부터 나온 것 같은 기분이 든다네.『지질학 원리』의 위대한 점은 독자의 사유 기조를 모조리 변화시킨다는 것인데, 비록 우리가 라이엘이 본 적 없는 걸 보더라도 그것을 부분적으로나마 그의 두눈을 통해 생각하기 때문일세. 나는 줄곧 그렇게 느껴왔다네."

발파라이소를 떠난 다윈은 꼭 방문해보라던 화석화된 조개껍데기층을 보기 위해 하루 내내 해안을 따라 북쪽으로 말을 타고 이동했다. 과연 놀라운 장관이었다. 다윈은 이 석회화된 연체동물의 기다란 퇴적층이 점진적인 지각운동으로 해수면 위로 몇 미터 상승해 현재의 무덤 위치에 이르렀다고 정확하게 추론했다. 이러한 패각을 본 다윈은 곡괭이와 삽을 든 한 무리의 현지인들이 이것들을 석회로 소성하기 위해 손수레에 한가득 싣고 가는 광경도 목격했다. 그는 말 머리를 내륙 쪽으로 돌려 칠레 키요타의 넓고 비옥한 계곡을 따라 올라갔다('당초에 발파라이소를 '천당 계곡'이라고 부른 누군가는 틀림없이 키요타를 생각했을 것이다.' 다윈은 훗날 여행기에 이렇게 썼다). 산골짜기에는 올리브 숲이 빽빽이 들어차 있고, 거주민들이 꾸민 작고 네모난 과수원에는 오렌지나무, 복숭아나무, 무화과나무들이 줄지어 서 있었다. 더 높은 비탈들에는 비옥한 밀밭이 햇빛 아래서 반짝였고, 그 위로는 장엄한 절경이라고 소문난 1900미터 높이의 키요타 벨산이 솟아 있었다. 바로 다윈이 등반하게 될 산이었다.

다윈은 산자락의 아시엔다[37]에서 하룻밤을 보낸 뒤, 한 명의 가우초[38] 가이드와 기운 넘치는 말들을 구했다. 그리고 산비탈에 우거진 굵은 야자수와 키 큰 대나무 숲을 헤치며 힘겹게 산을 오르기 시작했다. 길이 좋지 않은 탓에 황혼 무렵에도 두 사람은 정상의 4분의 3까지밖에 오르지 못했다. 그들은 샘물가에서 야영했다.

37　브라질을 제외한 남아메리카의 대농장.
38　남아메리카 초원의 카우보이.

대나무 그늘막 아래에서 가우초는 소고기를 튀기고 마테차 우릴 물을 끓이기 위해 불을 지폈다. 어둠 속에서 불빛은 그늘막의 벽에 기대 춤을 추었고, 다윈에게 그 대나무 그늘막은 깜박이는 불꽃이 밝힌 이국적인 대성당같았다. 대기는 아주 맑고 달빛 어린 공기는 무척이나 청량해서, 다윈은 발파라이소에서 41킬로미터나 떨어진 곳에 정박해 있는 작고 검은 줄무늬 같은 배의 돛대 하나하나를 알아차릴 수 있었다.

이튿날 이른 아침 다윈은 녹색 암석 지대를 넘어 벨산의 평평한 정상에 올라섰다. 그곳에서 그는 새하얀 탑과 성벽을 방불케 하는 안데스산맥을 건너다봤고, 탐욕스러운 칠레인들의 금광 산업이 더 낮은 산들의 옆구리에 남긴 흉터를 내려다봤다. 눈앞의 정경이 그로 하여금 경탄을 자아냈다.

우리는 산꼭대기에서 하루를 보냈는데 나는 이보다 더 마음껏 즐긴 적이 없었다. 풍경 자체의 아름다움이 내게 기쁨을 주었고, 그야말로 시야를 원대한 범위로 넓혀주는 산맥의 위용만으로도 팽배한 감상이 더욱 고조되었다. (…) 누군들 이 산을 들어올린 불가사의한 힘과 그것들을 쌓고, 부수고, 옮기고, 온 산 덩어리를 높이 솟아오르게 하는 데 필요했던 기나긴 세월에 감복하지 않을 수 있겠는가? 이런 경우 파타고니아 해변의 무수한 조약돌과 바다 밑바닥의 퇴적층을 떠올리는 게 좋은데 만약 이것들이 코르디예라(대륙을 종단하는 산계)에 쌓이면 그곳의 높이를 수천 피트씩 끌어올린다. 그 나라에 있을 때 나는 어떻게 산맥이 그토록 많은 암석을 공급하고도 전혀 소멸되지 않을 수 있었는지 궁금했다. 이제 우리는 이토록 경이로운 풍경을 되돌릴 수 없으며, 전지전능한 시간이 산, 심지어 엄청나게 거대한 코르디예라까지도 자갈과 진흙으로 빻을 수 있는지 여부를 의심해서는 안 된다.

독수리 둥지에서 내려다보듯 부감하는 관점에서 다윈의 눈은 공간뿐 아니라 시간의 내부도 두리번거렸다. 그의 눈앞에 펼쳐진 실제 경치를 감상하는 즐거움은 그가 상상했던 풍경에 대한 환상에 비하면 확실히 뒤떨어졌고, 한때 이곳에 틀림없이 존재했을 눈 덮인 산봉우리들과 산맥은 지질의 경이로운 힘 때문에 더 이상 존재하지 않았다. 사실 다윈은 라이엘의 학설 덕분에, 그가 참신하다고 여긴 '마음의 산맥'이라는 시계視界를 눈여겨보고 있었다.

다윈의 일지에는 이런 순간들이 고스란히 드러난다. 다윈이 이 여행에서 얻은 견문을 적은 『찰스 다윈의 비글호 항해기』는 당시 베스트셀러가 되었다. 폭풍우가 몰아치는 티에라델푸에고의 정상과 파타고니아의 은빛 사막뿐 아니라, 최근에 발견된 먼 옛날의 지질학적 시간대를 다윈과 함께 쏘다닐 수 있다는 것이 이 책이 선사하는 주요한 전율 중 하나였다. 군함 비글호는 다윈의 비범한 상상력과 라이엘의 통찰력이 결합되어 추진된 워프 항법[39]을 쓰는, 세계 최초의 시간 여행선—스타십 엔터프라이즈호[40]의 원형—중 하나였다.

✳

야생에서 시간을 보낸 적이 있는 사람이라면 누구나 존 플레이페어가 버윅에서 감지했고 다윈이 칠레에서 느꼈던 이 '시간의 심화'를 어떤 형태로든 경험했을 것이다. 어느 해 3월 초순 나는 케언곰 산지의 뒤편을 휘감으며 이어지는 스코틀랜드의 긴 골짜기, 스트래스 네시를 지나갔다. 이 좁은 골짜기의 횡단면은 세계의 다른 모든 협곡과 마찬가지로, 납작한 U자 모양으로 형성되어 있었다. 이렇게 생긴 까닭은 약 8000년 전까지만 해도 웨일스와 북잉글랜드의 일부, 북아메리카의 대부분과 유럽의 상당 부분처럼 스코틀랜드 북부의 고지대가 빙하로 뒤덮여 있었기 때문이다. 이 빙하들은 점차 육지 위로 이동해 땅을 파내고 빻고 다시 조각했다.

그날 협곡을 걷던 나는 양측 곡벽谷壁의 3분의 2쯤 되는 높이에서 마치 해변의 표류물처럼 들쭉날쭉한 선으로 그곳에 내던져진 바위들이 그린 빙하의 만조 표시를 볼 수 있었다. 계곡 측면

39　공간을 휘어뜨림으로써 4차원 공간에 있는 두 점의 거리를 단축해 빛보다 빠른 속도로 다른 은하로 날아가는 우주 비행법.

40　미국 공상과학 드라마 「스타 트렉」에 나오는 우주왕복선.

도 수십 개의 작은 개울로 깊이 갈라져 있었다. 이 개울들은 빙하가 계곡에서 퇴각한 이래로 수천 년 동안 기반암인 화강암 속으로 써레질되어 있었다. 산등성이 옆구리를 따라 흘러내린 빗물은 끈질기게 이 개울들을 자르고 파며 세공해왔던 것이다. 물은 일단 수로를 발견하면 그것을 더 깊이 파는 일—암석의 입자를 떠밀려가게 하고 다시 그 입자들이 다른 입자들과 자유롭게 부딪치도록 하는—에 매진하며 그 홈을 수로로 만들고 그 수로가 개울로 깎일 때까지 계속해서 흐른다.

나는 이 개울들이 새겨놓은 하나의 길을 따라 당시 빙하의 한 계선까지 올라가고 싶어 협곡의 동쪽 경사면을 기어가듯 올라갔다. 야생화 헤더는 녹은 눈에 미끄러졌고, 나는 위로 안정적으로 오르기 위해 손을 적설 속에 여러 번 집어넣어야 했다. 바위 무더기에 거의 다가설 무렵 깜짝 놀란 뇌조가 날개를 퍼덕이며 날아올라 허공에 실루엣을 남겼다.

바위 무더기에 도착했을 때, 내 손은 꽁꽁 얼어 있었다. 나는 꽤 시끄러운 소리가 나도록 양손을 힘껏 비볐다. 그런 후 마치 욕조 같은 협곡에 얼음이 가득 차는 모습을 상상하면서 하나의 바위에서 또 다른 바위로 옮겨가며 골짜기를 걸어 올라가기 시작했다. 거석마다 검은 진흙이 덮여 있었고 그것이 낮 동안 모아둔 온기가 밖으로 뿜어져 나오면서 주위의 눈을 녹였다. 나는 경사가 가팔라질 때까지 계속 걸었고 그 후 다시 협곡 바닥으로 내려와

야만 했다. 한 가닥의 작은 오솔길이, 10제곱미터쯤 되는 돌출된 바윗덩어리 근처로 나를 데려갔다. 나는 걸어 올라가 그것을 살펴보려고 몸을 웅크렸다. 바위 안에 새겨진 가로 줄무늬는 빙하가 협곡을 만들 때 이 바위를 할퀴고 간 자국이었으며, 빙하의 거대한 하복부가 지표면과 마찰하며 맞부딪친 곳 중 하나였다는 것을 보여주었다.

나는 그곳에서 위쪽을 올려다봤다. 얼마 전 내린 눈으로 얇게 뒤덮인 협곡 너머의 산은 멀리서 보면 회색빛으로 변해 윤곽이 부드러워져 있었다. 먼 곳에서는 그 산들의 크기가 백색의 겨울 하늘에 묻혀 거의 보이지 않았고, 약간의 짙은 사선만이 산형山形을 그려냈다. 눈앞의 풍경은 목탄화 소묘나 중국 수묵화의 간결한 선을 떠올리게 했다.

두 시간 뒤 계곡 입구에 이르렀다. 이곳은 서쪽으로는 이른바 독수리의 바위산이라 불리는 원뿔꼴의 스택-안-이올라레르산이, 동쪽으로는 바이넥 모어산과 바이넥 벡산이 호위하고 있었다. 북쪽 숲을 내려다보던 나는 800미터쯤 떨어진 곳에서 대체로 새하야면서도 몇 가닥의 적갈색 털이 비치는 붉은 사슴 떼를 보았다. 그들은 산 중턱을 가로질러 헤더 관목숲이나 깊은 눈밭 속으로 속도를 내어 달리고 있었다. 나는 이 풍경 속에서 유일하게 움직이는 물체인 사슴의 행렬을 몇 분 동안 서서 지켜보다 갑자기 '심원한 시간' 속으로 빨려 들어갔다. 사슴 무리가 지나고 헤더가 만

발한 화강암이 2만 년 전 상부 홍적세 시기에는 엄청나게 두꺼운 빙층氷層 아래에 잠겨 있었을 것이다. 6000만 년 전 스코틀랜드가 그린란드와 북아메리카 대륙판에서 격렬하게 찢겨나갈 때, 현무암 용암의 홍수가 이 땅을 휩쓸었을지도 모른다. 1억 7000만 년 전 스코틀랜드는 북부의 열대지방을 가로질러 표류했을 테고, 메마르고 불그스레한 사막이 내가 서 있는 지역을 뒤덮었을 것이다. 약 4억 년 전 스코틀랜드에는 히말라야산맥 규모의 거대한 산악이 존재했을 테지만, 지금은 부식된 잔여 흙더미만 남아 있다.

설령 지질학을 조금만 이해하고 있더라도, 특별한 식견으로 풍경을 관찰할 수 있다. 지질학 지식은 암석이 액화되고 바다가 놀처럼 굳어지는, 다시 말해 화강암이 포리지[41]처럼 출렁이고, 현무암이 스튜처럼 거품을 일으키며 끓고, 겹겹의 석회암이 담요처럼 쉽게 접히는 과거 세계로의 시간 여행을 가능케 한다. 이러한 지질학적 안목을 통해 굳은 땅terra firma이 이동하는 땅terra mobilis이 되고 그래서 우리는 무엇이 굳어 있고, 무엇이 굳어 있지 않은지에 대한 우리의 믿음을 재고할 수밖에 없다. 비록 우리는 '돌'이 시간을 지연시키는 항노화, 항부패화(석총, 비석, 기념비, 조각상)의 거대한 힘을 갖고 있다고 생각하지만, 이것은 우리 자신의 가변성과 비교할 때에만 맞는 말이다. 더 큰 지질학적 연대의 맥락에서

---

41 오트밀(귀리)에 물이나 우유를 부어 걸쭉하게 끓인 음식.

보면 암석은 다른 어떤 물질만큼이나 연약하고 변하기 쉽다.

지질학은 무엇보다 시간에 대한 우리의 이해에 기탄없이 도전한다. 지금 그리고 여기에서의 감각을 어지럽힌다. 작가 존 맥피[42]가 『분지와 산지Basin and Range』에서 훌륭하게 고칠한 '심원한 시간Deep time'—시간의 단위가 하루, 시간, 분, 초가 아닌 백만 년 혹은 수천만 년인 지질학적 시간 감각—을 상상하는 경험은 인류가 존재한 짧은 시간을 압도하는 동시에 웨이퍼〔얇게 구운 과자〕처럼 납작하게 눌러버린다. '심원한 시간'의 광대무변함을 생각하는 것은 어떤 측면에서는 매우 강렬하면서도 소름 끼치는 일로, 당신의 현존을 완전히 부수고 과거의 압력으로 당신을 '무無'로 압축하며 미래는 너무 광활하기에 당신이 직시할 수 없도록 한다. 이는 정신적인 공포일 뿐만 아니라 육체적인 공포다. 산의 단단한 바위가 시간의 마모에 얼마나 취약한지 깨닫는 일은 반드시 인류의 몸이 섬뜩할 정도로 덧없다는 것에까지 생각이 미치도록 하기 때문이다.

그러나 '심원한 시간'을 관조하는 것에는 기묘하게도 사람의 기분을 북돋는, 짜릿한 무언가가 있다. 그렇다. 당신은 이 묘연하고 광대한 우주의 대계획에서 획 스쳐 지나가는 하나의 '작은 빛'에 불과하다는 사실을 배운다. 동시에 '당신도 존재한다'는 깨달음으로도 보상을 받는다. 우리는 매우 작기 때문에 흘깃 본다면 존재

---

42   북미 대륙을 지질학적으로 탐사한 『이전 세계의 연대기』로 1998년 퓰리처상을 받은 미국의 논픽션 대가.

하지 않는 듯하지만 실은 확실히 존재한다는 실상을 알게 되는 것이다.

✳

찰스 라이엘의 『지질학 원리』와 그에 필적하려 했던 수십 권의 지질학 관련서는 지구에 숨겨진 극적인 과거를 보여줌으로써 19세기로 하여금 지성의 눈을 뜨게 했다. 만인의 상상력은 이 엄청나게 느린 미학, 즉 시대에 걸쳐 일어난 점진적인 변화에 반응하기 시작했다. 지질학 논쟁에서 중요한 지질 구조의 변화나 19세기 과학계를 시끄럽게 한 이토록 많은 전복과 드잡이에 대해 어떤 견해를 갖고 있든 간에, 반박할 수 없을 만큼 경이롭고 놀라운 것은 바로 '지구의 나이' 곧 이루 다 형언할 수 없는 태고였다. 반세기도 채 안 되는 기간에 지질학은 수십억 년의 세월을 이 세계에 거꾸로 펼쳐 보였다.

17세기와 18세기는 공간이 연장된 세기로, 현미경과 망원경이 발명됨에 따라 눈에 보이는 시야의 영역이 갑자기 넓어졌다. 우리는 그 갑작스러운 공간의 확장이 얼마나 놀라웠을지를 보여주는 당대의 이미지들이 있다. 1674년, 네덜란드의 렌즈 가공사 안톤 판 레이우엔훅은 연못 물 한 방울 속에 우글거리는 수많은 미생물의 모습을 관찰하기 위해 그의 기본 현미경을 자세히 내려다봤다('물에서 매우 **빠르고** 변화무쌍하게 돌아다니는 이들 미생물은 얼핏 봐도 기묘했다'). 1609년 갈릴레오는 천문망원경으로 하늘을 관측해 달에 '솟아오른 산'과 '깊은 협곡'이 있다는 사실을 알아낸 최초의 지구인이 되었다. 블레즈 파스칼은 인간이 두 개의 심연 사이에서 아슬아슬한 균형을 이루며 불안정한 상태로 존재한다는 것을 경이로움과 두려움이 뒤섞인 채 깨달았다. 그중 한쪽은 삼라만상의 무궁무진함으로, 각자의 하늘, 행성, 대지를 가지고 있는 '무형의 원자 세계'이고, 다른 한쪽은 너무 광대해서 볼 수 없는 '무한한 우주'로 밤하늘에 끝없이 뻗어 있는 '무형의 코스모스'다.

반면 19세기는 시간이 연장된 세기였다. 이전의 두 세기는 공간의 영역, 그리고 원자의 소우주에 존재하는 이른바 '다원성의 세계'를 밝혀냈다. 지질학이 19세기에 밝혀낸 것은 한때는 존재했지만 이젠 존재하지 않는, 지구상의 수많은 '이전 세계'였다. 이러한 이전 세계에 서식했던 일부 생명체가 가져다주는 흥분은 일반적인 고대 유물이 촉발하는 전율을 초월했다. 그것은 과거 지구에 살았던 다양한 범주의 커다란 생명체, 즉 매머드와 포유류, '해룡'과 공룡들이었다. 이는 고생물 해부학자인 리처드 오언이 1842년에 작명했다. 사람들은 이미 수백 년 전부터 끊임없이 지하에서 뼈와 치아의 화석을 캐냈지만 19세기 초반이 되어서야 이 유골의 일부가 이미 멸종된 종의 것이라는 사실을 알게 됐다.

인류가 이런 사실을 지각할 수 있도록 프랑스의 박물학자 조르주 퀴비에(1769~1832)는 누구보다 많은 업적을 이뤄냈다. 그는 '멸종'이라는 논란의 여지가 있는 사실을 세상 사람들에게 단언했고, 그렇게 함으로써 공룡을 화석 동물로 이해하는 데 필요한 개념적 틀을 만들어냈다. 퀴비에가 내놓은 테스트 케이스, 즉 선례는 털북숭이 매머드였다. 그는 화석화된 매머드 뼈의 구조를 현재의 아프리카코끼리와 인도코끼리의 것과 비교해 매머드의 화석 뼈가 다른 종에 속한다는 사실을 증명했다. 1804년 파리국립연구소에서 퀴비에는 깜짝 놀란 청중에게 거대하고 털이 많은 코끼리—더이상 지구상에 살아있지 않은—가 한때 프랑스에 살았으며 그들은 거의 확실히 무리를 지어 현재 베르사유 궁전의 깔끔한 정원을 발로 짓밟고 지나갔을 것이라고 발표했다. 퀴비에는 덩치가 그리 왜소한 남자도 아니었으므로 불가피하게 곧 '매머드'라는 별명을 얻었다.

퀴비에는 부분적으로 그의 박식한 두뇌(그는 개인 서재에 있는 1만 9000권의 책을 외웠다고 알려져 있다) 덕분에 당시 유명 인사가 되었지만 무엇보다 해부학자로서의 기술이 뛰어났다. 제임스 허턴이 암석을 해체하는 데 비범한 능력을 지녔다면, 퀴비에는 석화된 뼈로부터 유럽의 거대 동물을 재구성하는 능력을 갖고 있었다. 한때 지구를 어슬렁거렸던 이 짐승들이 어떤 모습이었을지를 다시 상상하기 위해서였다. 그는 특대형 골격을 철사로 묶고 대량의 뼈를 시멘트 틀에 끼워넣었으며 삽화가들의 협력 아래 최초로 공룡 그림을 제작했다. 퀴비에의 작품은 고대 생명체뿐만 아니라 한 시대를 완전하게 부활시켰기 때문에 동물 표본 박제술이라기보다는 '마술Thaumaturgy'처럼 보였다. "퀴비에는 우리 세기의 가장 위대한 시인이지 않은가?" 오노레 드 발자크는 훗날 그를 이토록 열광적으로 묘사했다. "우리의 불후의 박물학자가 백골로 이전 세계들을 재건했다. 그는 석고 한 조각을 집어들고 우리에게 '보라!'고 외쳤다. 갑자기 돌이 대형 동물로 변하고, 죽은 생명체가 되살아나고, 그렇게 또 다른 세계가 우리 눈앞에 펼쳐졌다."[43]

고대 지구로 널리 알려진 과거 세계가 새로운 열정을 불러일으키자 이에 자극받은 화석 사냥과 고생물학은 19세기 초 유럽을 휩쓸었다. 날마다 멸종된 종을 새로 발견하는 듯했다. 지질학자의 혈기 왕성한 아족亞族인 '화석 사냥꾼'들이 우후죽순처럼 생겨났다. 그들은 망치와 부드러운 솔을 담은 배낭을 메고 암석이 노출된 곳, 바닷가와 개울, 채석장, 하천, 산으로 달려갔다. 가령 유명한 화석 사냥꾼 메리 애닝은 영국 서남부 라임 리지스의 비옥한 쥐라기 혈암층에서 어룡과 사경룡Plesiosaur의 화석을 수집했다. 운동선수처럼 정력적이었던 화석 사냥꾼들은 험준한 벼랑을 기어오르거나 암석의 습곡과 단층을 지났으며, 한 번의 움직임으로 한 시대를 거슬러 올라가면서 시간을 빠른 속도로 뛰어넘을 때 자신들이

---

43 프랑스 소설가인 오노레 드 발자크의 『나귀 가죽』.

THE ROCKS AND ANTEDILUVIAN ANIMALS.

'암석과 대홍수 이전의 동물들.' 에비니저 브루어 『과학 속의 신학Theology in Science』(1860)의 권두 삽화.

어떤 기분을 느꼈는지에 대해서도 기록했다.

대량의 화석층이 수집가들에 의해 약탈당해 훼손되었고, 빅토리아 왕조 시대에는 '화석종 수집 편애'가 심지어 이미 멸종한 종들에까지 확장되었다. 부유한 아마추어 애호가들은 그들의 전리품을 방에 가득 채웠고, 또한 '화석 금고'를 매입해 더 작은 표본들을 넣어두었다. 이 허리 높이의 캐비닛에는 상부를 유리로 씌운 서랍들이 줄지어 있었고, 유리 아래쪽은 나뭇조각을 써서 수십 개의 작은 사각형 모양으로 분리한 수납장이 있었다. 라벨이 세심하게 붙어 있는 각각의 수납장에는 상어 치아나 혈암 파편에 정교하게 압착된 양치류 화석 따위가 놓였다. 이런 식으로 유행한 '작은 묘지'들이 많은 유복한 가정에 마련되었다. 사람들은 유리를 통해 과거에서 온 유물들을 바라보며 자신의 죽어야 할 운명을 곰곰이 명상함과 더불어 이루 다 형언할 수 없는 지구의 나이를 찬찬히 생각해보곤 했다.

이러한 화석 열풍은 두 가지 이유로 우리의 탐구에 중요한 의의를 지닌다. 우선, 지구의 과거 연대에 대한 19세기의 매혹을 강화했다. 찰스 라이엘이 『지질학 원리』에서 영리하게 관찰한 화석들은 '생생한 언어로 쓰인 (…) 자연의 오래된 기념물들'이며, 지질학과 같은 고생물학은 사람들에게 '풍경'을 '역사서'로 읽는 방법을 가르쳐주었다. 확실히 19세기 전반에 지질학은 인기 있는 과학이었다. 심지어 1861년 빅토리아 여왕조차 광물학자를 고용했다. 지질 관광업은 성장 산업이 되었다. 1860년대에는 암석의 속성을 가르치는 강의 코스가 다양해 지질 탐방을 시작하려는 사람들은 일련의 강좌 중 하나를 선택해 들을 수 있었다. 개별적인 접촉을 선호하는 사람들에게 런던의 그린 스트리트에 사는 윌리엄 텔 교수는 '여행객들에게 유럽의 산간 지대에서 흔히 접할 수 있는 수정체와 화산암의 구성 요소를 식별할 지식을 획득할 수 있는 개인 교습'을 제공(광고에 이렇게 쓰여 있다)했다.

두 번째로 수천 명의 사람을 야외로 나가도록 북돋우고, 암석과 절벽으로 다가가는 데 필요한 실질적인 방법을 발전시켰다. 실제로 산은 서양 지질학의 토대를 마련했고, 등산도 항상 지질학과 긴밀하게 협조하며 발전했다. 초기의 많은 지질학 개척자, 가령 오라스 베네딕트 드 소쉬르와 스코틀랜드인 제임스 데이비드 포브스[44]는 선구적인 산악인이기도 했다.[45] 소쉬르의 네 권짜리 저서 『알프스 산상으로의 여정Voyages dans les Alpes』(1779~1796)은 지질학의 초석이 된 작품이자 최초의 야외 여행 서적 중 하나였다. 1807년 런던지질학회가 결성되었을 때, 회원들은 자신들의 과학이 당시 종교의 주류 사상에 어긋난다는 점을 알고 있었기 때문에 고루한 사람이나 성상 파괴론자로 인식되지 않기를 간절히 바랐다. 그들은 결국 자신들을 '망치의 기사騎士', 즉 지식 탐구를 위해 황야로 돌진하는 기사도 정신을 가진 과학자로 근사하게 칭했다. 로버트 베이크웰은 그의 『지질학 입문Introduction to Geology』(1813)에서 "지질학 연구를 권장하는 또 다른 이유는 지질 애호가들을 산악 지대 탐험으로 인도하기 때문"이라고 말했다. 그의 주장을 증명이라도 하듯 『지질학 입문』 초판의 권두 삽화에는 베이크웰이 카다이르 이드리스(웨일스 북부의 스노도니아에 있는 산)의 산꼭대기에 있는 바위기둥 사이에서 행복하게 앉아 있는 사진이

---

44 물리학자이자 빙하 연구가, 1809~1868년.
45 지질학은 20세기에 들어와서도 등산의 원동력으로 남아 있었다. 영국이 최초로 시도한 세 차례의 에베레스트산 원정(1921년, 1922년, 1924년)은 그 지역의 지질학(및 식물학) 지식을 되살리는 것을 목표로 한 과학 탐험 자금을 일부 지원받았다 ―지은이.

인쇄되어 있다.

그래서 19세기 초 대중에게 지질학은 단지 오래된 뼈와 돌멩이들을 손으로 만지작거리는 것뿐만 아니라 건강한 야외 활동과 낭만적인 감수성노 권하게 되었다. 이보다 더 특이한 점은 지질학이 많은 사람에게 '소설보다 더 굉장한 풍경'을 만날 수 있는 과거로의 마법 같은 항해를 가능케 한 강신술降神術로 인식되었다는 것이다. 1820년대 이후 유럽과 미국에 고전 지질학의 기본 원리들이 보급되자 점점 더 많은 사람은 산이 지구의 아카이브―이른바 '거대한 돌 책'이라고 불리는―를 구경할 수 있는 하나의 현장이라는 사실을 깨달았다.

✳

나는 유년 시절에 두 권의 '돌 책'을 갖고 있었다. 하나는 수백 가지의 서로 다른 돌에 대한 설명과 사진을 실은 『암석과 수정에 대한 안내서A Guide to Rocks and Crystals』로 얇은 보급판이었다. 윙윙거리며 공명하던 그들의 명칭―빨강과 초록의 사문석, 공작석, 현무암, 형석, 흑요석, 연수정, 자석영―은 내가 그 돌들을 다 외울 때까지 입가를 맴돌았다. 나는 스코틀랜드 해안에서 몇 시간 동안 바닷가 모래사장을 샅샅이 뒤지곤 했다. 조간대에 운 좋게 무언가―지나가는 배에서 떨어진 샌들 한 짝, 낚싯배의 네온 글로브 또는 죽어서 유화硫化된 해파리—를 우연히 발견하기 위해서가 아니라, 물론 그런 것도 분명 탐날 만큼 굉장했지만, 해변에 깔린 조약돌들을 고르기 위해서였다. 손에는 '돌 길라잡이' 책을 든 채 포푸리〔잡록雜錄〕 위를 아지작아지작 누볐다. 몸을 자주 굽혀 조약돌을 주워 모으고, 그것들을 들고 온 캔버스 숄더백에 챙겨 넣었다. 숄더백 안에서는 돌들이 서로 부딪치며 둔탁하게 달그락대거나 삐걱댔다. 마치 세계에서 가장 훌륭한 과자 가게에서 마음껏 주전부리할 수 있는 기회를 얻은 듯했다. 내가 그 돌들을 가져가도록 허락받았다는 운수대통이 도무지 믿기지 않았다. 나는 무거운 그것들을 겨우 집으로 가져와 마치 '반려 돌'이라도 되는 듯 창턱에 늘어놓은 뒤 물을 뿌려 윤기 나고 매끈한 모양새를 유지하도록 했다.

나는 돌의 색깔과 감촉을 좋아했다. 가령 원반처럼 손바닥에 꼭 들어맞거나, 돌의 연회색 바탕색을 가로지르는 붉거나 푸른 고리 선을 가진 크고 납작한 돌, 혹은 바다가 대대손손 어루만져서 매끄럽게 변한 두툼한 화강암 알, 돌이라기보다는 보석에 더 가깝고 가무잡잡한 밀랍처럼 반투명하며 홀로그램처럼 안을 깊이 들여다볼 수 있는 부싯돌 따위를 말이다. 하지만 지질학을 더 폭넓게 공부하며 진정으로 매료된 것은 돌마다 나름의 이야기가 있다는 사실이었다. 즉 돌은 시간상 여러 시대를 거슬러 뻗어 올라간 전기傳記였다. 나는 내 삶이, 상상할 수 없을 정도로 오래된 이 사물과 교차했다는 것이 막연하게나마 뿌듯했다. 나로 인해 이것들은 해변이 아닌 창턱 위에 있었다. 때때로 나는 두 개의 돌 중 하나를 손에 쥐고, 그것으로 다른 하나를 부수는 데 사용하곤 했다. 돌들을 딱딱 맞부딪지면, 주황색 불의 잔가시와 그을음이 생겨나기도 했다. 나는 지구의 물리적 힘이 수십억 년 동안 하지 못했던 일을 내가 해낸 것에 잠시나마 기뻤다.

나는 귀중한 광석을 찾기 위해 스코틀랜드의 산을 돌아다니다 케언곰 산간의 긴 협곡을 가로지른 적이 있다. 산허리에서 가장 찾고 싶었던 광물 표본은 강물에 침식된 장미 석영 덩어리였다. 그들은 백악질의 분홍빛이 감도는 하얀색 표면에 부드럽게 반짝이는 광채로 무척 아름다웠다. 나는 또 살결 같은 분홍색 장석과 석영의 기름진 반점들이 마치 지질학적 파테[46]처럼 보이는 스코틀랜드의 화강암을 소중하게 여겼다. 지질학 관련 책을 더 폭넓게 읽었고 스코틀랜드 '풍경의 문법'—그 구성이 어떻게 서로 연관되어 있는지—과 '풍경의 어원'—그것이 어떻게 형성되었는지—을 이해하기 시작했다. 그리고 나는 그 안에 깃든 서예를 감상했다. 협곡과 산봉우리는 대문자로 쓰인 글씨 같았고, 계곡물과 개울은 얽히고설킨 조각 같았으며 산등성이의 꼭대기와 계곡의 밑바닥은 근사한 세리프[47] 같았다.

---

46 고기나 생선을 곱게 다지고 양념하여 빵에 발라 먹는 음식.
47 로마자 활자의 글씨에서 획의 시작이나 끝부분에 있는 작은 돌출선.

내가 가족과 함께 올랐던 모든 산의 정상과 비탈에서 아버지는 암석 하나를 골라 주황색 캔버스 배낭에 담아서 내려왔다. 그는 암석 정원을 꾸미기 위해 그것들을 수십 개씩 모아 쌓아두었다. 나는 작은 편마암 덩어리와 검은 현무암 받침대, 연어 비늘처럼 빛나는 90센티미터의 납작한 은색 운모석, 수십 개의 작은 석영 돌기가 박힌 거무스름한 화성암 덩어리를 기억한다. 그중에서 가장 멋진 돌은 황백색의 둥근 석영암이었는데, 만져보면 걸쭉한 크림처럼 매끄럽고 부드러웠다.

내가 어렸을 때 갖고 있던 또 하나의 지질학 책은 쇼비니즘 성향이 짙은 『소년을 위한 화석 안내서Boy's Guide to Fossils』였다. 스코틀랜드 해변의 작은 별장에서 지낸 어느 해 여름, 이 책은 내 충실한 친구가 되어주었다. 당시 일곱 살이었던 남동생과 아홉 살이었던 나는 퇴적물이 둥그스름한 가장자리에 쌓여 있는 절벽 꼭대기의 암층 노두露頭[48] 위에서 벨렘나이트[49]를 모았다. 그것들은 총알 탄피처럼 뾰족하고 단단했다. 우리는 삼엽충 화석을 찾기 위해 해안의 암석 단층을 요리조리 헤매고 다녔다. 칼로 해식애海蝕崖[50] 위의 암석 마디를 써레질하고, 망치로 그것을 때려 부숴 열었다. 또 작은 낚싯대와 정교한 흑색 가짜 미끼를 가지고 바다 위쪽 산

---

[48] 광맥, 암석 등의 노출부.
[49] 전석箭石, 총알처럼 생긴 쥐라기와 백악기의 오징어류 화석.
[50] 파도와 해류에 의해 침식·풍화되어 해안에 생긴 낭떠러지.

에 자리한 나지막한 구릉 호수로 가서 송어를 홱 잡아채기도 했다. 보기에 길이가 한 뼘도 되지 않는 거무스름한 잔고기는 송어라기보다, 때마침 솟아난 내 상상력으로는, 적어도 10억 살은 되어 보이는 실러캔스[51]에 가까웠다. 하지만 그해에 우리는 벨렘나이트 말고는 다른 진짜 화석을 발견하지 못했다. 암모나이트나 어룡 화석은 도무지 찾을 수 없었다. 시조새의 화석이나 선사시대 거대 상어의 화석도 없었다. 물론 그 실패가 부드러운 백악白堊 퇴적층에서 사경룡의 두개골을 뽑아내는 꿈, 시베리아 영구 동토층 위를 활보할 때 내 발가락에 마침 매머드의 엄니가 차여, 얼음 속을 내려다보니 한 마리의 매머드가 겁먹은 듯 나를 쳐다보고 있는 꿈을 가로막지는 못했다.

스코틀랜드에서의 휴가 이후 두 번의 여름이 지나고, 우리 가족은 미국 사막 주들의 국립공원을 관광하기 시작했다. 유타주에서 우리는 시온 국립공원의 암벽, 아치스 국립공원의 아치형 천연 암석, 오랜 침식으로 형성된 오벨리스크 모양의 분홍색 바위기둥들이 마치 바로크 양식의 미사일처럼 산골짜기에서 위아래로 늘어선 브라이스캐니언 국립공원을 둘러봤다. 우리의 미국산 대형차에 주유하기 위해 주차했던 곳은 시온산 근처였던 것으로 기억한다. 자갈로 덮인 앞마당 한쪽 귀퉁이에 야구 모자를 쓴 한 남자

---

51 중생대부터 존재한 것으로 알려진 강극어腔棘魚의 일종.

가 있었다. 그는 식당 의자에 앉아 있었는데, 그 앞에는 원형 전기 톱이 프레임에 장착되어 있었다. 그의 왼쪽으로는 거친 암석 구체가 마치 오렌지처럼 잔뜩 쌓여 작은 피라미드 산을 이루고 있었다. 우리는 그를 향해 걸어갔고, 그와 아버지 사이에 대화가 몇 마디 오갔다.

"암석 하나를 골라보렴."

아버지가 내 쪽으로 고개를 돌리며 말했다. 내가 그 암석 더미를 샅샅이 살펴보고 있을 때, 그가 일어나서 나를 묵묵히 지켜봤다. 나는 그것들이 공룡 알인지 무척 궁금해 하나를 손에 들고 무게를 가늠해봤다. 예상보다 가볍게 느껴졌다. 나는 엄마한테 암석이 가볍다고 속삭였다.

"그건 좋은 징조야."

남자는 내 손에 있던 암석을 가져간 뒤 다시 의자에 등을 대고 앉았다. 그러더니 그의 양다리를 톱날의 양쪽으로 뻗으며 말했다.

"가벼운 건 안쪽 공간이 비었다는 얘기거든. 그거 하나 가져 가렴."

그는 전기톱에 시동을 걸었다. 그 은회색 톱니는 먼저 한 방향으로 돌더니, 곧 반대 방향으로 돌았고 이후 빠르게 움직여 언뜻 모든 톱니가 흐릿해졌다. 전기톱의 엔진은 앞마당의 대기로 파란 연기를 리듬감 있게 내뿜기 시작했다.

"이것 좀 봐."

아빠가 전기톱의 소음 속에서 큰 소리로 말했다. 나는 만약 전기톱이 남자의 무릎 앞으로 떨어지면 무슨 일이 벌어질까 궁금하기도 했다. 남자는 먼저 나의 '암석 알'을 바이스로 고정한 뒤 톱의 손삽이로 톱니를 천천히 낮춰 '암석 알' 위에 내려놓았다. 전기톱이 윙 하는 소리를 내며 그 암석을 뚫고 통과하는 데에는 1분 남짓이 걸렸다. 그는 엔진을 끄고 전기톱을 암석에서 빼내어 위로 들어올렸다. 암석은 바이스 밑에 깔아놓았던 담요 위로, 마치 반쪽짜리 사과처럼 쪼개져 툭 떨어졌다. 그는 노란 수건으로 두 개의 반구를 닦아 말리더니 나에게 내밀었다.

"너는 운이 좋구나."

그가 천천히 말했다.

"잘 선택했어. 정동석晶洞石을 골랐거든. 다들 너처럼 운이 좋지는 않아." 나는 양손에 '반쪽짜리 암석'을 들고 그것들을 물끄러미 바라봤다. 각각의 반구 안쪽은 모두 동굴처럼 텅 비어 있고, 각 동굴의 벽마다 무수히 작은 푸른 수정 이빨들이 줄지어 있었다. 우리가 차를 몰아 앞마당을 빠져나갈 때 자갈 조각들이 우르르 차로 튀어올라 덜커덕거리는 소리가 났다. 나는 두 개의 반구를 하나의 거친 암석 구체로 조합한 다음 그것들을 다시 잡아당기면서 내가 본 광경에 여러 번 놀랐다.

✳

1810년부터 1870년 사이 '심원한 시간'에 대한 지질학적 척도가 만들어졌고 그에 명칭도 붙었다. 지질학 교과서를 펼쳐본 사람이라면 해상 기상 예보처럼 자주 들어봤을 테니 낯설지 않을 것이다. 선캄브리아기, 캄브리아기, 오르도비스기, 실루리아기, 데본기, 석탄기, 페름기, 트라이아스기, 쥐라기, 백악기, 제3기, 제4기……. 이렇게 표현된 언어의 압축력—심지어 그것이 묘사하고 있는 지구물리학적인 힘보다 훨씬 더 강력한—은 지질학적 과거를 형용하는 데 사용되었고, 수억 년의 세월을 단 몇 개의 문자로 수월하게 뭉뚱그려 재구성했다. 과학계의 후발 주자인 지질학은 19세기 동안 빠르게 발전했고, 시간의 범위가 더 오래된 과거로 확장되면서 명명과 분류는 계속 진행되었다. 대중적인 지질학 입문서가 널리 보급됨에 따라, 독자들은 서정적인 문자를 선호하는 지질학자들이 '지구의 교향곡'이라고 부르기 시작한 것들, 즉 산과 바다, 분지와 산맥을 만들어내는 융기와 침식의 반복적 패턴을 점점 더 잘 이해할 수 있게 되었다. 유럽과 미국 각지에서 펴내는 정기 간행물에는 지질학 관련 기사가 다수 실렸다. 모든 사람이 지구의 과거에 대한 비밀을 속속들이 알게 되었다. 찰스 디킨스는 1851년 자비로 출간한 정기 간행물 『가정 잠언Household Words』에 발표한 글에 이렇게 썼다. "바람과 비는 이 세대를 위해 소나기가 어떻게 내리는지, 조수가 어떻게 밀물로 밀려왔다가 썰물로 흘러가는지, 그리고 오래전 멸종된 대형 동물들이 머나먼 옛날 옛적에 울퉁불퉁하고 깎아지른 듯한 절벽을 어떻게 걸어 올라갔는지를 배울 수 있는 삽화 책들을 썼다. 우리가 대자연을 어떤 측면에서든 더 많이 알면 알수록, 대자연이 우리에게 선사하는 흥미도 더욱 뜻깊어진다."

19세기 사람들의 상상력은 지질학이 밝혀낸 시간의 범위에 흥분했을 뿐만 아니라, 사암砂巖을 페이스트리처럼 반죽하고, 나무들을 쓰러뜨려 반들반들한 탄층炭層으로 변화시키며, 해양 생물을 찧고 빻고 눌러 대리석 조각으로 만드는 매우 놀라운 힘, 곧 '지구 물리학적인 에너지'라는 개념에 눈을 떴다. 낭만주의는 19세기의 집단 신경계가 '감상 과잉'에 빠지도록 했고, 이러한 풍조로부터 이어진 숭고하고 거대한 사물에 대한 갈망은 당시 사람들이 어째서 지질학을 그토록 열정적으로 받아들였는지를 부분적으로 설명해주었다.

19세기 중엽 영국의 존 러스킨은 지질학 방면의 책을 널리 읽었고, 곧이어 뛰어난 글재주로 산악 풍광의 느리고 육중한 움직임에 관한 희극을 쓰기 시작했다. 러스킨이 『산의 아름다움에 대하여Of Mountain Beauty』를 출간한 1856년은 라이엘의 『지질학 원리』가 나온 1830년처럼 유럽의 경관사에서 매우 중요한 의미를 갖는 해였다. 러스킨은 첫머리에서 "산은 모든 자연경관의 시작이자 끝"이라고 선언했고, 이어지는 내용에서도 이 진술에 어긋나는 것은 없었다. 라이엘이 지질학 영역의 선생님이라면, 러스킨은 극작가였다. 그의 시선에 포착된 풍경은 그의 극작에 끊임없이 입심거리를 제공했다. 러스킨은 광물과 색채의 혼합물인 화강암의 본질을 사색하면서, 그것의 형성에 내재되어 있는 '격렬함'을 이렇게 상상했다. "여러 원자는 다 각자의 모양새, 특성, 기능을 지니고 있지만 모든 원자를 정제한 어떤 맹렬함, 또는 세례와 같은 과정들에 의해 불가분하게 결합된다." 그는 현무암은 형성 과정의 어느 단계에서 "액화력液化力과 지표 아래의 화염이 밖으로 팽창하는 힘"에 의해 만들어졌다고 이해했다. 러스킨 산문이라는 프리즘을 통해 본 지질학은 '전쟁'이나 '묵시록'이 되었다. 산꼭대기에서 바라본 풍경은 전쟁터의 파노라마가 되었고 그곳에서 바위와 돌멩이 그리고 얼음의 군대는 수세대에 걸쳐 믿을 수 없을 정도의 속도와 상상할 수 없는 힘으로 교전을 벌였다. 암석에 관한 러스킨의 글을 읽는다는 것은 이러한 암석의 형성 과정과 그와 관련된 작용력을 상기하는 과정이었다.

미국에서도 1820년과 1880년 사이 미국의 인상적인 자연경관에서 영감을 받은 풍경 예술가들의 시대가 부상했다. 프레더릭 에드윈 처치는 그중에서도 중요한 화가였다. 그들은 분명 '영국의 3대 거장'인 러스킨, 터너, 존 마틴의 영향을 받았지만 동시에 '하느님이 엄선한 땅'을 기리기 위해 그들의 국토 풍경에 대한 경외심과 자부심을 표현하려는 독특한 미국인의 열망으로 가득 차 있었다. 이러한 목적을 위해, 그들은 광활한 아메리카의 대자연, 가령 사막 주들의 붉은 바위 성채, 왕실 같은 안데스의 산, 반짝이는 하늘과 거울 같은 로키산맥의 호수, 혹은 물기가 천지사방으로 아름답게 흩날리는 나이아가라 폭포에 대한 거대하고 화려한 유화를 그렸다. 그들의 대형 그림은 인간의 미약함과 덧없음을 강조했다. 흔히 캔버스의 한 귀퉁이에서 한두 명의 아주 작은 인간 형상을 볼 수 있는데 장엄한 풍경의 윤곽이 그들을 눈에 띄게 왜소하게 만들었다. 이 예술가들은 식물학과 지질학에도 조예가 깊었다. 일부 그림은 풍경 묘사가 지나치게 세밀한 탓에 그것들이 처음 전시되었을 때 화랑은 유화 속의 정확한 지질 구조를 들여다보고 지질학과 산악 형상의 묘사가 얼마나 관계 깊은지를 관람객들에게 상기시켜주기 위해서 오페라 관람용 쌍안경을 제공했다.

＊

유화가 지질의 변화 과정을 표현하는 데 적절한 도구인 까닭은 유화 안료의 내부에 지질의 풍경이 내재되어 있기 때문이다. 다시 말해 유화의 안료가 광물들로 제조되어서다. 유화는 15세기 벨기에 플랑드르의 화가들, 그중 특히 반에이크 형제가 처음으로 각종 천연 안료와 아마인유를 혼합하려고 시도하면서 고안되었다. 이렇게 만들어진 물질은 색이 선명할 뿐만 아니라, 달걀을 이용하는 템페라화보다 건조 시간 면에서도 더 뛰어나다는 게 밝혀졌다. 당시에 그들이 기름에 혼합하는 많은 안료는 본래 광물에서 추출했다. 타다 남은 매탄煤炭은 특히 17세기 플랑드르와 네덜란드 화가들에 의해 살결의 음영을 표현하는 데 사용되었다. 흑악黑堊과 일반 석탄 지스러기는 다갈색 색조를 내는 데 쓰였다. 당시 어떤 그림들은 마치 영화가 롱 숏으로 먼 곳의 배경을 찍듯 먼 산을 엷은 남색으로 묘사했는데, 가령 클로드 모네나 푸생의 작품에서 이러한 색채는 탄산동炭酸銅이나 은의 화합물에서 나왔다. 네덜란드 거장들이 하늘 풍경을 그릴 때 주로 활용했던 스컴블링 효과[52](마치 하늘에 구름 같은 질감을 줘서 권층운의 농도를 빼어나게 모방한다)는 유리 분말을 안료로 사용해 재와 알맞게 배합해 얻은 것이다. 시노피아[53] 또는 홍토는 얼굴이나 옷에 양홍색洋紅色 빛깔을 주거나 회벽灰壁 위의 프레스코화를 처음 트레이싱하는 데 사용되었다. 그래서 지질학은 회화의 역사와 밀접한 관련이 있다. 다시 말해 지구가 자신을 표현하는 데 유화를 이용해왔다고도 할 수 있다.

매개물과 메시지 간의 더 긴밀한 일치는 중국의 당송 왕조 연간에 인기를 끌었던 '문인석文人石'에서 찾을 수 있다. 낭만주의가 산악과 황야에 대한 서구의 인식을 변혁하기 7세기 앞서, 중국과 일본의 예술가들은 야외 경관의 '정신성'을 찬양하기 시작했다.

---

52 밑바탕의 색이 보이도록 그 위에 불규칙하게 물감을 칠하는 기법.
53 적철광赤鐵鑛의 일종으로 고대인은 안료로 사용.

11세기 중국의 고명한 화가이자 수필가인 곽희는 『임천고치林泉高致』에서 자연 풍경이 "인간의 본성을 살지게 한다"고 제창했다. "소란스럽고 어지러운 세속의 떠들썩함과 여항간의 굴레는 인간의 본성이 몹시 싫어하기 마련인 반면, 안개와 노을 그리고 잊을 수 없는 산수의 경치를 보고 싶은 마음은 인지상정이다." 야생 풍경에 대한 동양의 이 고색창연하고 덕망 있는 존경은 물과 바람, 서리의 힘에 의해 기괴하고 역동적인 생김새로 조각된 돌 문인석이 왜 유행했는지를 설명해준다. 문인석은 동굴, 강바닥, 산허리에서 수집되어 나무로 만든 작은 주춧대 위에 올려졌다. 서진처럼, 문사들이 책상 위나 서재에 놓아두었던 이 돌들은 그것들이 어떻게 형성되었는가 하는 역사와 그것들을 만든 자연력에 의해 그 가치가 매겨졌다. 암석 표면에 깃든 저마다의 세부 장식, 각각의 홈이나 골, 기포, 이랑이나 천공은 무한히 긴 세월을 웅변했다. 각각의 돌은 손안에 쥐고 있는 작은 우주였다. 문인석은 풍경의 은유가 아니라 그 자체로 풍경이었다.

이 문인석들 중 많은 돌이 살아남아 박물관에서 볼 수 있다. 만약 문인석을 가까운 거리에서, 충분히 긴 시간 동안 바라본다면 당신은 그 크기에 대한 감각을 잃고, 그들 속에 대자연이 새겨넣은 소용돌이 무늬의 길, 동굴, 구릉, 골짜기가 산책할 수 있을 정도로 넉넉하게 보인다는 걸 알 수 있을 것이다.

　마땅히 설명해야 할 점은, 모두가 19세기 지질학의 발전을 기뻐한 건 아니라는 사실이다. 지질학도 다른 과학 분야와 마찬가지로 어떤 식으로든 인본주의를 밀어냈다는 인식이 널리 퍼져 있었다. 과학적 탐구와 방법론이 인류 연구 활동의 중심으로 불러들여졌는데, 거기에서 인간이란 존재가 우주의 다른 어떤 물질 집합체보다 더 중요하거나 덜 중요하지도 않다는 이치가 무자비하고 반박할 수 없는 방식으로 증명된 것이다. 이런 과학은 인류를 만물의 척도로 봤던 르네상스 세계관을 쇠퇴시켰다. 지질학이 밝혀낸 황량한 시간의 팽창은 그 어떤 논거보다 설득력 있게 '인류의 하찮음'을 보여주는 증거였다. 산의 침식과 붕괴를 이해한다는 건 인류 활동의 불안정함과 유한함을 필연적으로 깨닫는다는 의미였다. 만약 산이 시간의 파괴를 견뎌낼 수 없다면, 도시나 문명에 무슨 가망이 있겠는가? 앨프리드 테니슨은 시집 『인 메모리엄』에서 「정지靜止」라는 비가elegy를 읊었다. "뭇 산은 그림자일 뿐, 흘러가고 흘러가는/ 한 가지 형상으로부터 다른 또 한 가지 모양으로 변하기 쉽고, 또한 아무 곳에도 정지해 있지 않은/ 뭇 산은 안개처럼 시나브로 녹는 듯하다가, 땅처럼 단단해지고/ 구름처럼 모양새를 꾸미다가, 다시 떠나가고 떠나가는." 이 시에서 산은 '한 가지의 형상으로부터From' 세월이 흐르고 흘러가자 '다른 또 한 가지의 모양Form'으로 변했다. 이렇듯 언어학은 언어가 다른 모든 사물과 마찬가지로 끊임없는 변화의 대상임을 보여준다. 단어조차 그 뜻은 시대에 따라 다르다. 변화 자체 말고는 어떤 것도 영원할 수 없다.

그러나 대체로 지질학적 발견은 세상 사람들에게 위협이기보다는 가슴이 뛸 만큼 고무적인 일이었다. 존 러스킨은 지구의 다양한 힘을 설명했을 뿐만 아니라 대중이 풍경을 해독할 때 그것의 '현존' 못지않게 그것의 '소멸', 즉 산이 지각변동이나 끊임없는 침식작용으로 조금씩 깎이고 있다는 점도 함께 이해할 것을 촉구했다. 러스킨의 글에서는 상상 속의 산 위에 또 다른 산이 있고, 과거에 있었을지도 모르며 또한 이미 있었던 산이, 우연한 환상처럼 눈앞에서 솟아났다. 마법사 프로스페로[54]처럼, 러스킨은 이미 없어진 옛 산들의 혼령을 불러내 그들을 오늘날의 스카이라인과 산등성이 위에 나타나게 했다. 그는 야생의 자연을 이전에 존재했던 훨씬 더 놀라운 어떤 사물이 남긴 잔해, 즉 그가 '일찍이 창조되었던 최초의 아름다운 형태'라고 부른 것의 황폐한 유적이라고 가르쳤다. 러스킨은 수천만 명의 숭배자를 체어마트 협곡으로 끌어들인 마터호른조차 지구의 맹렬한 에너지가 하나의 거대한 암석 덩어리를 파고 도려내고 깎고 다듬은 대형 조각품일 뿐이라고 지적했다. 존 뮤어[55]가 훗날 미국에서 그랬듯이, 러스킨은 많은 독자에

---

54 셰익스피어의 『템페스트』에 나오는 밀라노의 공작.
55 스코틀랜드 태생 미국인 환경운동가, 1838~1914년.

게 '지질학적 과거'는 어디서나 또렷이 드러나고, 그것이 어떤 모습인지는 오로지 '아는 자만 볼 수 있다'고 가르쳤다.

산은 이동한다! 존 러스킨도 이렇게 믿었다. 어쩌면 이것이 우리가 '마음의 산'을 형성하는 데 그가 가장 중요하게 공헌한 점일 것이다. 『산의 아름다움에 대하여』를 출간하기 전 러스킨은 알프스의 낮은 오솔길을 오르내리며 스케치를 하고 그림을 그리고 때론 풍경도 관찰했다. 그렇게 사색에 몇 년의 세월을 보낸 그는 산 능선이 언뜻 제멋대로 들쭉날쭉해 보이는 것은 일종의 착각이라고 결론지었다. 끈기 있는 눈으로 부지런히 살펴보면 산의 얼개는 기본적으로 곡선으로 뻗어나간다는 것이다. 만일 피상적으로만 관찰한다면 산의 각이 뾰족하다는 결론을 내리기 쉽다. 산은 분명 본래 휘어져 있고, 산맥은 파도처럼 형성된 채 배열되어 있다. 물론 산맥은 암석으로 구성된 파도이지 물의 파도는 아니다.

더욱이 러스킨은 산맥이 파도의 수력학처럼 유동하는 경향이 있다고 강조했다. 어마어마한 지구물리학적 힘이 산맥을 위로 떠밀었고, 여전히 그 힘에 의해 이동하는 중이다. 산의 이동은 상상만 할 수 있을 뿐 눈으로 직접 목격할 순 없다. 제임스 허턴이 지적한 대로, 인간 존재의 수명이 너무 짧기 때문이다. 산은 정지한 채 있는 게 아니라 유동하고 있다. 암석은 산 정상으로부터 굴러떨어지고, 빗물은 산허리를 타고 흐르고 흐른다. 러스킨에게는 바로 이 영원한 이동이 산을 모든 자연경관의 시발점이자 종점으로 만들었다.

세상의 거의 모든 시기에 걸쳐 죽음의 이미지에 시달려온 것처럼, 인류는 저 황량하고 위협적이고 어두운 산줄기를 혐오하고 회피하고 두려워하면서 위축되어왔다. 실제로 산은 생명과 행복의 원천이며, 평원의 모든 눈부신 과실보다 훨씬 더 유익한 은택을 줌에도 불구하고.

✳

산은 움직인다! 러스킨의 이 직관적 통찰은 놀랍게도 20세기를 거치면서 옳다는 게 증명되었다. 이것은 산의 과거에 관한 서구의 온갖 상상에서 마지막으로 중대한 전환이었다. 1912년 1월, 알프레트 베게너(1880~1930)라는 독일인이 프랑크푸르트에서 일군의 저명한 지질학자를 앞에 두고 목청껏 주장했다. "대륙이 이동한다!" 지금도 지구과학자들 사이에서는 전설적인 사건이다. 그는 주로 화강암질암으로 구성된 대륙들이 밀도가 더 높은 해저의 현무암질 지각 위를 '표류'하는 것은, 마치 물 위를 떠다니는 기름 덩어리와 같다고 명확하게 설명했다. 베게너는 점점 더 의심스러워하는 청중에게, 실제로 3억 년 전에는 지구의 대륙들이 하나의 단일한 초대륙, 즉 우르-대륙[56]으로 합쳐져 있었다고 가르쳤다. 그는 이 초대륙을 판게아('모든 땅'이라는 의미)라고 불렸다. 다양한 지질학적 힘의 분열 작용으로 인해 판게아는 많은 조각으로 찢겨나갔고 이 조각들이 계속 표류하다가 아래쪽의 현무암질 해양 지각을 쟁기질하듯 헤쳐나가던 중 현재의 위치에 다다랐다.

베게너는 이 세계의 산맥이 지각의 냉각과 주름에 의해 생성─20세기 초에 다시 유행하기 시작한 이론─된 게 아니라, 하나의 표류하는 대륙이 다른 대륙과 충돌하고, 이에 따라 충격 영향권 주위에 휘거나 뒤틀리는 변형이 일어났기 때문에 생겨났다고 주장했다. 베게너에 따르면, 예컨대 시베리아와 유럽 쪽 러시아를 명목상 갈라놓은 낮은 지세의 우랄산맥은 두 개의 이동하는 대륙판이 충돌하여 조성된 결과물이며, 이것은 아주 오래전에 발생했기 때문에 충격 영향권에서 벌어진 조산운동의 성과는 이미 거의 침식되어 납작해졌다.

베게너는 지구본만 보더라도 증거를 찾을 수 있다고 말했다. 흩어져 있는 대륙들을 보라. 그것들을 약간만 움직이면 지그소 퍼즐처럼 합칠 수 있다. 남아메리카를 아프리카 쪽으로 미끄러뜨리면, 남아메리카 동해안은 아프리카 대륙의 서해안 경계선으로 잠겨들어가듯 맞물린다. 중앙아메리카를 아이보리코스트(코트디부아르의 옛 명칭)를 따라 감싸보면, 북아메리카로 아프리카 대륙의 상단

---

56 약 30억 년 전 시생누대 초기에 형성된 것으로 추정되는 최초의 대륙.

을 메울 수 있고, 그리하여 이미 절반의 초대륙을 이루게 된다. 그는 마치 마다가스카르를 아프리카 동남부 해안의 단면으로 깔끔하게 되돌아가도록 끼워넣을 수 있는 것과 똑같은 요령으로, 아프리카 뿔의 곤추신 측면과 인도의 각진 서부 연안도 포근하게 바싹 들러붙게 할 수 있다고 주장했다.

베게너는 자신의 주장을 뒷받침할 더 강력한 증거를 갖고 있었다. 베게너는 마르부르크대학의 풍부한 화석기록보관소에서 다년간 연구한 끝에, 그가 대륙이 한때 합쳐져 있었다고 제안한 바로 그 지역의 암석 기록에서 동일한 화석 표본들이 연속성 있게 발견된다는 것을 추론해냈다. 가령 아프리카 서해안의 석탄 침전물과 화석이 브라질 동해안의 것과 일치했다. 그는 이렇게 썼다. "마치 신문의 찢어진 조각들의 가장자리를 다시 꿰맞춘 다음 인쇄된 선들이 서로 매끄럽게 연결되는지를 점검하는 것과 같다. 만약 그렇다면, 이 조각들은 실제로 이런 방식으로 접합되어 있었다는 결론을 내릴 수밖에 없다."

베게너가 대륙들의 상호 연결성을 처음으로 제안한 사람은 아니다. 16세기의 지도 제작자 오르텔리우스는 대륙들의 지그소 퍼즐 조각과 같은 구조를 알아차리고, 한때 대륙들은 붙어 있었지만 격렬한 홍수와 지진에 의해 갈라졌다고 말했다. 당시 사람들은 콧방귀를 뀌며 그의 이야기를 믿지 않았다. 무궁무진한 통찰력을 지닌 프랜시스 베이컨은 1620년 그의 저서 『신기관』에서 대륙

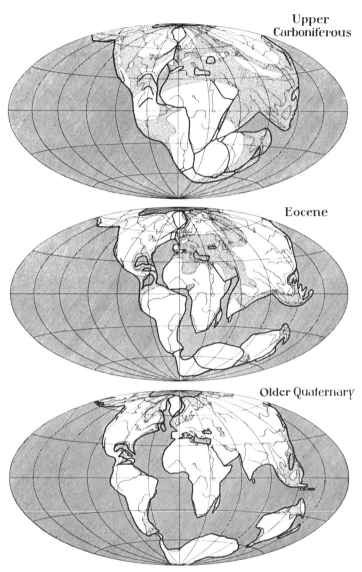

베게너의 대륙이동설에 따라 복원된 세계지도는 세 개의 시기로 나뉜다.
알프레트 베게너, 『대륙과 해양의 기원』(3판, 1924).

들은 "같은 형판에서 잘라낸 것인 양" 서로 알맞게 접합될 수 있다고 언급했지만 이를 더 깊게 사고하지는 않은 듯하다. 그리고 1858년, 안토니오 스나이더-펠리그리니라 불리는 한 프랑스계 미국인이 한때 대륙들이 어떻게 연결되어 있었는지를 보여주기 위해, 전문 학술서인 『천지창조와 그 미스터리 대공개Creation and Its Mysteries Revealed』를 내놓았다.

그러나 당시는 여전히 19세기 중반으로 세상 사람들은 이토록 급진적인 지질학적 연구 이론을 받아들일 준비가 전혀 되어 있지 않았고, 이 이론을 보완할 다른 지식도 없었다. 19세기 지질학의 주류는 지구상에 존재하는 몇 개의 대륙 사이는 본래 거대한 육교Land-bridges로 연결되어 있었지만, 나중에 이 육교들이 붕괴되어 대양 속으로 가라앉았다고 믿었다. 이 육교는 서로 다른 대륙에 같은 종이 존재하는 이유를 설명해주었고 대륙이동설보다 훨씬 더 일리가 있는 듯했다.

이런 까닭에 베게너의 주장은 1912년 당시에 우세했던 지식 구조와는 상충했다. 만약 그의 이론이 옳다고 받아들여지면, 19세기 지질학 기본 가정의 상당수가 파기될 것이었다. 설상가상으로 베게너는 당시 지질학자들의 전문 영역에 난입한 훼방꾼이자 무단 침입자였다. 사실 그의 주요 연구 분야는 '기상학'이었다. 그는 기상 관측 기구 연구의 선구자이자 그린란드 전문가였으며, 그곳에서 그는 몇 차례 성공적인 북극 탐험을 이끌었고 하마터면 죽을 뻔한 적도 있었다. 어떻게 단 한 명의 기상학자가 19세기 지질학이라는, 이 복잡하고 장대한 체계를 단박에 무너뜨릴 수 있었겠는가?

베게너의 이론에 대한 반대는 마치 수년 전 토머스 버넷의 이론에 대한 반대처럼 단호하고 신속했으며 끊임없이 쏟아졌다('완전히, 우라질 놈의 터무니없는 잠꼬대야!' 당시의 미국철학학회 회장은 이런 감정적인 언사를 내뱉었다). 하지만 강한 끈기에 선견지명도 있던 베게너는 초기의 이러한 적대에 맞서 시종일관 침착함을 잃지 않았다. 1915년, 베게너는 자신의 이론을 꼼꼼하게 설명한 『대륙과 해양의 기원』을 출판했고, 또한 자신만의 독특한 방식으로 토머스 버넷의 『지구 신성론』이나 제임스 허턴의 『지구 이론』처럼 지구의 역사를 묵시적으로 재해석했다. 1915년과 1929년 사이 베게너는 지질학의 최신 발전을 고려하여 『대륙과 바다의 기원』을 세 차례 증보했지만 여전히 지질학 주류파에게 무시당했다. 1930년에 그는 재차 다른 기상 탐험대를 이끌고 그린란드로 떠났다. 그의 50번째 생일 사흘 후, 그들은 기온이 섭씨 영하 60도까지 떨어지는 북극의 모진 눈보라에 갇혔다. 베게너는 동료들과 떨어졌고, 온 천지가 백색이 되어 방향감각을 상실하는 화이트아웃 상태에서 홀로 얼어 죽었다. 그의 시신은 눈 폭풍이 물러간 뒤 동료들에게 발견되었다. 그들은 얼음덩어리로 만든 능묘에 베게너를 안장하고 그 꼭대기에 7미터짜리 철 십자가를 설치했다. 불과 한 해도 지나지 않아 이 능묘는 유해와 함께 빙하 속으로 사라졌다. 의심할 여지 없이 베게너의 허락을 받은 매장 방식이었을 것이다.

1960년대에 이른바 신新지질학이 출현하고서야 세상은 베게너가 최소 '절반은 옳았다'는 짐을 깨닐았다. 심해를 담험하는 구형球形 잠수 장치의 기술이 발전해 해저를 더 체계적으로 탐사할 수 있게 되면서 대륙들이 실제로 이동했고 또한 어마어마하게 큰 우르-대륙으로부터 회전하면서 떨어져 나갔다는 사실이 밝혀졌다. 그러나 이 대륙들은 베게너가 생각했듯 물 위를 떠다니는 빙산처럼 현무암질 해양 지각 위를 독자적으로 표류하는 독립체들은 아니었다. 사실 지구 표면은 20개가량의 '지각 단편' 혹은 '판'[57]으로 구성되어 있다는 것이 밝혀졌다. 지구상의 현재 대륙들은 단지 해양로부터 불쑥 돌출될 만큼 충분히 솟아오른 '판들의 일부분'이었던 것이다.

이 판들의 명칭은 신지질학자들에 의해 지어졌다. 규모가 큰 판은 태평양판, 유라시아판, 남아메리카판, 북아메리카판, 인도-오스트레일리아판, 아프리카판, 남극판이다. 규모가 작은 판은 필리핀판, 아라비아판, 코코스판, 나스카판, 카리브판, 환드퓨카판, 이란판 등이다. 그리고 분명하게 갈라지지 않은 중국판이 있다. 이 판들은 지구의 반액체 맨틀 내의 대류나 외핵과 내핵에 의해 표

---

57 지각과 상부 맨틀의 일부를 포함하는 지구의 겉 부분으로, 암석권이라고도 한다.

류하며, 자신의 무게에 이끌리고, 어느 한 판의 움직임이 주변의 다른 판에 영향을 미치는 등 서로 끊임없이 부딪치며 이동한다. 판들의 가장자리가 해양 밑바닥에서 만나는 지점에는, 대양중앙해령大洋中央海嶺이나 섭입수역攝入水域이 형성된다. 대양저산맥大洋底山脈에서는 두 판 사이의 경계가 맨틀의 운동으로 끊임없이 밀려나 분리되고 있다. 마그마가 그 틈새로 솟아오르고 냉각되어 해저 현무암이 만들어진다. 따라서 대양저산맥은 마치 크리켓 공의 솔기처럼, 해양 바닥 주변 위로 상승한다. 반면에 움푹 팬 섭입수역에서는 두 판의 가장자리가 부딪친 후 부력이 작은 판이 다른 판 아래쪽으로 미끄러진다. 아래 판의 암석이 맨틀 안으로 밀려 들어와 그곳에서 녹고, 액체 상태로 끓으면서 거품을 일으켜 지각에 과열된 상처를 입힌다. 이런 섭입수역이 해구海溝,[58] 가령 알류샨해구, 자바해구, 마리아나해구[59] 등을 형성했다. 에베레스트산의 높이보다 훨씬 더 깊은 이 해구들의 밑바닥은 기압이 너무 높기 때문에 만약 인간이 들어가면 몸이 즉시 깡통 크기로 압축되고 말 것이다.

대다수 산맥은 대륙판끼리 서로 충돌해 밀치고 떠밀면서 솟아올라 형성되었다. 예를 들어 알프스산맥은 아드리아해판(이탈리아

---

58 해저에 좁고 긴 골짜기 모양으로 형성된 지형.
59 필리핀 부근으로 가장 깊고, 태평양판이 필리핀판으로 섭입하는 경계에 위치하며 수심은 약 1만 1000미터.

를 등에 업고 있는 판)이 유라시아판으로 밀려들어가 섭입되며 생겨났다. 사실 가장 오래된 산은 현재 해발고도가 가장 낮은 산이다. 왜냐하면 침식작용이 충분한 시간을 갖고 고도를 낮춰왔기 때문이다. 예컨대 우랄산맥의 무뎌지고 문질러진 등뼈는 엄청나게 나이가 많다는 것을 말해준다. 스코틀랜드의 케언곰산맥의 원형圓形도 이와 같은 원리다. 어쩌면 놀랍게도 불과 6500만 년 전에 형성되기 시작한 히말라야산맥은 지구상에서 가장 젊은 산맥 중 하나다. 인도판이 북쪽으로 이동해 유라시아판과 천천히 충돌할 때 먼저 그 아래쪽으로 쑥 잠긴 뒤 공중을 향해 히말라야산맥을 8851미터의 표고로 밀어올려놓았다. 히말라야산맥은 지구상의 유서 깊은 산맥들과 비교하자면 청춘기이기 때문에 그 날카롭고 거친 능선은 더 오래된 산맥의 민둥민둥하고 닳아빠진 정수리와는 사뭇 다르다.

게다가 히말라야산맥은 청소년처럼 여전히 '발육' 중이다. 20만 년 전 세계에서 가장 높은 산이 된 에베레스트는 1년에 약 5밀리미터라는 속도로 조숙하게 자라고 있다. 지질학적 기준으로 눈 깜짝할 사이에 불과한 100만 년의 시간을 주면, 이 산의 높이는 거의 두 배로 솟아날 수 있다. 물론 그런 일이 일어나는 건 불가능하다. 중력이 그런 구조를 허용하지 않기 때문이다. 무언가가 일어난다면, 산이 그 자체의 무게로 무너지거나 수 세기마다 한 번씩 히말라야를 덮치는 어떤 거대한 지진에 휩쓸려 마구 흔들리다 찢겨나갈 수도 있을 것이다.

＊

　지금까지 나는 수년 동안 산에 오르면서 '심원한 시간'에 놀라운 감정을 느껴왔다. 한번은 햇볕이 쨍쨍한 낮에 운모雲母가 많이 생산되는 스코틀랜드의 벤로어스 산봉우리 중턱에서 커다란 사각형 궤짝을 닮은 퇴적암을 발견했다. 그 뒷면에는 이끼와 풀이 무성하게 뒤덮인 채 자라고 있었다. 뒤로 몇 발짝 물러나 옆쪽에서 세심히 바라보니 이 큰 암석은 수백 개의 얇은 회색 암층으로 이뤄져 있었는데, 각 층의 두께가 침대 시트 한 장보다도 두껍지 않았다. 나는 각각의 암층이 1만 년의 시간을 부연해주고 있다고, 즉 100세기를 3밀리미터의 암층 두께로 축약했다고 짐작했다.

　두 개의 회색 암층 사이에 있는 얇은 은색 단층이 눈에 띄었다. 나는 등산용 손도끼인 까뀌를 암석 안으로 밀어넣고, 단층들을 비집어 열고자 했다. 암석 덩어리가 우지끈 소리를 내면서 벌어지자 손가락들을 암석의 두툼한 뚜껑 아래에 간신히 집어넣을 수 있었다. 양손을 들어올리자 암석이 열렸다. 그러자 이 회색 암석의 두 암층 사이에서 1제곱미터의 은빛 운모가 햇빛을 받아 반짝반짝 빛났다. 아마 수백만 년 만에 처음으로 햇살을 받은 듯싶었다. 마치 은이 넘쳐흐르는 대형 궤짝을 여는 것 같기도, 펼쳐본 책의 각 책장 사이에 거울이 이파리처럼 끼어 있는 것 같기도, 어지러울 정도로 깊어서 안으로 곧장 굴러떨어질지도 모를 '시간의 지하 방'으로 통하는 들창문을 열어버린 듯싶기도 했다.

제3장

공포를 좇아서

Mountains of the Mind

알프스의 마법이란, 더욱더 산에 오르는 꾐에 빠지도록,

위로 향하도록, 끊임없이 위쪽의 매혹을 향해 올라가도록,

머지않아 애도하고 그리워할 사망자의 명단이 날이 갈수록 더

길어지도록 하는…….

— 프랜시스 리들리 하버갈, 1884년

나는 위쪽을 올려다봤다. 눈 도랑으로 세로 줄무늬를 이룬, 높고 가파른 바위면이 반짝이는 하늘을 향해 있었다. 우리의 루트였다. 내 눈자위는 그 암벽을 따라 내려왔다. 경사도는 도무지 완만해지지 않았다. 활 모양을 그리는 암벽 밑바닥의 작은 빙하까지 83미터나 뚝 떨어졌다. 빙하의 볼록한 표면은 언뜻 은빛의 오래된 금속처럼 단단하고 움푹해 보였으며, 위쪽 낭떠러지에서 떨어진 돌멩이들에 의해 곰보 모양으로 구멍이 패어 있곤 했다. 더욱이 빙하는 30미터 이상이나 더 아래로 하강해 있었다. 그곳에서 빙하의 표면은 멍울진 회색으로 변했고, 상층의 매끄러운 얼음은 빙하의 갈라진 틈인 크레바스와 빙암氷巖으로 파열되어 있었다. 나는

저 먼 아래쪽 빙하의 몸 안에서 푸른색 얼음이 가물거리듯 반짝이는 모습을 볼 수 있었다. 아뿔싸, 만약 우리가 발이라도 헛디디면 결국 그곳으로 떨어지고 말 것이었다.

그날 아침 우리는 산막을 너무 늦게 떠났다. 밖으로 나왔을 때 산 너머의 동쪽 하늘은 이미 희끄무레하게 물들기 시작했다. 그것은 날이 더울 거라는 의미였다. 때늦은 출발을 피해야만 한다는 또 하나의 좋은 이유이기도 했다. 온화한 기온이 얼음으로 꽁꽁 언 암석들을 느슨하게 푸는 데다 빙하의 크레바스들을 더 크게 벌려놓을 수 있기 때문이다. 시간에 쫓기면서 밧줄을 풀고, 꾸물거리는 추위가 눈다리를 단단하게 유지해줄 거라고 기대하면서 우리는 3킬로미터의 가파른 빙하를 종종걸음 치듯이 올라갔다. 경사도를 줄이기 위해 앞뒤로 갈지자를 그리며 나아간 긴 설사면은 우리를 이 산의 어깨이자 등산 루트의 기점으로 데려다주었다.

가장 큰 문제는 산허리에 있는 작은 돌과 암석 파편의 부스러기인 스크리(자갈 비탈)였다. 등산인은 두 가지 이유로 스크리를 싫어한다. 우선 먼저 올라가고 있는 앞선 등반자에 의해 밀려 내려온 바위 부스러기가 아래쪽 등반자를 내리칠 수 있기 때문이다. 두 번째로 모든 발걸음을 불안하게 만들기 때문이다. 자갈 비탈에 발을 디딜 때 위쪽 자갈이 아래쪽 암석과 마찰하며 불현듯 미끄러질 수 있는 것이다.

우리는 반 시간가량 산벽을 착착 등반했다. 하지만 곳곳에서 균열을 내고 있는 수평 크랙〔바위의 갈라진 틈새〕이 우리를 당황스럽게 했다. 내가 몸을 큰 바윗덩이 위로 끌어올리려고 하면, 마치 서랍이 열리듯 그것이 내 쪽으로 당겨질 듯했다. 암벽에서 툭 튀어나온 일부 암붕巖棚[60]은 습한 눈으로 뒤덮여 있었다. 두 손은 점점 더 축축해지고 차가워졌다. 몸에 메고 있던 등산 장비가 암석에 절거덕거리거나 쩽그랑 소리를 내며 부딪혔다. 이 소리와 우리의 숨소리, 바윗돌끼리 삐걱대며 끽끽대는 소리가 유일한 소음이었다.

그리고 누군가 목청껏 부르짖는 소리가 들려왔다. "카이유〔프랑스어로 돌〕! 카이유!" 위쪽의 누군가가 고함쳤다. 여자의 외침은 우리 쪽을 향해 울려퍼졌다. 고개를 들고 어디서 들려오는 소리인지 황급히 살펴봤다.

위험에 처했을지라도 시간은 멈추거나 느려지지 않는다. 모든 일은 잽싸게 벌어진다. 이 위험했던 순간들을 더 철저하고 더 정확하게 이해하려면 사후에 진지하게 회고하며 분석하는 짬을 가져야만 한다. 이런 유의 기억을 우리는 '정지 화면'으로 떠올린다. 그 순간은 눈앞에서 어렴풋이 이랑 진 바위 사이로 흐르는 아주 작은 개울, 내 방수 재킷 옷감의 자디잔 십자 무늬, 바위 틈새를 파고들며 자라고 있는 알프스의 작고 노란 꽃으로 떠오른다. 그리

60　레지Ledge. 절벽에서 선반처럼 툭 튀어나온 '바위 턱'으로, 발을 딛고 설 수 있을 정도의 넓이다.

고 하나의 소리, 충돌에 대비한 내가 몸을 구부리고 머리를 감쌀 때 발밑의 스크리가 우지끈 소리를 냈다.

처음에는 바위처럼 큰 두 개의 돌이 산벼랑 아래 우리를 향해 둥둥 튀어오르며 굴러떨어지다 공중에서 한 번 서로 세게 부딪쳤다. 그때, 떨어지는 돌로 인해 위쪽 공기는 마치 살아 있는 듯했다. 돌은 공기를 가르며 허밍을 했고 공중은 소음으로 가득 찼다. 바윗돌 하나하나가 암벽 아래로 떨어질 때마다 허공에서 윙윙 소리를 내며 굴렀고 다시 쩍쩍 금 가거나 딱딱 쪼개지는 소리를 냈다. 바윗돌들이 낙하 과정에서 탄력을 얻어 점점 더 멀리 튀었기 때문에 부딪치고 깨지는 소리의 간격도 점점 더 길어졌다.

위쪽의 높은 곳에서 두 명의 프랑스 등반객이 자신들의 다리 밑을 힐끗 쳐다봤다. 그들은 자신들이 무심코 밀쳐낸 암봉 위의 바윗돌 하나가 다른 여러 개의 바윗돌을 밀쳐내고, 게다가 그것들이 또 다른 바윗돌과 충돌한 탓에 갑자기 서로 다른 크기의 바윗돌 떼가 산벽 아래로 시끄럽게 굴러떨어지는 광경을 주시했다. 그들은 불쑥 비어져 나온 바위 턱이 암벽의 전경을 가로막고 있었던 탓에 아래쪽에 사람이 있는지를 분명하게 볼 수 없었다. 누군가가 더 올라올 가능성도 거의 없다고 생각했다. 등반 노선이 매우 험난한 탓에 그들은 부득이하게 첫 번째로 하산할 수밖에 없었다. 그들이 오른 최고도의 주변에는 아무도 지나간 흔적이 없는 빙하가 있었고 게다가 시간도 너무 늦어서, 자신들보다 더 늦게 올라올 만큼 어리석은 사람은 없을 터였다. 어쨌든 그들은 텅 빈 골프 코스 장에서 "포어Fore"[61]라고 외치듯 아무렇게나 큰소리를 질렀다.

나는 바윗돌들이 나를 향해 콩콩 뒤먼서 굴리떨어질 때에도 계속 위쪽을 응시했다. 학교에서 나보다 몇 학년 위였던 한 남자애가 낙석이 떨어질 때는 절대로 고개를 들어 위쪽을 바라보지 말라고 알려준 적이 있다. "왜냐고? 바윗돌이 얼굴에 부딪히면 헬멧에 부딪히는 것보다 훨씬 더 아프기 때문이지. 얼굴은 아래를 향하도록 해. 늘 아래를 향하도록." 그는 우리를 데리고 웨일스에서 종일 편자 모양의 길을 걷다 우리가 지쳐서 주차장 미니버스에 올라탔을 때에도, 이미 하늘이 어둑어둑해져 땅거미 질 무렵에도 자일을 어깨에 메고 산속으로 걸어 들어가 더는 아무것도 보이지 않을 때까지 행군했다. 1년 후 그와 그의 친구 한 명은 알프스에서 떨어지는 바윗덩이에 맞아 세상을 떠나고 말았다.

그날 산에서 등산 동료 토비가 나에게 외치는 소리를 듣고는 건너다봤다. 그는 공중에 걸린 듯 돌출된 암석 덮개 아래에 숨은 덕에 무사했다. 나는 그가 무슨 말을 하고 있는지 이해할 수 없었다. 그때 갑자기 둔중한 일격을 당한 느낌이 들었다. 마치 누군가가 두툼한 손으로 내 어깨를 꽉 붙잡고 그를 향해 나를 비틀어

---

61 '조심해요. 공 가요!'라는 의미로, 골프 칠 때 공이 나아가는 방향에 있는 사람들에게 경고하는 말.

돌린 것처럼 몸이 뒤쪽으로 끌어당겨지면서 빙글 돌고 말았다.

아프진 않았다. 하지만 그 한 방에 나는 이미 서 있는 자세가 홱 뒤바뀔 정도로 거세게 당겨졌다. 내 배낭 덮개에 부딪힌 바윗돌은 저 아래에 있는 창백한 크레바스를 향해 통통 튀며 떨어졌다.

바윗돌들은 계속해서 빠르게 회전하면서 떨어졌는데 아마 열두 개쯤 됐을 것이다. 나는 다시 올려다봤다. 바윗돌 하나가 나를 향해 곧장 낙하하고 있었다. 본능적으로 가슴을 보호하려고 뒤로 몸을 활처럼 젖히고 바깥쪽을 향해 등을 구부렸다. '그런데 손가락들은 어떡하지?' 나는 생각했다—만약 바윗돌이 내 손가락에 부딪히면 납작하게 뭉개질 테고, 그러면 무사히 하산할 수 없겠지. 그때 바로 내 앞에서 무언가가 바지를 세게 잡아당겨 찢어지는 소리가 났고, 이어서 토비가 크게 외치는 소리가 들렸다. "괜찮아? 저 바윗돌이 곧장 당신을 지나쳤는데."

그 바윗돌은 내 바로 앞으로 굴러떨어지면서, 내 몸과 절벽 사이에 난 굴렁쇠 너비의 공간을 지나 내 양다리 사이를 통과했다. 나를 명중시키진 못했고, 다만 내 옷을 낚아채 망가뜨렸다.

다시 고개를 들어 마지막으로 가장 큰 돌들이 나를 향해 추락하는 모습을 보았다. 돌들이 떨어지는 라인에 내가 다시금 자리하게 된 것이었다. 낙석은 나보다 12미터쯤 위에서, 바위에 부딪힌 탄력을 받고 다시 크게 껑충 튀어올라 공중에서 빙빙 회전했다. 돌진해오는 바윗돌을 바라보는 동안 그것은 내 머리 크기만큼 점점 더 커지고 분명해졌다. 이때 낙석은 다시 한번 암벽과 부딪혀 날카로운 폭발음을 낸 후 내 왼쪽으로 비스듬히 튀어오르더니 어느덧 내 옆을 휙 스쳐 지나갔다.

징신을 차리고 보니 내가 바윗부리를 너무 세게 움켜쥔 탓에 손가락 끝이 모두 하얗게 변해 있었다. 사지가 떨려 거의 체중을 지탱할 수 없을 것만 같았다. 심장도 극렬하게 뛰는 듯했다. 하지만 낙석은 끝났다. 나는 앞으로는 높은 산을 절대 오르지 않을 거라고 다시 한번 맹세했다. "어서, 이 산에서 내려가자." 나는 건너편 토비에게 소리쳤다.

조심스럽게 걸으며 빙하를 가로질러 돌아왔지만 나는 여전히 의기소침했고 아드레날린이 분비된 몸은 덜덜 떨렸다. 한 걸음씩 나아가며 부드러운 눈 밑에 크레바스가 있는지 유심히 살펴보고 있을 때, 우리는 협곡에 리듬감을 가져온 헬리콥터의 굉음을 들었다. 나는 영화 「풀 메탈 재킷」[62]의 헬기장 장면에 삽입된 트래시멘의 노래 '서핑 버드'를 크게 부르기 시작했다. 잠시 후 노래를 멈추고는 '정신 차렷!' 하고 혼잣말을 했다. 너는 베트남이 아니라 알프스 산상에 있고, 그저 자신을 겁주기 위해 산에 올랐다가 그걸 성공한 놈일 뿐이야. 헬리콥터는 나란 녀석을 위해 날아오지 않는다고.

---

[62] 베트남 전쟁이 배경인 스탠리 큐브릭 감독의 영화로 1987년 제작됐다.

역시나 그랬다. 헬리콥터는 요란한 프로펠러 소리를 내며 빙하를 넘어 동쪽으로, 다른 누군가가 사망했던 치날로트호른의 뾰족한 산봉우리를 향해 쿵쾅거리며 날아갔다.

✳

그날 밤늦게 계곡으로 돌아온 뒤, 잠을 이룰 수 없었던 나는 텐트에서 나와 야영지를 배회하다 가이 로프(텐트를 고정하는 당김 밧줄)를 조심스레 건너려 했다. 내부에 손전등을 켜둔 다른 텐트들이 추운 초원의 칠흑 같은 어둠을 비추고 있어, 마치 작은 주황색 이글루처럼 보였다. 하늘은 청량했고 산의 위쪽 경사면의 기울어진 눈밭은 거울로 신호를 보내는 것처럼 달빛을 계곡으로 비추고 있었다.

나는 걸으며 그날 하루를 되돌아봤다. 우리는 위험에서 벗어난 행운을 축하하기 위해 술집에서 여러 잔의 라거 맥주를 벌컥벌컥 마시며 저녁을 보냈다. 술집은 담배 연기로 가득했고, 두툼한 플라스틱 부츠를 신고 테이블 사이를 오가며 음악 소리보다 더 큰 소리로 자신들의 경험담을 늘어놓는 다른 등산객들로 빼곡했다. 우리는 앉아서 오전에 일어난 일을 주섬주섬 이야기했다. 만약 낙하하던 그 마지막 큰 돌덩이가 옆쪽으로 튕겨나가지 않았더라면 어떻게 됐을지, 만일 내가 거기에 맞아 충격을 받았다면 동료가 나를 붙잡을 수 있었을지, 나를 끌고 내려갈 수 있었을지……. 노련한 등산가라면 그런 일쯤은 아무것도 아니라며, 진작에 가득 차 불룩 튀어나온 '위기일발 서류첩'에 그것을 정리한 뒤 괘념치 않았을 것이다. 하지만 나는 그 일을 쉽게 잊어버릴 수 없을 게 분명했다. 물론 우리는 이러한 공포가 나중에 얼마나 큰 '즐거움'을 안겨주었는지도 털어놓았다. 그리고 산악인들이 늘 그래왔듯 산을 위해 목숨 거는 위험을 감수하는 행동이 얼마나 이상한지, 그렇지만 그러한 위험과 그에 따른 공포를 경험하는 것이 얼마나 중요한지에 대해 수다를 떨었다.

소쉬르는 『알프스 산상으로의 여정』에서 위험한 직업으로 악명 높던 샤무아(산양) 사냥꾼들에 대해 간략히 묘사했다. 그들은 사냥감을 추적하며 빙하의 크레바스에 빠질 위험에 처했고, 샤무아가 선호하는 가파른 비탈에서 떨어져 죽거나 알프스산맥 위로 빠르게 모여드는 고산 폭풍에 휩쓸려 사망하는 일도 비일비재했다.

바로 이러한 위험들, 희망과 공포가 교착하는 짜릿한 위험들이 도박꾼, 전사, 선원에게 생기를 불어넣는 것처럼, 사냥꾼들은 가슴을 흥분시키는 이러한 감정들로 끊임없는 초조와 불안을 이겨내고 활기를 되찾았다. 심지어 어떤 면에서 알프스산맥에서의 박물학자의 생활은 샤무아 사냥꾼이 살아가는 방식과 상당히 유사했다.

비록 수 세기의 시간 간격이 있지만, 이 구절을 읽었을 때 어쨌든 그의 말은 전적으로 옳았다. 소쉬르가 강조했듯 '위험 감수'는 그 자체로 보답을 가져온다. 사람의 마음속 "흥분 상태를 끊임없이 지속"시킨다. 희망, 공포, 희망, 공포가 등산의 기본 리듬이다. 산상에서 흔히 볼 수 있는 삶, 그것은 사멸에 가까워질수록 더 치열해진다. 우리가 죽음에 거의 다다른 순간만큼 진정 살아 있다고 느끼는 때는 더 없지 않은가.

물론 소쉬르의 샤무아 사냥꾼과 나의 중대한 차이점은, 바로 사냥꾼에게는 위험이 선택 사항이 아니라 '생계'라는 것이다. 하지만 나는 위험을 스스로 무릅썼다. 그것에 구애했다. 사실상 내 돈 들여 위험을 사들였다. 이 점은 인류 모험사에 일어난 거대한 변화다. 사람들은 늘 모험을 해왔다. 하지만 오랜 기간 모험가의 마음속에는 과학의 진전, 개인의 영광, 재정적 이득 등 이면의 속셈이 자리를 차지하고 있었다. 그런데 2세기 반 전쯤부터 '공포'가 그 자체로 유행하기 시작했다. 인류는 모험 그 자체가 보상을 가져온다는 것을 깨달았다. 그것은 아드레날린 효과라고 부르는 육체적 흥분과 의기양양이다. 그리하여 위험 감수, 의도하고 계획된 공포 추구는 매력이 되고, 탐나는 상품이 되었다.

✳

1688년 여름은 유럽에서 중요한 계절이었다. 로테르담 오라녜 왕가의 윌리엄 3세는 막강한 함대를 모으고 잉글랜드로 진격해 훗날 아주 유명해진 명예혁명을 일으킬 속내를 갖고 있었다. 그 해 여름 네덜란드에 망명 중이던 존 로그노 그의 반독재 소책자인 『통치론』을 어떻게 처리할지 고민하고 있었다. 베네치아인들은 아드리아 해안을 오르내리며 오토만인들과 싸우고 있었다. 그리고 북이탈리아에서는 훗날 극작가이자 미학자로, 알렉산더 교황의 조롱거리로 세상에 이름을 널리 알린 존 데니스라는 젊은 영국인이 알프스산맥을 갓 넘어와 이탈리아 한 여관의 활활 타오르는 난로 앞에 앉아, 그 어떤 산에도 가까이 가본 적 없는 영국의 한 친구에게 편지를 휘갈기고 있었다.

데니스는 펜으로 명성을 얻고 생계를 이어나갈 사람이었기 때문에 자신이 경험한 일을 글로 표현하는 게 어지간히도 어렵다는 것을 깨닫고 있었다. "너에게 로마나 나폴리를 묘사하는 것쯤은 쉬운 일이야. 적어도 그곳들을 조금이나마 닮은 지방은 몸소 봤을 테니까. 하지만 산이라곤 거의 구경해본 적 없는 너에게 하나의 산을 눈앞에 갖다놓는 것은 불가능하지. 그런 데다 두 눈으로만 산에 오르게 하는 건 더더욱 싫증을 일으킬 테고." 데니스는 여행 작가라면 누구나 고민할 문제에 직면해 있었다. 만약 무언가가, 독자가 일찍이 봤던 무언가와 전혀 비슷하지 않을 때, 그걸 어떻게 묘사할 것인가? 그는 먼저 산의 외관 묘사에 몰두한 후 산에 가득한 적대감이 이 나이쯤 되면 힘에 부친다는 투의 판에 박힌 푸념을 늘어놓았고, '깎아지른 듯한 암벽' 소름 끼칠 정도로 깊은 낭떠러지' '포효하는 급류' 같은 클리셰로 친구의 관심을 끌어당겼다.

그러다 그가 좁고 위험한 등산 루트에 도달했을 때 느꼈던 들썩이는 감정을 묘사하려 하자, 그의 언어에 뭔가 예사롭지 않은 변화가 일어났다.

문자 그대로 우리는 진짜로 아슬아슬한 파멸의 벼랑 끝을 걸으면서, 단 한 번의 실족으로 목숨과 육신이 순식간에 소멸될 수 있었다. 이로 인해 생겨나는 내 안의 여러 감정 활동, 간단히 말하면 '즐거운 공포'와 '섬뜩한 기쁨'이 동시에 일어나면서 나를 한없는 희열로 전율케 했다.

데니스의 모든 예상과 달리 그는 '진짜로 아슬아슬한 벼랑 끝'을 걷는 모험이 그에게 '기이한 즐거움'을 가져다준다는 것을 깨달았다. 데니스는 자신이 경험한 바를 묘사할 어휘가 세상에 존재하지 않기 때문에 일부러 꾸민 모순어법의 논리로 적절한 용어를 발명해내야만 했다. 그는 역설에 의존해 갖가지 '내면 활동'이 동일하면서도 대립하는 감정을 동시에 느낄 수 있게끔 한다는 점을 인정하고, 그가 '즐거운 공포'와 '섬뜩한 기쁨'을 '하나의 감정'처럼 느꼈다고 말할 수밖에 없었다.

이것은 산에서 체험하는 '즐거운 공포'에 대한 최초의 근대적 회고록 중 하나다. 이 기록은 현대의 아드레날린 시대에서 돌아보면 고리타분해 보이는 묘사다. 존 데니스는 비록 고소현기증이 본래 기분을 들뜨게 하는 측면이 있다는 것을 처음 발견하진 않았지만, 그와 그를 닮은 산행객들은 거의 알려지지 않은 고산 세계에서 새로운 경험을 가지고 돌아와 세상 사람들에게 들려주고 고도와 공포를 동시에 추구할 거라는, 훗날 사람들이 산에 대해 어떻게 반응할지에 대한 근거를 마련했다. 데니스가 어렴풋하게나마 고소현기증으로부터 즐거움을 얻을 수 있다는 이치를 감지한 후 300년이란 세월이 지나고, 이제 우리 시대에서 위험을 향한 무모한 추구는 전성기를 구가하고 있다. 요즘엔 몸에 고무 밴드를 매고 지지대에서 뛰어내리는 번지점프가 유행하고 아무것도 매지 않은 채 비행기 밖으로 온몸을 송두리째 내던지는 사람도 있다.

✳

18세기 중반 무렵 '공포 속에서 즐거움을 발견할 수 있다'는 데니스의 깨달음은 널리 알려지고 인정받기 시작했다. 때마침 야생 경관에 대한 인식 그리고 공포에 대한 당시의 태도에 혁명을 일으킨 지적 학설이 제안되었다. 이 학설은 지금까지도 우리가 상상하는 인류와 황야의 관계와 용기와 두려움을 대하는 관념을 조용히 지배하고 있다.

이 영향력 있는 학설은 '숭고'라 불리며 혼돈, 격렬함, 대변동, 웅장함과 불규칙성에서 생겨나는 기쁨을 가리킨다. 다시 말해 이전 시대의 신고전주의와 상반되는 미학이다. 바다, 빙모, 산 정상이나 고원을 덮은 돔 모양의 만년설, 숲, 사막, 무엇보다 산과 같은 모든 형태의 야생 경관에 대한 격렬한 애착이 혼란스럽게 생겨났다.

1757년, 한 명의 전도유망한 젊은 아일랜드인이 내용은 짧으나 제목이 긴 책을 출간했다. 바로 에드먼드 버크가 쓴 『숭고와 아름다움의 관념의 기원에 대한 철학적 탐구』다. 버크는 그가 '굉장한 대상들'이라고 부른 것이 인류 사상에 불러일으킨 열정을 설명하려고 시도했다. 그는 완전히 이해하기에는 너무 크고, 너무 높고, 너무 빠르고, 너무 모호하고, 너무 강하고, 너무 지나친 힘으로 인류를 사로잡아 두렵기는 하지만 마음에 즐거움을 주는, 즉 인류가 심적으로 반응하는 사물들에 관심을 가졌다. 가령 물살이 센 급류, 암흑 동굴이나 단애면斷崖面 같은 열광적이고, 겁을 주고, 통제할 수 없는 숭고한 풍경들이 관찰자의 마음에 즐거움과 두려움이 뒤섞인 도취감을 불러일으킨다고 썼다. 반면에 '미'는 시각적인 규칙, 균형, 예측 가능성으로 영감을 불러일으킨다. 예를 들어 고대 그리스의 조각은 아름답고 파르테논 신전은 균형 잡힌 우아함을 보이는 데 반해 눈사태나 범람하는 강물은 숭고하다. 버크의 생리학적 용어로 설명하자면 미는 몸의 '섬유질'에 긴장을 풀어주는 효과가 있지만 숭고함은 이 '섬유질'을 팽팽하게 당긴다.

> 고통과 위험에 대한 생각을 자극하기에 적합한 무엇이든 간에, 다시 말해 어떤 종류의 공포감을 불러일으키거나 '두려운 내상들'과 관세 있거나 공포와 비슷한 방식으로 작동한다면 그것은 모두 숭고의 원천이다. 그것은 곧 마음이 느낄 수 있는 가장 강렬한 감정을 불러일으킨다.

버크가 말한 논제의 핵심은 이처럼 숭고한 광경이 두려움을 불러일으킬 수 있다는 것이고, 그는 이런 공포가 "너무 가까이 다가가지만 않으면 늘 희열을 낳는" 열정이라고 썼다(이 점에서 버크가 옳았다. 찰나의 순간을 넘어 오랜 시간 유지될 듯한 '진짜 공포'를 경험해본 사람이라면 어떻게 그것이 몰입과 독점적 관심을 불러일으키는지 알 것이다). 그래서 만약 어떤 사람이 한 손으로 낭떠러지에 매달려 있다면 숭고함을 감상하는 게 불가능할 것이다. 하지만 자멸할 가능성을 상상할 수 있을 만큼만, 그저 폭포나 벼랑 끝에 충분히 닿을 정도로만 가깝다면 숭고한 느낌이 밀어닥칠 것이다. 해를 입을 수 있다는 상상과 전혀 그렇지 않을 거라는 확신이 뒤섞여 이러한 '즐거운 공포'를 유발하며, 절대로 있을 것 같지 않은 일을 발생할 것처럼 가장해 허풍을 떨고 과시하게 한다. 영국인 의사이자 철학자인 데이비드 하틀리는 1749년 이를 간단명료하게 정리했다. "벼랑, 큰 폭포, 설산과 같은 풍경 속에 있으면 처음에는 두려움과 공포심이 다른 모든 생각을 증폭시키고 격화시키다가, 점차 고통으로부터 안전해질 수 있다는 암시가 밀려오면 두려움과 공포가 즐거움으로 탈바꿈한다."

버크의 빼어난 논문은 그보다 70년 전 존 데니스가 명확하게 표현하려 고군분투했지만 잘 정리하지 못한 경험에 언어적 형태와 지적 위용을 가져다주었다. 일단 버크가 '숭고미'를 기호화하여 지식계가 자유롭고 폭넓게 인용할 수 있는 용어와 사상의 목록을 제공하자, 그것은 일반인의 상상 속으로도 빠르게 퍼져나갔다. 그의 『철학적 탐구』가 나온 이후 숲은 더는 어둡거나 음침할 수 없었고, 고도의 산맥은 단지 얼음일 뿐 아니라 웅장함이기도 했다. 숭고한, 굉장한, 무시무시한 같은 형용사들은 고산, 해양, 깊은 구렁 같은 명사와 떼려야 뗄 수 없는 불가분의 관계가 되었다. 유럽 각지의 철학자와 미학자는 '숭고'라는 문제에 엄청난 관심을 기울였고, 하나의 미적 개념으로서 고전 미학의 정연한 경계를 가로질러 적당히 무질서하고 통제할 수 없는 방식으로 퍼져나가기 시작했다.

'숭고'라는 개념은 버크가 처음 만든 게 아니다. 서기 3세기 무렵 그리스의 수사학자 롱기누스가 『숭고에 대하여On the Sublime』라는 논문을 썼고, 그 후 1674년에 니콜라 부알로가 프랑스어 번역판을 내놓자, 숭고에 관한 관심이 새롭게 활기를 띠었다. 그러나 롱기누스와 그의 지적 후계자들은 숭고를 자연 풍경이 아닌 주로 문학 효과, 즉 언어가 어떻게 사람의 마음을 고상하게 하고 웅대하게 하고 고무시키는지에 주의를 기울였다. 버크의 공헌은 화려함에 대한 이러한 기존의 흥미를, 18세기에 가장 새로운 쾌락의 경험인 '자연 풍경'으로 전환시킨 데 있다. 그의 유명한 소책자는 거친 자연을 보고 감상할 수 있는 새로운 렌즈를 선사해주었다. 그는 이전에는 어렴풋하고 구별이 아리송했던 경외심에 거주지(바다, 사막, 산, 빙모)와 이름(숭고)을 부여해주었다.

숭고에 대한 18세기의 격정은 사람들이 풍경을 인식하고 묘사하는 방식뿐 아니라, 풍경을 접할 때 일으키는 행동 방식도 바꿔놓았다. 과거에 황야는 기피의 장소였지만 이제는 강렬한 경험을 추구하는 무대이자, 사람을 잠시 쩔쩔매게 하거나 위협적인 판타지를 제공하는 장소가 되었다. 1785년 장 자크 루소가 말했다. "나는 꼭 나를 흠칫 놀라게 하는 거센 여울, 바위, 소나무, 황림荒林, 산, 오르락내리락하는 울퉁불퉁한 길, 절벽이 곁에 있어야 한다. 내가 이토록 험한 곳을 좋아하는 것의 이상한 점은 그곳들이 나를 아찔하도록 현기증 나게 하고, 내가 안전한 장소에 있는 한 나는 그런 현기증을 완전히 즐긴다는 것이다." 프랑스 작가 자크 캠브리는 바닷가 절벽의 가장자리에 서기 전 사나운 바다 폭풍이 브르통 해안으로 불어오기를 기다리곤 했다. 그는 도취라도 된 듯이 썼다. "당신이 이곳에서 흔들리는 지구를 느낄 수 있다면, 당신의 온몸과 정신은 간담을 서늘케 하는 감정, 공포, 설명할 수 없는 동요에 사로잡혀 본능적으로 도망칠 것이다."

'숭고'는 18세기 관광에 새로운 동력을 제공했다. 점점 더 많은 여행객이 전통적인 장소를 방문하는 대신 절벽 꼭대기로, 빙하로, 화산으로, 즉 숭고한 풍경 속으로 휴가를 떠났다. 산악의 유적과 고대 문명의 유적이 명승지로서 경쟁을 벌였다. 예를 들면 1760년 대와 1770년대에 베수비오산을 방문하는 여행객 수는 급격히 증가했고, 여행객들은 더 이상 고대인의 집안 살림과 같은 미시 생활사를 눈여겨보지 ─ 로마제국 가정주부들의 일상생활에서 이 수도꼭지나 저 그릇은 어떤 쓰임새였는가를 곰곰이 생각하지 ─ 않게 됐고, 목을 길게 빼고 올려다본 산 그 자체에 놀라움을 금치 못했다. 어떤 사람들은 산봉우리에 더 가까이 다가가기 위해 아예 등반을 선택하기도 했다. 바늘처럼 뾰족한 몽블랑의 산봉우리와 빙하 밑에 자리한 샤모니에서는 현지인들이 숭고한 경관을 열렬하게 원하는 이방인들을 몽탕베르 빙하로 데려가 융기한 절경을 관광하게 하는 비즈니스로 꽤 짭짤한 수익을 올렸다. 그리고 영국은 '숭고'보다는 더 온순한 사촌인 픽처레스크Picturesque를 찾는 사람들을 위해 레이크디스트릭트, 북웨일스, 스코틀랜드의 산간지대를 개방했다. 스코틀랜드의 해안 명승지와 내륙 황야로 떠나는 칼레도니아 투어가 특히 인기를 끌었다. 칼레도니아 관광객 1세대 중 가장 저명한 사람은 1773년 '스코틀랜드의 서부 제도'로 여행을 떠난 새뮤얼 존슨[63] 박사다.

✳

키 182센티미터, 몸무게 101킬로그램에 이르는 육중한 몸집의 존슨 박사(새뮤얼 존슨의 애칭)는 그 자체로 거의 숭고한 존재였다. 스코틀랜드 동북쪽 해안에 소재한 버컨에 도착했을 때 그는 이미 스태퍼섬에 있는 핑걸의 동굴을 방문해 잔잔한 바다에서 노 젓는 배를 타고 그 유명한 고딕풍의 아치 통로를 지났다. 이후 그와 보즈웰[64]은 또 다른 유명한 암석 형태인 버컨의 불러 암동巖洞(바위 동굴)을 보기 위해 영국 전역을 가로질러 왔다. 존슨 박사는 중국에 가서 만리장성을 보고 싶어 했기 때문에 스코틀랜드는 항상 빈약한 대용품일 수밖에 없었다. 그렇지만 그는 불러 암동에는 강렬한 인상을 받았다.

수직의 관처럼 생긴 암석층으로, 한쪽은 높은 해안 기슭과 연결되어 있고, 다른 한쪽은 상당한 높이로 깎아지른 듯 큰 바다 위로 솟아 있다. 꼭대기는 뻥 뚫린 채 활짝 열려 있고, 그곳에서 소용돌이치는 짙은 바닷물이 암석으로 둘러싸인 아랫부분에 난 입구를 통해 암

---

63 영국의 시인이자 문학평론가·영어 대사전 편찬자. 1709~1784년.
64 전기작가로 1791년 『존슨전The Life of Samuel Johnson』을 출판. 1740~1795년.

동으로 흘러들어오는 광경을 볼 수 있다. 생김새가 마치 담으로 둘러싸인 거대한 우물처럼 보인다.

불러 암동을 보러 온 대다수 여행객은 주요 절벽 가장자리의 안전한 곳에서 그곳을 구경하는 데 만족했다. 거기서 그들은 바닷물이 끓고 암동이 부서지는 파도를 빨아들이는 광경을 무사히 지켜볼 수 있었고, 바다 쪽 절벽에 둥지를 튼 풀머갈매기들이 사냥감을 잡기 위해 이리저리 활공하는 모습을 두 눈으로만 즐겼다.

하지만 대담한 일부 관광객은 두 발로 아치형 암동의 정상을 따라 걷고 싶다는 유혹을 받았다. 그렇다고 진짜로 위험이 따르진 않았다. 사실, 이 암석 능선은 폭이 겨우 60~90센티미터 정도밖에 되지 않았고, 발밑의 지면은 울퉁불퉁하며 가장자리 부근은 조금씩 무너져 있었다. 그리고 발아래를 내려다보면 바다가 아치형 길 아래에서 살아 있는 생물처럼 움직이는 모습을 볼 수 있었다. 아치형 바윗길 자체가 액체처럼 앞뒤로 흔들리며 자신을 물에 빠트릴 것처럼 느끼게 하는 것이다. (…) 하지만 도리어 자기 스스로를 속여 자신의 소멸을 상상하게 하는 그것이 바로 그 위를 걸어가게 하는 첫 번째 이유였다. 다시 말해 불러 암동의 바위는 숭고함을 경험하기에 이상적인 장소였다.

존슨 박사가 굳이 그 불러 암동을 가로질러 가겠다고 고집을 부리자 보즈웰은 초조해졌다. 보즈웰은 발을 질질 끌며 "이동하는

버컨의 불러 암동.

게 두렵다"는 의사를 밝혔다. 그러나 존슨 박사는 그의 삶의 많은
경우에서처럼 일관된 태도를 바꾸지 않고 망설임 없이 큰 걸음으
로 암동을 성큼성큼 가로질러 갔다. 체형이 육중한 남자치고 매우
민첩했다. 마치 글쓰기와 마찬가지로 보행에도 자신감이 넘쳤다.
훗날 존슨 박사는 침착한 어투로 그날의 횡단을 이렇게 묘사했다.

불러 암동의 둘레는 넓지 않고 그 위를 걸어다니는 사람들에게는
매우 좁아 보인다. 아래를 내려다보는 모험을 하는 사람이 발을 자
칫 헛디뎌 미끄러진다면 무서운 높이에서 한쪽의 바윗덩이나 다른
한쪽의 바닷속으로 떨어지고 만다. 하지만 이것은 '위험이 없는 공

포'이고, 뇌가 자발적으로 마음에 소란을 일으켜 즐거움을 추구하
는 일종의 '환상 속의 스포츠'일 뿐이다.

존슨 박사와 존 데니스의 중대한 차이점은, 존슨의 경우 스스
로 원해서 잠깐 자신에게 겁을 주었다는 것이다. 이렇듯 숭고론의
영향 아래 존 데니스와 새뮤얼 존슨 사이에 낀 90년 동안 사람들
은 점차 '공포 추구', 즉 자발적으로 두려움을 좇기 시작했다.

그렇지만 산에 관한 한, 18세기는 한발 물러나 산을 멀리서 감
상하는 데 그친 세기였다. 18세기의 대다수 사람에게 산의 주된
매력은 '산 위'로 올라가 발을 내딛는 데서 오기보다는 아니라 안
전한 거리에서 산을 응시하는 데서 느껴졌다. 이 산들은 진짜로
눈에 보이는, 낙석, 눈사태, 눈보라, 낭떠러지와 같은 재앙적인 위
험들로 가득 차 있었기 때문에 숭고를 체험할 수 있는 확실한 장
소였다. 협곡 아래에서는 하늘을 찌를 듯한 산봉우리들을 주시할
수 있고, 또한 뾰족한 고봉 중 한 곳에서 떨어지거나 눈사태에 휘
말린다는 게 어떤 상황인지 가정해볼 수 있었다. 1785년 한 독일
여행자는 썼다. "자연에 대한 호기심 중 내가 스위스에서 가장 인
상 깊었던 것은 알프스산맥의 무시무시한 외형이었다. 어떤 이는
그 풍경에 경외감을 흠뻑 느끼고 더불어 이런 '즐거운 공포감'을
모든 친구에게 전하고 싶어했다." 퍼시 셸리[65]는 어릴 적 알프스에
서 경험한 위험을 떠들길 좋아했다. 그는 허풍을 떨며 말했다. "난

소년 때부터 산이랑 호수를 잘 알고 있었어. 위험을 친구 삼아 벼랑 끝에서 놀곤 했지. 나는 알프스의 빙하를 거닌 적이 있고, 몽블랑의 코앞에서 살았지." 이것은 모두 거짓이었고 사실 셸리는 항상 벼랑 끝과는 조심스럽게 거리를 두었다. 하지만 이렇듯 자기 자신을 모험가로 포장하려는 욕구는 그 시대에 대담한 행동에 대한 열정이 고조되어가고 있다는 신호였다.

18세기 여행객들은 이처럼 산을 열정적으로 찾았으나, 그리 오래지 않아 산지 풍경은 케케묵은 구식이 되고 말았다. 1816년 프랑스 쪽 알프스에서 피서를 즐기고 있던 조지 바이런은, 일부 관광객이 산을 심드렁하게 대하는 것에 대해 격분했다. 그는 자신의 정당한 분개심을 편지에 담아 한 친구에게 황급히 보냈다.

몽블랑 코앞에서, 나는 또 다른 이―역시나 영국인―가 일행에게 "여기보다 더 시골스러운 데를 본 적이라도 있니?"라고, 마치 하이게이트(런던 북쪽의 교외 지역)나 햄스테드(런던 서북부의 고지대), 혹은 브롬톤이나 헤이스(런던 동남쪽의 교외 지역)라도 되는 듯이 투덜대는 볼멘소리를 들었다네. 아, 그래요, 그래, 참―'시골'이다, 시골! 바위, 소나무, 여울, 빙하들, 구름 떼 그리고 그런 경물들 위의 저 영원한 설산 꼭대기들, 그리고 '시골'!

65　영국의 낭만파 시인, 1792~1822년.

바이런의 의분 속에서, 또 영국인들이 눈앞의 구경거리에 거드름을 피우며 흥을 깨뜨리는 정형화된 무기력 속에서, 19세기 여행에 편재해 있는 욕구의 핵심, 즉 누군가 이미 다녀간 루트는 되도록 벗어나고 싶다는 충동을 엿볼 수 있다. 계곡에서 산을 지그시 관조하다보면 하이게이트나 햄스테드히스, 브롬톤이나 헤이스를 보는 것과 다를 바 없다. 샤모니 산봉우리의 극도로 삐쭉삐쭉한 풍경은 이제 관광객의 눈에 따분하고 무미건조해 매력적이지 않았다. 그러니 산을 경험하는 새로운 방식을 마련해야만 했는데, 다시 말해 더 이상 스펙터클만으로는 제공할 수 없는 '즐거운 공포'라는 숭고한 감정을 되살릴 방법을 찾아야만 했다.

물론 해답은 산으로 올라가 자신을 더 큰 위험에 빠트리는 것이다. 일단 높은 산에 올라가면, 당신의 관광은 산 밑에서 느긋하게 첨봉을 구경하는 여행보다 훨씬 더 진지한 무언가로 바뀔 것이다. 자칫 발을 헛디뎌 추락할 수도 있지만.

✳

19세기의 첫 2년 동안 새뮤얼 테일러 콜리지[66]는 자신이 '새로운 종류의 도박'이라고 부른 것을 개발했고, 거기에 "상당히 중독"

---

[66]   영국의 시인이자 비평가, 1772~1834년.

되었다고 고백했다. 콜리지는 중독에 빠지기 쉬운 성격이었다. 그는 대화에 중독되었고 사상에 중독되었고 아편에도 중독되었다. 한때는 현기증(고소공포증)에 중독되기도 했다. 그가 원하는 바는 나름 아닌 '사극'이었다. 호기심이 많았던 콜리지는 뇌가 감지하는 각종 경험을 확장하거나 고조시키는 데 관심이 많아서, 뇌의 감지 면적을 넓히거나 감각을 예리하게 할 수만 있다면 그런 경험이 절벽에서 오든 아편 파이프에서 오든 전혀 상관하지 않았다.

콜리지의 도박은 다음과 같이 진행되었다. 아무 산이나 골라라. 그 산의 정상에 올라라. 그런 뒤 "기존의 하산 루트나 다른 안전한 자취를 찾을 때까지 부근을 빙빙 돌지" 말고, 다시 말해 쉽게 내려갈 길을 찾지 말고, 오히려 계속 어슬렁거리며 헤매다 "맨 처음으로 내려갈 만한 곳"에서부터 하산하고 "이렇게 가면 얼마만큼이나 멀리 내려갈 수 있을까 하는 가능성은 전적으로 운에 의존하라". 이것은 산꼭대기가 총의 약실이고, 산에서 내려가는 길들이 탄알과 공탄空彈인 러시안룰렛이나 마찬가지였다.

1802년 8월 2일, 콜리지의 도박은 그를 곤경에 빠뜨렸다. 그는 레이크 디스트릭트에 있는 스카펠산 정상에 올라갔다. 이 산은 해발 973미터로 영국에서 두 번째로 높은 산이며, 잘못된 각도에서 접근할 경우 위협을 줄 수 있는 작은 바위 봉우리가 있는 곳이었다. 그날은 날씨가 변덕스러웠다. 칙칙한 하늘은 폭풍우가 닥칠 것임을 암시했다. 하산해야만 할 시간이었다. 콜리지는 자신이 시인

한 대로 "너무 자신만만하고 매우 게으른 나머지 주위를 둘러보지 않고" 정상 고원의 동북쪽 가장자리로 향하는 도박을 감행했다. 그의 선택은 최악이었다. 그를 브로드 스탠드라고 알려진 곳으로 데려갔기 때문이다. 그곳은 암반과 경사진 바위 턱으로 이루어진 가파른 거인의 계단이었다. 그러나 콜리지는 자신의 게임 규칙("아래로 얼마만큼이나 멀리 내려갈 수 있을까 하는 가능성은 철저히 운에 맡겨라")을 지키기로 마음 먹고 천천히 산을 내려가기 시작했다.

암벽 하강을 막 시작할 때는 하나의 암붕에서 다른 암붕으로 걸음을 옮기며 내려갈 수 있을 만큼 순조로웠다. 하지만 곧 암붕 간 간격이 넓어졌다. 콜리지는 임기응변을 발휘해야 했다. 2미터의 수직 암벽을 마주한 그는 무턱대고 다음 암붕으로 떨어지기 전에 팔로 매달렸다. 이것은 그에게 "손과 팔 근육이 늘어난 것, 그리고 착지할 때 발에 가해진 충격은 사지를 떨게 할 만큼의" 물리적 충격을 주었다. 하산 길을 찾는 데에도 전념해야만 했다. 일단 아래로 발을 내디뎠기 때문에 움직임을 되돌릴 방법이 없었다. 이미 루비콘강을 건너버린 것이다. 콜리지는 계속 벼랑을 내려갔지만 상황은 곧 더더욱 심각해졌다. 한 걸음씩 내려갈 때마다 "사지가 점점 더 마비되었다".

그런 뒤 그는 자신이 갑자기 꼼짝도 못 하게 됐다는 것을 깨달았다. 그는 넓은 암붕 위에 있었고, 위쪽은 올라갈 수 없는 암반이었다. 바람이 귀에서 획획 소리를 내기 시작했다. 아래로 4미터나 떨어진 곳에 매우 좁은 암붕이 있었지만 "만약 그 위로 뛰어내린다면 분명 뒤로 넘어지고 당연히 죽음을 맞이할 터였다".

어떻게 해야 할까? 확신하건대, 누구든지 콜리지처럼 하지는 않았을 것이다.

사지가 모조리 후들거렸다. 나는 한숨을 돌리기 위해 등을 대고 누워 습관대로 '미친놈'이라며 스스로를 비웃기 시작했다. 위쪽 양측으로는 험준한 바위산이 있었고, 그 바로 위쪽에는 맹렬한 구름 떼가 북쪽을 향해 짙고 빠르게 몰려오며 나를 위압했다. 나는 거의 예언자처럼 몽환과 환희에 빠진 상태로 누워 있었다. 그리고 큰 목소리로 하느님을 찬양했다. 주님께서 내려주신 사유와 의지라는 정신적 힘만 있으면 그 어떤 위험도 나를 제압할 수 없다고!

오 하나님, 나는 큰 소리로 외쳤다. 저는 지금 얼마나 침착하고 또 얼마나 많은 은총을 받았나요. 어떻게 내려가야 할지, 어떻게 되돌아가야 할지 모르지만, 저는 냉철하고 두려움이 없고 자신감에 가득 차 있습니다. 만약 이 현실이 꿈이라면, 만약 제가 잠들었다면, 제가 어떤 고통을 받고 있을는지요! 무슨 소리란 말인가! 사유와 의지가 사라졌을 때 우리에게는 어둠과 미망, 당혹스러운 치욕과 고통만이 남겨질 뿐이고, 분명 우리 주 하느님께서는 우리 위에서 전능하신 모습이나 어마어마한 위안으로 계시며, 영혼을 끌어당기는 여러 모습으로 공중에서 유영하시고, 심지어는 바람 속에서 찌르레기처럼 날고 있을진대.

단애면에 갇힌 콜리지는 암석들을 더 매끄럽고 덜 안전하게 만드는 폭풍우가 다가왔지만 당황하지 않았다. 오히려 그는 등을 대고 누워 마음속으로 인류가 가진 천부적인 사유 능력의 불멸성을 되새겼다. 육체가 극단적인 위험에 직면했을 때 콜리지는 그의 지적 사유의 요새로 물러나 밖을 관찰했다. 그곳에서는 모든 암석, 폭풍우, 암벽 하강이 마치 환영처럼 보였다. 달리 말해 그는 상상 속에서 궁지를 벗어났다고 생각한 셈이었다. 일종의 정신 승리법이었다.

콜리지는 이 정신 승리의 '몽환'에서 깨어났을 때, 왼편의 길쭉한 암봉을 따라 몇 피트 떨어진 곳에 몸을 쑤셔넣고 걸어 내려갈 수 있을 것 같은 굴뚝 모양의 암석 틈새, 침니Chimney가 있다는 것을 알아차렸다(지금은 '뚱보의 모험Fat Man's Peril'으로 널리 알려져 있다). 그는 배낭을 벗고 "어떠한 위험이나 어려움 없이 두 바위벽 사이를 미끄러지듯이 내려가" 살아남은 뒤, 자신이 겪은 바를 세상에 전하긴 했지만 그날 하루 내내 "긴장되고 초조한 마음 상태"이긴 했다.

콜리지가 브로드 스탠드에서 하강한 일은 보통 최초의 암벽 등반으로 간주된다. 콜리지에게 그의 암벽 탈출은 현실에 대한 사유의 승리를 보여주는 증거였다. 물론 그가 틀렸다. 그의 탈출은 정신의 사유와는 아무 상관이 없었다. 그는 단지 '운이 좋아' 궁지에서 벗어나는 길을 발견했고 구사일생으로 살아남을 수 있었다. 제아무리 힘을 다해 궁리하더라도, 사유로 낭떠러지와 암석을 사라지게 할 수는 없다. 콜리지 이후 많은 사람이 이 점을 깨닫게 됐다. 콜리지의 위험천만한 암벽 하강 이후, 101년 만인 1903년에 악명 높은 사건이 발생했다. 등산객 네 명이 똑같은 스카펠산에서 홉킨슨의 돌무덤 아래의 가파른 암반 등반을 시도하다 목숨을 잃은 것이다. 그들은 와스데일 헤드 교회 묘지에 묻혔고, 묘비마다 장중한 비문이 똑같이 새겨져 있다. "한순간 그들은 천사처럼 순결한 하늘에서 하느님과 함께 높이 서 있었다. 다음 순간 그들은 추락해 다시 고토故土로 돌아와 영원한 잠에 빠졌다."

✳

콜리지의 암벽 등반은 산에서 위험을 감수하고자 하는 모험이 늘어나는 세기를 열었다. 자발적으로 진짜 공포를 추구하려는 갈망이 '숭고'라는 좀 더 점잖은 즐거움을 대체하기 시작했다. 루소의 말, 즉 위험한 스릴을 즐기기 위해서는 "안전한 곳에 있어야 한다"는 단서는 점점 더 무시되었다. 집 밖으로 나가 산에서 모험을 즐기는 사람이 갈수록 늘어났다. 1829년 발간된 스위스 여행안내서에서 영국 출판업자이자 여행 작가인 존 머리는 알프스를 흥미롭게 묘사했다. "어떤 사람이 스위스 산봉우리에 흩어져 있는 다른 위험들을 피했다고 해도, 곧바로 그를 맞이하기 위해 빙하의 무서운 구렁텅이가 입을 크게 벌리며 쩍 갈라져 있거나 낭떠러지가 그를 기다리고 있을지도 모른다." 1836년 알프스 가이드북의 저자인 마리아나 스타크는 여성 등산객들에게 "벼랑의 가장자리에서는 되도록 주의 깊게 다른 위험들을 주시하라"고 조언했다. 스타크는 이렇듯 상상 속에서 공포가 범람해야 "높은 해발고도 앞에서 냉정하고 침착해질 수 있다"고 설득했다. 강렬한 아름다움, 고도와 고독은 산이 가진 새로운 매력의 중요한 요소다. 하지만 이 때문에 발생하는 위험 요소를 무시할 순 없다. 산은 많은 위험과 곤경을 통해 자기 자신을 시험할 수 있는, 즐거운 모험으로 가득 찬 환경을 제공했다.

무엇보다 위험 감수를 시험으로 여기는 이런 관점이 공포에 대한 19세기의 태도를 지배했다. 19세기가 깊어갈수록 모험이라는 개념은 '자아' 및 '자기 인식'이라는 개념과 더 많이 얽히게 됐다. 당시의 일기·전기·탐험 기록에서는 야생 풍경에 대한 특정한 주제와 태도가 되풀이되었다. 그중에서 가장 중요한 것은 승리와 실패, 분투와 보상이었다. 이런 책들에서 자연은 보통 그것을 어떻게 대하는가에 따라 정복되거나 약탈당하는 적 혹은 연인으로 묘사된다. 비록 황야의 황량한 아름다움에 대한 경계심은 여전히 제자리에 남아 있지만, 결정적으로 맨 앞에 놓인 것은 야생 풍경이 모든 위험 요소와 시련을 테스트하는 시험장—한 개인의 자아가 가장 잘 조명될 수 있는 무대라는 태도였다. 알프스의 설원을 가로지르거나 극지의 툰드라를 힘겹게 걷는 것은 당신이 어떤 자질로 이뤄졌는지—또 그 자질이 올바른지를 밝혀준다. 1847년 11월 『블랙우드에든버러매거진Blackwood's Edinburgh Magazine』은 북극권 탐험에 대한 사설에서 이러한 심리 상태를 정확하게 포착했다. "하느님의 섭리대로 인류 앞에 고난을 부여한 까닭은 분명히 인류의 문제 해결 능력을 벼리도록 하기 위함이다."

황야의 위험과 아름다움을 마주하는 게 개인의 자질과 역량을 명료하게 드러내줄 뿐만 아니라, 그것을 적극적으로 개선해줄 수 있다는 점도 중요하다. 가령 존 러스킨이 1863년 샤모니에서 아버지에게 쓴 편지를 읽어보자. "위험이 교육적으로 효과가 있는가 하는 질문은 매우 흥미롭습니다." 그는 서문을 이렇게 시작했다.

하지만 만약 어느 위험한 곳에 왔다가 고개를 돌려 떠난다면, 설령 그렇게 하는 게 더할 나위 없이 옳고 현명할지라도 기질은 약간의 퇴보를 겪는다는 것을 저는 알고 있을 뿐만 아니라 [증거도] 찾아냈습니다. 그만큼 더 연약해지고, 더 무기력해지고, 더 여성적으로 나약해지고, 울화와 오신誤信에 굴복하기 더 쉬워질 것입니다. 반면에 위험을 감수한다면 그것을 직면하는 일이 분명 경솔하고 어리석은 경험일지라도, 위험에 맞서 끈기로 극복한 뒤에는 모든 종류의 과업과 시련에 더 적합하고, 더 강하고, 더 뛰어난 '남자'가 될 것입니다. 단지 위험만이 이러한 효과를 낳을 수 있습니다.

러스킨이 무기력, 나약함, 오신을 '여성적임'과 동등하게 본 것은 그 당시 '용기'가 '남자다움'이라는 개념과 얼마나 촘촘하게 얽혀 있었는지를 신랄하게 일깨워준다. 그렇지만 그의 관점 또한 위험을 극복하는 것이 '더 나은' 사람을 만든다고 믿는, 빅토리아 시대의 독특한 관점이다. 러스킨보다 더 유명한 '공포의 형이상학자'인 니체는 훗날 그것을 더 박력 있게 표현했다. "나를 죽이지 못하는 것은 나를 더 강하게 만든다." 자기 자신을 겁주는 식으로 위험을 감수하는 것은 당신이 살아남기만 한다면, 자기 계발의 강력한 수단이 될 거란 뜻이었다. 그리고 자기 계발은 후기 빅토리아 시대 사람들, 특히 등산에 빠진 중산층에게 강력하고 매력적인 규범이었다. 1859년 새뮤얼 스마일스[67]는 출간하자마자 고전이 될 『자조론』을 세상에 내놓았다. 스마일스의 메시지는 간결했으며 외견상으로는 민주적이었다. 그는 오로지 포부를 갖고 더 노력한다면 누구나 무엇이든 해낼 수 있다고 역설했다. 그는 머리말에서 공언했다. "위대한 사람은 (…) 생전에 특정한 상류 계급이나 신분에 속하지 않았다. 가장 가난한 사람도 때로는 최고의 지위를 맡

---

67   스코틀랜드의 사상가, 1812~1904년.

앞고, 분명히 절대 이겨낼 수 없는 고난일망정 앞으로 나아가는 데 장애가 되지 못한다는 순리를 증명했다."

스마일스의 기본 신조는 역경이 한 사람을 '최고'로 만든다는 것이었다. 그는 썼다. "인류를 기른 힘은 안락이 아니라 노력이다. 편안함이 아니라 어려움이다. 역경의 쓸모는 사실 달콤하다. (…) 곤경은 우리의 역량을 우리에게 드러내 보여주면서 에너지를 불러일으킨다. (…) 고생을 할 필요가 없다면 인생은 더 쉬울 수 있지만, 사람으로서의 가치는 더 낮아질 것이다." 이런 신조가 의도적인 자아 시험으로 이어지는 길은 매우 명료했다. 확실한 자기 계발을 위해서는 반드시 난관을 겪어봐야 한다는 것 말이다. 스마일스에 따르면 제일 편한 방법은 항상 하향세로 인도한다. 오히려 역경에 도전해 극복하는 사람이야말로 결국 더 나은 방향으로 발전한다.

스마일스는 자신의 관점을 강조하기 위해 온갖 은유를 물색하다 결국 '등산'을 그 예로 들었다. 그는 "어떤 곳에서의 어려움일지라도 진정한 남자는 좋고 나쁨을 막론하고 무언가를 얻는다. 역경에 부딪히는 경우야말로 실력을 길러주고 솜씨를 연마시킨다. 앞으로 더 노력하도록 투지를 불러일으킨다. 성공으로 오르는 길은 험준할 수 있지만, 그것이야말로 그가 정상에 다다를 역량이 있는가를 증명해준다."

이 역경을 통한 자기 계발의 교리는 '계급 차별이 없다'는 장점을 갖고 있었지만, 빅토리아 시대의 부르주아 계급이 이를 가장 철두철미하게 체득하고 있었으며 그들 중 많은 이가 '산'이라는 위험한 경기장에서 그것을 시험했다.

대영제국의 번영이 더 큰 국내적 안정, 부유함, 안락한 생활 환경을 가져옴에 따라 빅토리아 시대의 시민들은 날이 갈수록 모험을 즐기게 되었다. 중산층은 풍요롭고 안일한 도회지 생활에서 과도하게 누적된 원기를 어디론가 방출할 수 있는, 이를테면 '위험한 밸브'가 필요했다. 알프스는 그에 안성맞춤이었다. 그곳에서는 누구나 자신의 눈높이에 맞는 모험을 찾을 수 있었기 때문이다. "이른바 빙하 위에서의 위험은 실제보다 더 상상적이다." 베데커 출판사의 스위스 여행 안내서는 '빙하' 섹션에서 빙하에서의 위험이 과장되어 있다면서 독자들을 안심시켰다. 정말로 그랬다. 확실히 대다수 여행객에게는 바로 그것, 즉 알프스의 빙하에서 그리고 빙하가 서서히 유동하는 산에서 발생하는 각종 무서운 사고를 상상해볼 수는 있지만 실제로 자주 일어나지는 않는다는 그 사실이 관건이었다. 이따금 사람들이 목숨을 잃었다는 사실이 지금 살아 있는 자들을 크게 고무시켰다. 왜냐하면 이것은 적어도 사망 가능성을 끊임없이 염두에 두도록 하고, 또한 죽을 가능성이 있다는 것이 등산의 본질이었기 때문이다.

빅토리아 시대 중반, 고소현기증에 대한 열광은 앨버트 스미스의 성공으로 가늠해볼 수 있다. 이 괄괄한 풍자가이자 사업가는

1853년부터 피커딜리에 있는 널찍한 동굴 같은 극장인 이집트 홀에서 「몽블랑 등반The Ascent of Mont Blanc」이라는 쇼를 열었다. 스미스는 비록 앉아 있기를 좋아하는 성향일망정, 많은 가이드와 무설제한 알코올의 힘을 빌려 1851년 8월 몽블랑에 오르는 데 성공했다(스미스가 이 탐험을 위해 가져간 액체 보급품은 뱅 오르디네르 60병, 보르도 포도주 6병, 세인트조지 10병, 세인트진 15병, 코냑 3병, 샴페인 2병이었다). 그가 돌아오자, 온 런던이 그의 성공을 추켜세워댔다. 드디어 1853년 3월 그의 쇼가 열렸고, 스미스는 구경꾼들에게 그가 어떻게 등반했는지를 미주알고주알 떠벌리기 시작했다. 로비에는 던들[68]을 입은 여성 안내원이 가득했고, 홀의 벽에는 오려낸 샬레[69] 도안이 붙어 있었다(몽블랑이 프랑스에 있다는 건 전혀 개의치 않았다). 무대 뒤편 곳곳에는 알프스 산악 풍경을 그린 투시화가 걸려 있었다. 또한 알프스 산악 지방의 경치를 마치 진짜처럼 보여주는 마지막 포인트로, 털이 덥수룩한 세인트버나드 목양견과 나무 마루 위를 재빠르게 달리다 공연 중 똥을 싸는 소동을 일으킨 한 쌍의 샤무아가 있었다. 스미스가 우렁찬 음성으로 머리칼이 곤두서는 그의 등반 여정을 이러쿵저러쿵 풀어놓는 동안, 무대 바로 앞에서는 관현악단이 샤모니 폴카와 몽블랑 카드리유를

---

[68] 오스트리아 등 알프스 산간 지방의 여성용 민속 의상으로, 허리나 윗옷은 타이트하고 치마폭은 아주 넓은 치마나 원피스.

[69] 스위스의 높은 산에 위치한 통나무 벽, 돌 지붕으로 이루어진 집.

연주했다.

　달리 말하자면 그 쇼는 알프스에 관한 저속하고 호화로운 오락물이었다. 하지만 그것은 산악 모험을 간접 체험할 기회를 제공했다. 스미스는 격앙된 목소리로 정신이 팔린 관중에게, 그가 어떻게 무르 드 라 코테 봉을 등반했는지를 자랑스럽게 떠벌리곤 했다. "몸을 비스듬히 기울여 오르기 시작해야 합니다. 밑에는 깊이를 가늠할 수 없는 얼음 구렁텅이를 빼고는 아무것도 없죠. 발이 미끄러지거나 지팡이라도 부러지면 살아날 가망이 없습니다. 꽁꽁 얼어붙은 바위에서 다른 바위로 번개처럼 움직이다가 미끄러지기라도 하면, 수백 피트나 되는 아래쪽 빙하의 오싹한 심연으로 떨어져 온몸이 산산이 부서지고 말죠." 관중은 "아ー" 하며 몸서리를 쳤다. 단연코 가파르지 않은 피커딜리에서 그들은 자신을 '가상의 위험'에 빠뜨릴 수 있었고, 한두 시간 동안 몽블랑의 암석들과 깎아지른 듯한 빙벽 위에 있다가 불이 켜졌을 때 일어서서 어깨를 으쓱하며 외투를 걸치고 여전히 은유적으로만 등골이 오싹한 채 자리를 박차고 떠날 수 있었다. 실제 참여자가 아니라 구경꾼이 되어 짜릿한 스릴을 느끼는 것이다(이러한 스릴은 여전히 지속되고 있는데 지금도 모든 재난 영화, 모든 대재앙 이야기는 이 같은 자극을 내세워 표를 팔고 있다).

　대중은 이국풍과 공포를 혼합한 스미스의 쇼를 좋아했다. 이 쇼는 6년간 연속 매진되어 수익이 3만 파운드를 넘어섰다. 찰스 디킨스는 만족스러운 듯이 썼다. "스미스는 몽블랑의 영구 빙설을 녹일 수 있고, 가장 겁많은 이들조차 하루에 두 번씩이나 그 산에 올라가게 할 수 있다. (…) 체력을 소모하지 않고 아무런 위험도 없이." 『타임스』에 따르면, 1855년 여름에 영국은 "몽블랑 광풍"에 사로잡혀 있었다. 점점 더 많은 여행객이 이 과장된 몽블랑 정상을 구경하기 위해 알프스산맥으로 떠났고 점점 더 많은 사람이 산꼭대기에 닿고자 분투했다.

✳

1850년은 19세기식 등산의 전성기였고 1859년은 그 전환점이었다. 스마일스의 영향력 있는 책이 출간됐고 찰스 다윈의 『종의 기원』도 세상의 빛을 봤다. 다윈의 가장 매력적이면서도 자주 차용되는 개념 중 하나가 적자생존(사실 이는 『종의 기원』에는 등장하지 않는다. 동시대 철학자인 허버트 스펜서에 의해 만들어진 단어다)인데, 바로 이 전제가 1860년부터 '위험 감수를 시험으로 삼는다'는 개념에 새로운 효력을 가져다주었다. 산은 자연선택의 가속화가 일어나는 실험 장소를 제공했고 사람들은 산에서 그것이 진행되는 과정을 흥미진진하게 엿볼 수 있었다. 산이 두려운 동시에 매혹적인 까닭은 가장 사소한 판단 착오마저 치명적인 위험으로 이어지기 때문이다. 도시에서의 단순한 미끄러짐이 산에서는 불운하게도 크레바스나 낭떠러지로 떨어지는 원인이 될 수도 있다. 누군가 제때 돌아오지 않았다는 사실은 저녁 식사에 늦었다는 게 아니라 길을 잃고 밤의 어둠 속을 더듬거나 얼어 죽었을 수도 있다는 사실을 의미했다. 동장군이 기승을 부리는 겨울 산에서 장갑한 짝을 잃어버리면 하루의 축이 아름다움에서 곧장 재앙으로 급선회할 수 있다.

산에서는 모든 것이 스릴 있고 오싹한 것으로 증폭되었다. 도태될 수 있다는 압력이 곳곳에 편재되어 있을 뿐만 아니라 결과도 훨씬 더 즉각적이었다. 그러므로 산속에 있는 처지는 한 사람의 능력과 적응력을 설득력 있고 분명하게 설명해주었다. 그리고 적응력이 가장 약한 사람은 도태되었다. 앨버트 머메리는 1892년 단독 등반에 찬성하면서 이렇게 부르짖었다. "적자생존 법칙은 어떤 식으로든 부주의하거나 무능한 산악인을 도태시킬 완전하고 충분한 기회를 갖고 있다." 당시 미국에서는 이와 마찬가지로 위험과 재난에서 살아남고 보자는 '생존주의적 가치관'이 확고하게 자리잡았고, 특히 금광꾼과 벌목꾼으로 가득 찬 알래스카의 술집은 남성적인 다윈주의의 비옥한 온상이었다. 알래스카 골드러시의 방랑 시인 로버트 서비스는 바로 이러한 주제의식이 확고한 짧은 노래를 단호한 어조로 읊었다. "이것은 강자만이 번성하는 유콘강의 율법/ 약자는 사라지기 마련이고, 적자適者만이 살아남는다." 미국 서부와 그에 따른 개척지 신화는 그 후로 극단적인 남성성—가령 장갑차를 타고 도로에서 싸우는 기사들, 고전적인 신체 숭배, 황량한 광야— 을 띠게 됐다.

성공한 산악인이나 탐험가는 어떤 자질을 갖춘 것으로 입증되었을까? 어떤 사람은 즉각 '남자다움'이라고 대답할지 모르겠다— 이것은 빅토리아 왕조풍 개념으로 20세기에는 마초이즘으로 변형되었다. 한 사람의 역량과 체력을 보여주는 등산은 용기와 능력의 증명서이자 지략과 자급자족과 남자다움의 보증서였다. 존 틴들[70]은 처음으로 바이스호른[71]을 등정한 날을 마치 '처녀성을 빼앗았다'는 식으로 회상했다. 그는 썼다. "나는 산 위의 가장 높은 눈꽃을 어루만졌고, 바이스호른의 명예로운 순결은 영원히 사라졌다." 작가 조지는 19세기가 저무는 전환기에 산악 여행을 논하면서 "지구를 탐색하고 또한 정복하고 싶은" 충동이 "영국을 이 세계의 위대한 식민지 개척자로 만들었고, 영국인 각자가 모든 대륙의 가장 야생적인 미개척지를 침입하도록 유도"했다고 주장했다.

이 밖에 애국심도 개입되었다. 레슬리 스티븐[72]은 선언했다. "진짜 영국인 사나이의 본색은, 하루 내내 바위와 눈밭 사이를 방랑하며 즐거움을 찾고, 양심이 허락하는 한 전심전력으로 기쁨을 찾는 것이다."[73] 그러나 자연 풍경을 통해 체현되는 가장 가치 있

---

70 1861년 온실효과를 처음으로 발견한 영국의 물리학자이자 등반가, 1820~1893년.

71 스위스 남부 알프스산맥 중의 산으로 표고 4512미터.

72 영국의 저술가·평론가이자 버지니아 울프의 아버지, 1832~1904년.

73 히틀러는 산의 신비한 힘을 강하게 믿었다. 인내심으로 고군분투하고 괴로움과 고

는 자질은 아마 우리가 오늘날 '그릿grit'이라고 부르는, 회복력과 절제력의 융합이다. '그릿'이란 필요하다면 앞으로 향하는 걸음을 멈추지 않는 투지다. 앞사람의 발자취를 따라서 끊임없이 앞으로 나아가는 대범함이다. 곤란한 일에 용감히 나서야 하는 때를 알고, 그 순간 자신의 효능을 충분히 발휘하는 솔선수범이다. 그리고 무엇보다 불평하지 않는 것이다. 다른 말로 하자면, 역경에 부딪히더라도 끝까지 행동하는 의지력이다. 앨프리드 테니슨은 그의 시 「율리시스」에서 한 행을 이렇게 썼다. "분투하고, 추구하고, 발견하고, 결코 굴하지 마라." 대영제국 시대의 세대는 어릴 때부터 '그릿' 교육, 이른바 '될성부른' 자질이 충만한 소년들을 대대손손 대량으로 양성하려는 기숙학교 교육을 철저하게 받았다. 영국인이라면 거의 모두가 이것이 영국군의 승리를 지탱해주는 도덕 교육의 토대라고 여겼다. 동시에 대영제국의 외연 확장과 영토 탐험, 즉 세계지도 위에 유니언잭을 한가득 색칠하려는 열정을 갖게 했다고도 여겼다.

통을 참고 신체적으로 놀라운 능력을 발휘하는 등반가의 이미지는 파시즘과 잘 투합하였으며, 양자 모두 쌍둥이처럼 근육질과 남자다움이라는 공통된 특징을 가지고 있었다. 1930년대에 독일 제3제국은 젊은 독일 등산가들로 구성된 원정대—알려진 대로 나치 타이거즈—를 후원하면서 점점 더 위험한 루트들을 등반하도록 했는데, 그중 가장 악명 높은 곳은 아이거(스위스 경내의 알프스, 표고 3970미터)산의 모르트반트(문자 그대로 '죽음의 벽')봉이었다. 많은 사람이 이곳에서 목숨을 잃었다. 산악인은 니체가 가장 좋아하는 수사학적 어구이기도 했다. 그는 썼다. "고난의 훈련—거대한 시련이 우리를 단련시키는데, 혹여 당신은 모르는가, 바로 이 고행 덕분에 지금까지 인류의 모든 숭고한 기질이 창조되었다는 것을. (…) 이런 강인함은 모든 산악인이 필수로 갖춰야 할 자질이다"—지은이.

하물며 산도 산에 오르려는 자에게 '그릿'을 요구한다. 1843년 제임스 포브스는 알프스산맥으로의 여행을 "아마 보통 시민이 하게 되는 군사작전에 가장 가까운 체험"이라고 묘사했다. 바이스호른의 마지막 눈 비탈을 오르면서 체력을 완전히 소진한 윈들은 영국 남자를 유명하게 만든, 즉 전쟁터에서의 뛰어난 특성—주로 항복할 줄 모르고 심지어 모든 희망이 무너진 뒤에도 사명을 위해 싸우는 기질—을 떠올리면서 등반을 계속했다. 레슬리 스티븐은 자신을 '극지 탐험가'라고 생각하길 더 좋아했다. 그는 썼다. "엄동설한에 작은 오두막을 향해 힘껏 나아가는 사람은 정말로 위험에 처한 채 악전고투하고 있지만 그 순간에는 극점을 향해 가는 북극 탐험가를 연민할 수 있고, 그가 뒤쪽에 남겨둔 배가 그의 작전행동을 지탱해주는 유일한 희망이자 기반이라고 통절하게 느낄 수 있다." 얼음이 만든 풍경과 산의 암벽은 여러 면에서 이토록 연년세세 변함이 없고, 인간적 특성이 완전히 결여되어 있기 때문에 목숨 걸고 싸우는 군인이든 불굴의 탐험가든 자신을 마음대로 상상하기에 완벽한 장소였다.

그래서 19세기의 많은 등산객에게 '산속에 있다'는 상황은 거의 역할극이나 마찬가지였다. 산은 누구에게나 자신이 원하는 대로 자신을 재창조할 수 있는 대안 세계인 환상의 왕국을 제공했다. 산은 성인 남성이 위험을 즐길 수 있는 '놀이터', 또는 오락을 즐기는 경기장이기도 했고 자기 개조의 무대이기도 했다. 그럼에도 누군가가 자기 자신 혹은 산을 어떻게 상상하든 대자연은 그의 생명을 무차별적으로 빼앗을 수 있었다.

*

나는 거의 한 해 동안 산에 오르지 않은 적이 있다. 케임브리지셔에서 책상에 틀어박혀 쉴 틈 없이 일하면서 수직의 산을 갈망했다. 지평선을 따라서 흩어져 있는 교회의 까만 종루와 대학의 하얀 첨탑들이 희미한 대기 속에 피루엣(발레에서 한쪽 발로 서기)처럼 솟아나 있는 풍경이 유일한 위안거리였다. 정월 하순의 어느 날, 나는 마침내 좀이 쑤시는 걸 참을 수가 없어 유스턴으로 가는 버스에 올랐고, 거기서 친구와 하일랜드로 가는 침대차를 탔다.

우리가 잠에서 깨어났을 때 기차는 덜컹거리는 굉음을 내며 결빙된 골짜기 사이를 달리고 있었다. 눈이 기차 궤도 양쪽의 횡단면에까지 쌓여, 마치 제설기로 흰 재킷의 지퍼를 연 것 같았다. 이 협곡은 기차 앞쪽으로 둥글게 휘어져 있었고, 통로의 창문 밖으로 머리를 내밀면 얼굴로 찬 바람이 불어왔다. 햇살을 멀리까지 실어 나르는 레일은 마치 두 개의 밝고 팽팽한 쇠줄처럼 보였다.

우리는 기차역에서 케언곰 정거장까지 히치하이크를 한 뒤, 노던코리스의 들쭉날쭉한 흑백색 벼랑을 향해 걸어가기 시작했다. 강하고 부드러운 바람이 몸을 밀쳐내는 느낌이 그럭저럭 괜찮아

기분이 좋았다. 코리〔산 중턱의 움푹 팬 곳〕의 꼭대기보다 더 높은 공중에서 까마귀 한 마리가 억센 날개로 실루엣을 드리우며 난기류를 타고 있었다. 코리 기슭에 닿은 우리는 좁은데다 경사도 수직에 가까운 92미터가량의 협곡을 고원으로 올라가는 루트로 삼았다. 거기서부터 우리는 날씨 상황에 따라 더 깊은 산간 내지로 들어가거나 집으로 돌아갈 수 있었다.

비록 얼음 도끼와 아이젠이 있다고 한들, 협곡을 올라가는 것은 더디고 힘들었다. 큰 남풍이 눈으로 덮인 고원을 휩쓸면서 눈을 북향의 협곡으로 내던졌다. 무려 수백 톤에 이를 듯한 눈은 마치 우리 무릎을 향해 걸쭉하고 희끄무레한 강물처럼 끊임없이 덮쳐왔다. 가쁜 숨을 몰아쉬며 잠시 멈춰 선 순간 나는 이 눈이 굉장히 오묘하고 멋지다는 생각이 들었다. 깃털 같은 눈이 공중에서 날갯짓하며 춤을 추었고 기묘한 소용돌이를 일으키는 바람은 눈이 춤을 추도록 안무를 짜냈다. 협곡 좌우에 있는 암석 늑골에는 얼음이 촘촘히 장식돼 있고 모든 오버행**74**에는 푸른색의 고드름이 매달려 있어 마치 단단한 상들리에 같았다.

한 시간 후, 고원에 도착했을 때 날씨는 몹시 악화되어 있었다. 눈이 펑펑 쏟아졌다. 가시거리가 30여 미터까지 줄었고 기온도 갑자기 떨어졌다. 이때 마치 어떤 것이 이마에서 눈썹을 끌어당기

---

74   암석 일부가 경사도 60도 이상으로 처마처럼 쑥 튀어나온 돌출부.

는 것처럼 눈썹이 아주 무겁게 느껴졌다. 장갑 낀 손을 들어 만져 보니 눈썹에 얼음이 빽빽했다. 우리는 협곡 기점으로부터 몇 피트 떨어진 곳에서 무릎을 꿇고 자일을 뚤뚤 감으려고 했지만 찬 공기에 자일마저 강철 동아줄처럼 뻣뻣해진 상태였다. 자일의 양 끝이 바람 속에서 심하게 흔들렸다. 몇 시간 전까지만 해도 명랑하게 까불던 바람은 이제 허리케인으로 변해 있었다. 나는 이 지역 여행 안내서에서 읽은 경고 문구가 떠올랐다. '케언곰 고원에서 기록된 최고 풍속은 시속 283킬로미터로 차를 뒤집기에 충분하다.'

이때 우리는 당연히 뒤를 돌아볼 수조차 없었다. 심지어 일어설 수도 없었다. 강풍이 우리를 벼랑 아래로 내동댕이칠 수도 있었기 때문이다. 설상가상으로 협곡 아래로 내려갈 수도 없었다. 우리는 양손과 무릎으로 수백 야드를 꾸물꾸물 기어 올라갔다. 그곳에는 눈 더미가 떠내려와 이미 얼어붙어 있었다. 우리는 거기에서 한 시간 동안 조잡한 눈 동굴 하나를 파냈다. 그 후 12시간 동안 그 동굴 속에 함께 웅크리고 앉아 체온을 느끼기 위해 겨드랑이에 손을 묻고 풍속이 느려지기를 기다렸다. 밤새도록 나는 온화하고 평탄한 저지대를 그리워했다.

케임브리지에 오래 머물다보니 나는 케언곰의 산들이 얼마나 적대적일 수 있는지를 까맣게 잊고 있었다. 나는 마음의 눈으로 얼음과 눈이 만든 우아한 고래 등에 청동색의 겨울 햇살이 내리쬐는, 그 산들의 가장 자애롭고 아름다운 풍경을 본 적이 있다. 실상은 완전히 딴판이었다. 산은 무릇 상상과 실제의 격차가 목숨을 빼앗을 수 있을 정도로 큰 곳이었다.

*

19세기 내내 알프스와 그 밖의 산들을 찾는 사람이 많아지면서 사망률도 더 높아졌다. 등산을 반대하는 목소리가 터져 나오자 끊이지 않게 됐다. 예컨대 존 머리는 스위스 여행 안내서『핸드북』에서 몽블랑에 오른 사람들은 "정신이 불건전"하다고 단언했다. 그러나 이런 경고는 거의 주의를 끌지 못했고, 에드워드 불워 리턴[75]이 "아무도 예견하지 못하는 갑작스러운 위험"이라고 말한 코니스 붕괴, 뜻밖의 낙석, 눈사태로 점점 더 많은 사람이 사고를 당했다.

러스킨은 아버지에게 위험의 도덕적 교화 효과에 대해 편지를 썼다. 그로부터 2년 뒤인 1865년, 악명 높은 마터호른 재난이 발생하면서 등산의 위험성이 세간의 도마 위에 올랐다. 당시 첫 등정을 마치고 하산하던 영국인 3명—케임브리지 출신인 귀족, 목사, 청년 각 한 명씩—과 스위스인 가이드가 깎아지른 듯한 절벽에서 1220미터 아래의 빙하로 추락했다. 동행한 다른 세 명의 등

---

[75] 영국의 소설가이자 정치가, 1803~1873년.

「첫 마터호른 정상 등반The First Ascent of the Matterhorn」, 귀스타브 도레.

반객은 낙하자들에 비끄러매어진 자일이 뚝 끊겨 다행히 목숨을 건졌다. 빙하에 당도한 구조대는 적나라하게 훼손된 세 구의 시체를 발견했다. 사망자들의 옷은 추락하는 사이에 갈가리 찢겼다. 스위스인 가이드 크로즈는 두개골 절반을 잃었고, 몸에 지니고 있던 묵주는 턱살에 너무 깊게 박혀 있어 주머니칼로 잘라내야만 했다. 귀족 더글러스와 관련해서는 부츠, 벨트, 장갑, 코트 소매 외에는 아무것도 찾지 못했다.

이 사고가 널리 알려지면서 등산의 황금시대에 먹구름이 끼었다. 특히 대영제국에서는 이토록 명백한 생명의 낭비에 공포와 매혹이 뒤섞인 반응을 보였다. 영국 귀족 혈통의 피가 고도를 추구하는 과정에서 산에 뿌려졌고, 분명 더 많은 사람이 앞으로도 상당한 피를 흘릴 것으로 예상됐다. 탁상공론 애호가인 찰스 디킨스는 극지 탐험은 가장 정신이 온전한 분투이지만 등산은 우스꽝스러운 바보짓이라고 생각했다. 또한 그는 런던 곳곳에서 자신의 의견을 떠벌렸다. "허풍!" 그는 인정사정없이 큰소리로 비꼬았다. "높은 산에 오르는 그따위 짓거리도 (…) 젊은 신사 클럽이 영국 모든 대성당의 첨탑 풍향계를 능가하는 것만큼이나 과학의 진보에 이바지하겠지. 암, 그렇고말고." 불과 몇 달 전만 해도 등산가들의 대담성을 칭찬하던 변덕스러운 신문들은 시시각각 영국인들이 왜 이렇게 작심하고 "돌아오지 못할 불가해한 구렁텅이로 향했는가"를 따져 묻거나, 등산을 "타락한 취미"라며 비난했다.

하지만 대중은 산에서의 죽음을 두려워하기보다 더 큰 매력을 느꼈고 예상대로 재난의 세부 사항에 강한 호기심을 보였다. 더욱이 많은 이에게 산에서 죽는 행위는 장엄함을 의미하게 되었다. 버틀러가 쓴 비가는 산에서 추락한 망자들을 '반신半神의 지위'에 올려놓으며 등산을 '장대한 우주 전투'에 비유했다. "그들은 대자연과 싸웠다네, 마치 저 까마득하게 먼 옛날에 티탄족[76]이 신들과 싸웠듯이/ 티탄족, 그들 역시 티탄족처럼 추락해/ 그들이 오르고 싶던 희망의 산꼭대기에서 내던져졌다네……." 산에서 죽음을 맞이하는 복잡한 세부 사정, 가령 아무런 마찰 없이 곤두박질치는 몇 초간의 끔찍한 충격으로 뼈와 장기가 젤리 덩어리처럼 변하는 것은 상관 않는 버틀러의 시에서 사망한 자들의 운명은 인간 본연의 장엄함과 같은 것으로 승화되었다. 하지만 모름지기 등산은 디킨스가 호되게 꾸짖은 대로 젊은 학생 따위가 익살스러운 허세를 부리거나 모종의 승화라도 이룬 양 거드름을 피우며 고상한 척 할 수 있는 행위가 아니다. 그것은 서사시 같은 고투이자 '대자연'이라는 가장 강한 적과의 조우전이다. 바로 이 때문에 어떠한 모험이라도 감수할 만한 가치가 있는 것이다.

마터호른 참사는 '등산 모험사'에서 결정적인 순간이었다. 등산에 대한 반감이 확산되어 인간 사회의 보편적인 의견이 되었다면,

---

76 그리스 신화에서 우라노스와 가이아 사이에서 태어난 12명의 거인족으로, 아버지 우라노스에게 반기를 들다 제우스를 비롯한 올림포스 신들에 의해 멸절되었다.

등산은 계속해서 그토록 번성하지는 못했을 것이다. 결국 등산이 오늘날까지 살아남을 수 있었던 원동력은 버틀러의 과찬이지 디킨스의 경멸이 아니었다. 여하튼 등산은 여태까지 번창해왔고 산악인이 아닌 일반인에게도 산과 등반 모험이 주는 매력은 더욱 강화되었으며, 산속 작은 마을들의 묘지에는 사망한 산행객 행렬이 끊임없이 밀려와 영혼의 안식처를 마련했다. 다행히 살아남은 등반가 중 한 명인 에드워드 휨퍼는 훗날 마터호른 참사와 등산 그 자체를 위한 비문을 이렇게 썼다. "산에 오르고 싶으면 올라라. 하지만 기억하라, 신중함 없는 용기와 역량은 무의미하며 순간의 부주의가 일생의 행복을 망칠 수 있다는 것을. 절대로 서두르지 말고 모든 걸음을 잘 살펴라. 그리고 시작하자마자 어떻게 끝날지를 잘 생각하라." 휨퍼는 자신의 처방대로 이른바 심술궂은 인생을 오래 그리고 열정적으로 살았던 반면, 다른 많은 등산객은 그렇게 신중하거나 운 좋은 삶을 살지 못했다.

✳

산에서 죽는 방법은 갖가지다. 얼어 죽기, 떨어져 죽기, 굶어 죽기, 지쳐 죽기, 바위가 붕괴해 죽기, 빙하가 붕괴해 죽기 그리고 대뇌나 폐에 수종을 일으키는 무형의 고산병으로 죽기. 당연히 추락은 항상 존재하는 죽음의 형식이다. 중력은 결코 자신을 망각하거나 잠시라도 임무를 소홀히 하지 않는다. 프랑스 작가 폴 클로델이 멋지게 표현한 대로, 우리는 날 수 있는 날개가 없지만 낙하할 수 있는 충분한 무게를 갖고 있다. 요즈음 해마다 세계의 산에서 수백 명의 사람이 죽고 수천 명이 부상을 당하고 있다. 몽블랑에서만 1000명 이상이 목숨을 잃었다. 마터호른에서는 500명, 에베레스트산에서는 170명, 케이투 봉에서는 100명, 아이거 북벽에서는 60명이 사망했다. 1985년에는 스위스 경내의 알프스에서만 거의 200명이 유명을 달리했다.

나는 세계 각지에서 산에 오르다 생을 마감한 사람들을 봐왔다. 그들은 산촌의 묘지들이나 탐험대의 베이스캠프에 임시로 마련된 공동묘지에 안장되어 있다. 산에서 죽으면 종종 망자의 유체를 수습할 수 없거나 심지어 시신조차 찾을 수 없는 탓에 많은 희생자는 사물이나 대체 상징물로 존재한다. 암벽에 나사로 명패를 가지런히 달아놓거나, 거석에 이름을 새겨놓거나, 돌멩이나 나무로 조잡한 십자가를 만들어놓거나, 셀로판 판초 위에 꽃들을 가득 쌓아 올려놓는다. 그간 너무나 자주 자신의 의무를 다해왔고, 지금도 자신의 효력과 비통함을 잃지 않고 다시금 임무를 수행하고 있을 애도의 공식이 그들에 동행된다. "여기에 누운…… 이곳에서 추락한…… 을 추모하며…… 모두가 미완의 삶인."

우리는 등반객의 죽음을 감상적으로 다루거나 미화하기 쉽다. 그러나 우리가 기억해야 할 것, 흔히 망각하는 것은 뒤에 남겨진 사람들이다. 산에게 사랑하는 이를 빼앗긴 모든 부모, 자녀, 남편, 아내, 동료. 완전해져야만 할 망가진 그들의 삶. 산에서 정기적으로 큰 위험을 무릅쓰는 사람들은 극도로 이기적이거나 그들을 사랑해주는 이들에 대한 연민이 없다고 여겨져야만 한다. 최근 나는 어느 파티에서 지난해 가을 사촌 동생의 추락사를 겪은 한 여자를 만났다. 그녀는 사건에 분노와 당혹감을 느꼈다. 그가 왜 산에 꼭 오르려고 했는지, 그녀는 굳이 대답을 바라지 않는 투로 내게 물었다. 왜 그는 테니스나 낚시를 하러 갈 순 없었는지? 그녀를 더 화나게 하는 것은 그의 남동생이 여전히 등산을 즐기고 있다는 사실이었다. 그녀의 외삼촌과 외숙모는 이미 아들을 잃은 고통에 잠겨 있다. 그런데도 또 다른 사촌 남동생은 아직도 형을 죽게 만든 '기분 풀이용 소일거리'에 빠져 있다고 그녀는 하소연했다. 적어도 그가 등산하다 미끄러져 두 다리가 부러졌던 그 전주까지는 그랬다. 그녀는 이 소식을 듣고 매우 기뻤다고 술회했다. 그녀는 오히려 사고가 그의 생명을 구하고, 다시는 산에 오르지 못하도록 할 거라고 예상했기 때문이다. 그녀는 쉿 쉿 소리를 내면서 화를 지그시 누른 채 그 녀석이 너무 자기만 안다고 투덜거렸다. 나중에 들은 이야기지만, 그는 깁스를 푼 지 한 달도 채 안 되어 산에 오르고 싶은 마음을 억누르지 못하고 등산을 다시 시작했다고 한다.

이런 상황에서는 불가피하게 어떤 해로운 마법이나 최면술이 작용하고 있다는 생각을 피할 수 없다. 산에 대한 사랑은 모종의 '세뇌'와 비슷하다는 생각 말이다. 앞서 이야기한 일화는 사람들에게 등산이 잠재적으로 큰 대가를 치르게 하는 행위일 수 있다는 점을 일깨워주는, 즉 등산의 어두운 단면을 보여주는 사례다. 모름지기 산허리나 절벽에 목숨을 걸 필요는 단연코 없다. 등산은 천명이나 운명이 아니다. 어떤 한 사람이 등산을 꼭 해야만 하는 절대성은 없다.

이제 나는 산에서 죽는 게 본질적으로 고귀함과 절대적인 연관 관계가 없다는 것을 거의 완벽하게 이해한다. 사실 산에서의 죽음에는 끔찍하게 낭비적인 무언가가 있다. 나는 이미 위험을 무릅쓰는 모험을 대부분 그만두었다. 나는 자일에 의지해야만 안전하게 오를 수 있는 등반을 거의 하지 않는다. 산에서도 시간을 '유유히' 보내는 게 충분히 가능하고, 그것이 교통사고가 빈번한 도시의 거리를 횡단하는 것보다 훨씬 덜 위험할 수 있다는 것을 깨달았다. 나는 이제 겁을 더 쉽게 먹고 공포를 느끼는 임계점의 문턱은 급격히 더 낮아졌다. 요즘은 절박하고 화끈거리고, 메스껍기까지 하며 은근히 에로틱한 '진짜 공포감'이 나를 더 빨리 사로잡는다. 5년 전까지는 벼랑 주변을 즐겁게 걸었지만 지금은 그와 거리를 두고 있다.[77] 대부분의 등산객에게 그러하듯 지금 나에게 산은

---

[77] 나는 요즘에야 나의 소심함 혹은 겁쟁이 기질을 새로 발견했지만, 아직 마르셀 프루스트 정도까지는 미치지 않았다. 프루스트는 베르사유에서부터 파리까지 여행할 때 고

위험보다는 아름다움, 두려움보다는 즐거움, 고통보다는 경이로움, 죽음보다는 삶의 활력을 솟구치게 하는 원천에 더욱 가깝다.

그러나 여전히 많은 사람이 산에서의 위험을 감수하려는 유혹을 느끼고 산에서 죽어가고 있다. 프랑스 샤모니는 아마 등산 애호가들에게 세계 최고의 성지일 테고, 내가 아는 곳 중 유일하게 사람들이 산에 오르지 못하도록 깃대에 쇠못이 박혀 있는 곳이기도 하다. 알프스 산악 지대의 한 협곡에 자리잡은 샤모니는 인구가 빽빽한 작은 마을로, 아파트와 교회, 술집이 떼로 몰려 있다. 그곳을 보면 늘 놀랍다. 제네바에서 가파르게 뻗은 길을 굽이굽이 따라가다보면 뜻밖에도 작은 마을은커녕 집 한 채 지을 만한 평지도 없어 보이는데 뜻밖에도 이런 작은 마을이 협곡 안에 자리를 잡고 있다. 이 마을의 사면팔방에 솟아 있는 암석 비탈은 빙하로 뒤덮여 있어 우리의 시선을 몽블랑의 반짝이는 은빛 산꼭대기와 모든 스카이라인 위에 우뚝 서 있는 쇳빛의 뾰족한 바위 봉우리로 끌어당긴다.

여름 등반철마다 샤모니에서는 하루 평균 한 명씩 목숨을 잃는다. 그들은 소리 소문 없이 죽는다. 망자가 살아생전 자주 가던 술집의 빈자리를 쳐다보며 눈시울 붉히는 말벗도, 무더운 거리를 헤매며 구슬피 울고 있는 피붙이 부모도 없기 때문이다. 유일한 단

소공포증과 고산병이 뒤섞인 고통을 겪었다고 말했는데, 베르사유는 파리보다 해발고도가 고작 83미터 더 높다 —지은이.

서는 이 작은 마을의 상공을 종횡으로 선회하는 구조 헬기 프로펠러의 요란한 소리다. 헬기가 지나가면 술집에 있는 모든 사람은 고개를 들고 헬리콥터가 어디로 가는지를 대충 짐작한다.

어느 해 봄, 나는 샤모니의 동남쪽 산악 지대에서 프랑스와 이탈리아의 경계를 이으며 뻗어 있는 높은 빙하 사발Glacier bowl인 뒤 제앙Du Géant을 트레킹하고 있었다. 이 빙하 사발을 따라가면 한 나라에서 다른 나라로 걸어갈 수 있었다. 폭은 8킬로미터쯤이었다. 가는 길에 여러 집을 한 줄로 세워놓을 수 있을 만큼 크고 너른 크레바스를 지나갔다. 크레바스 안을 들여다보면 빙하의 횡단면을 볼 수 있었는데, 표면에서 가까운 층은 백색, 아래로 갈수록 점점 짙은 청록색, 군청색이었고 때때로 해록색海綠色의 색조를 묘하게 드리우기도 했다. 이 큰 크레바스 바닥의 얼음층은 수 세기 전에 내린 눈으로 형성된 것이었다.

반짝이는 이 빙원의 바깥으로는 온통 적갈색 바위들이 마치 바늘이나 탑처럼 수천 피트 상공으로 솟아오른, 그 유명한 몽블랑 산맥의 첨봉이 볼록하게 돌출해 있었다. 하늘이 맑은 날에는 빙하 사발의 색채 조합—붉은 바위, 파란 하늘, 하얀 얼음—이 마치 트리콜로르[78]처럼 밝고 선명했다. 대부분의 첨봉에는 이름들이 있다. 대수사大修士라는 뜻의 그랑 카퓌생은 다갈색의 '바위 두루

---

[78] 프랑스 국기의 삼색인 파랑, 하양, 빨강을 이용한 배합.

사발 모양의 빙하 뒤 제앙을 횡단하는 두 사람을 그린 1788년의 판화.

마기'를 두르고 호젓한 수도원을 지키고 있으며, 거인의 이빨인 당 뒤 제앙은 마치 카페인 얼룩이 묻은 엄니처럼 또는 183미터 높이 의 악센트 부호처럼 자신의 이름을 강조하며 위로 비스듬히 솟아 있었다. 사람들은 뾰족한 바위산인 이 첨봉을 등반했다. 빙하를 따라 걸으면 수천 피트 높이의 암벽 위 틈새에 빨갛거나 하얀 작 은 반점이 끼워져 있는 것을 자주 볼 수 있었다.

그날 우리는 이탈리아에서부터 이 빙하 사발을 가로질러 프랑스로 건너가고 있었다. 우리가 횡단을 갓 시작했을 때 나는 인적이 닿았던 길로부터 90미터쯤 떨어진 곳에서 언뜻 추위에 강한 야생화 덤불처럼 보이는 것들이 빙하 위에 자라난 것을 발견했다. 거짓말 같은 광경이었다. 그곳은 꽃들이 자랄 수 있는 흙은 없고 오로지 얼음뿐이었기 때문이다. 나는 그 모습을 눈에 담고 싶어 그쪽으로 다가갔다.

실제는 얼음에 반쯤 파묻힌 유토Plasticine로 만든 주먹만 한 크기의 녹색 공이었다. 그 안에는 짧은 철사 꽃대가 휘감긴 비단 조화 10여 송이가 꽂혀 있었다. 꽃잎의 비단색은 한때 선연했을 테지만 여기 날씨는 이미 모든 꽃을 암갈색으로 변하게 했다. 그중 하나의 꽃줄기에 달린 것은 산부인과에서 아기에게 채우는 출생 인식표를 닮은 플라스틱 가방에 담긴 작은 카드였다. 나는 피켈 끝으로 그걸 가볍게 밀었다. 습기가 플라스틱 가방 안에 꽉 찬 탓에 잉크가 번졌지만, 아직 흐릿한 몇 마디 낱말을 읽을 수 있었다. 셰리Chérie〔여보〕, 모르트Morte〔죽음〕, 몽타뉴Montagne〔산〕, 오 르부아Au revoir〔안녕〕.

나는 그녀에게 무슨 일이 일어났던 건지 궁금했다. 그녀가 어디에서, 어떻게 죽었는지, 누가 그녀를 애도했는지, 그녀의 온 가족이 이곳으로 와 그녀를 위해 이 작은 정원을 가꾸었는지. 그리고 나는 오솔길을 돌아 프랑스를 향해 계속 나아갔다.

우리는 무사히 빙하를 건넜다. 나는 이틀 후에 집으로 돌아왔다. 지인 한 명이 산에서 목숨을 잃었다는 소식을 알리는 자동응답기가 나를 기다리고 있었다. 벤네비스산[79] 등반을 갓 마친 그는 당시 정상 부근의 평평한 땅에서 로프를 풀고 있었다. 그때 작고 변덕스러운 눈사태가 그를, 방금 올라간 305미터 높이의 설벽 가장자리에서 원래의 아랫자리로 밀어 떨어뜨렸다. 그는 스물세 살이었다. 스코틀랜드 산악 구조대의 누르스름한 헬리콥터 한 대가 벤네비스봉에서 카른 모 데라그 봉까지 화강암 편자형으로 뻗어나가는 알트 아무일린 협곡에서 그의 유체를 수송해왔다고 했다.

나는 메시지가 끝난 뒤에도 전화기를 들고 서서 차가운 벽에 이마를 댔다. 새해 전야에 에든버러의 아서시트 절벽에 함께 오른 이후로 나는 그를 만나지 못했다. 우리는 함께 술에 취해 미친 듯이 크게 웃다가, 주황색 원뿔형의 가로등 하나하나에 눈송이가 떨어지는 풍경을 바라보며 에든버러의 눈 내리는 거리를 걸은 적이 있다. 그 전에 우리는 아서시트의 울퉁불퉁하고 험한 측벽으로 씩씩하게 나아간 뒤, 한 시간쯤 더 올라가서 힘겹게 빙암 절벽을 수직으로 기어오르거나 때론 가로지르려고 시도했다. 당시 나는 우리가 어깨를 나란히 하고 지면으로부터 3미터 떨어진 차가운 암석 위에서 다음 홀드(암벽 등반 시 손을 잡거나 발을 디디는 곳)를 찾

---

79 영국에서 가장 높은 산, 표고 1343미터.

으려 몸을 바깥쪽으로 기울일 때, 중력이 우리의 머리카락을 빗질해 늘어뜨렸던 광경을 떠올렸다.

제4장

빙하와 얼음: 시간의 강

Mountains of the Mind

무더위가 기승을 부렸던 1860년 여름에도 샤모니 빙하들은 마치 크리놀린[80]이 치맛자락에 쏴쏴 스치는 소리를 내듯이 살아 있었다. 인근의 산봉우리들이 형성한 우아한 첨봉들에 방해를 받지 않는 알프스 하늘 아래, 메르드글라스 빙하[81] 위로 작은 무리의 남녀가 광활한 빙하를 힘겹게 기어오르고 있었다. 남자들은 짙은 색 트위드 옷을, 여자들은 넉넉한 검정 원피스를 입었다. 또한 얼음에 반사되어 콧구멍 안과 눈꺼풀 아래를 태우는 알프스 햇볕으

---

80 19세기 여성들이 매무새가 불룩하게 보이도록 치마 안에 입던 틀.

81 '얼음 바다'라는 뜻. 몽블랑 북쪽 지대에서 5,6킬로미터 뻗어 있는 거대 빙하로 알프스산맥에서 두 번째, 프랑스에서는 최대 빙하, 표고 1913미터.

로부터 얼굴을 보호하기 위해 모자챙에 모슬린으로 만든 얇고 성 긴 천을 늘어뜨렸다. 남녀 모두 미끄럼 방지용 밑창이 붙은 등산화를 신고 있었고 각자 밑부분에 금속이 어금니처럼 박혀 있는 1.2~1.5미터짜리 알펜슈토크(갈고리가 달린 등산지팡이)를 잡고 있었다.

샤모니 현지인 가이드가 각 그룹을 따라다니며 빙하의 경관을 소개하고, 너무 피로해 길을 잃었거나 입을 크게 벌린 채 갈라진 크레바스에 빠진 사람은 없나—간혹 누군가가 그렇게 되었다—를 확인했다. 얼음이 가장 심하게 파열된 메르드글라스 빙하의 아래쪽에서 대범하게 모험을 즐기던 일행은 가파른 빙하안冰河岸을 따라 위쪽 길로 올라갔고 그 양쪽은 모두 창백한 심연이었다. 안쪽을 향해 소리치면 그들의 목소리가 바소 프로폰도[82]로 변해 저 깊은 구렁텅이로부터 되돌아왔다. 빙하를 거슬러 올라가 뒤 제앙콜 방향으로 향하면 태양이 얼음을 전설 속 야수와 기괴한 동물로 조각해놓은 모습을 볼 수 있었다. 한 여행객은 썼다. "마치 고대 신전의 훼손된 조각상처럼, 초승달처럼, 날개를 크게 펼친 거대한 새처럼, 바닷가재의 발톱처럼, 사슴의 뿔처럼 보인다." 지역 주민들은 집채보다 더 큰 거암이 번개에 맞는 바람에 주변 산에서 떨어져 빙하 표면에 흩어졌다고 주장했다. 매년 여름 샤모니로 돌아

---

[82]   가장 낮고 중후한 울림을 내는 남성 가수 음역대.

오는 여행객들은 자신이 좋아하는 암석들이 한 해 동안 하류 쪽으로 얼마만큼 옮겨졌는지에 주목하면서 즐거워했다. 화창한 날씨가 며칠 동안 이어지면, 두껍게 얼어버린 받침대 위에 고정되어 있는 암석 아래 얼음을 제외하고는 태양 빛에 빙하의 표면이 녹아내렸다. 대담한 사람들은 빙하 식탁으로 유명한 그 암석의 그늘에서 점심을 먹었고, 담력이 더 센 사람들은 빙하 식탁의 평평한 정상으로 기어올라가 끼니를 때우려고 했다.

빙하의 틈새인 크레바스에 대한 산행객들의 관심은 상당히 컸다. 일부 용감한 여성은 크레바스의 입술을 향해 조금씩 다가갔지만, 허리에 밧줄을 묶고 있거나 흔히는 가이드의 강한 팔을 잡고 있었다. 일단 가장자리에 다다르면 그들은 크레바스를 응시하며 저 아래에 있는 지저분한 흰 눈이 어떻게 반투명의 푸른색으로 혹은 다른 각도에서 들어오는 빛에 의해 진한 초록색으로 변하는지를 볼 수 있었다. 그들 중에서도 좋은 장비를 갖춘 사람은 하늘의 놀라운 쪽빛이나 등산지팡이가 눈 속에 만든 구멍으로 새어들어간 엷은 옥빛을 재는 시안계[83]를 꺼내 빙벽 내의 색조를 측정했다.

그날 저녁 늦게 여행객들은 호텔 당글르테르의 난롯가에 앉아 빙하에서 죽은 사람들에 관한 이야기를 주고받았다. 가령 어떤 프랑스 신교도 목사가 단 한 사람만 들어갈 수 있을 만큼 좁은 그린

---

83 하늘의 푸르름을 재는 기계.

델발트 빙하의 크레바스에 미끄러져 떨어지자 한 가이드가 밧줄을 묶고 뒤를 따라 내려갔는데, 그곳에서 목사의 유체가 "정교한 아치형 지붕이 있는 널찍하고 웅대한 빙청水廳"의 먼 모퉁이에 어색하게 누워 있는 모습을 발견했다. 불과 한 해 전 또 다른 한 젊은 여성은 뒤 부아 빙하의 끝에서 떨어진 얼음덩어리에 깔려 몸이 으깨진 채 압사했다.

메르드글라스 빙하에 오르기를 꺼리는 사람들에게 몽블랑 산군 끝자락에 있는 보송 빙하는 좋은 선택지다. 이 빙하의 한 부분은 샹베리 협곡의 언저리까지 뻗어 있고, 다른 한 부분은 겨울에 눈사태를 막아주는 짙은 소나무 숲 비탈이 샤모니-세르보 도로에 거의 닿을 때까지 펼쳐져 있다. 빙하의 밑바닥부터 시작해 모래투성이가 된 물이 세찬 시내를 이루며 아래쪽 도로의 북면까지 갈라진 수로로 흐르다 론강의 푸른 상류와 합류한다.

바로 이곳 노변에서는 기이한 경치를 많이 볼 수 있다. 그런 곳을 본 적 있는 사람들은 모두가 자신의 체력을 불필요하게 소모할 이유가 없다는 데 동의했다. 짧은 바지를 입은 샤모니인들이 그들에게, 빙하가 어떻게 오래된 소나무를 넘어뜨리고 땔나무처럼 쪼개버리는지, 태양이 따갑게 내리쬘 때 얼음이 어떻게 폭풍우 속 기선의 마호가니 목재처럼 삐걱대다 어적어적 앓는 소리를 내는지, 빙하의 돌출부에서 얼음이 어떻게 천 개의 오벨리스크로 갈라지는지를 천천히 설명했기 때문이다.

보송 빙하에 온 많은 방문객은 섬뜩할 정도로 예사롭지 않은 이곳의 무언가에 주의했다. 빙하가 당연히 있어야 할 표고보다 몇 리그(1리그는 약 5킬로미터)나 더 낮은 곳에 위치했고 느리지만 격렬하게 협곡의 아래쪽으로 침입하고 있었다. 현지의 농부들은 이 가혹하고 지긋지긋한 얼음덩어리의 악조건에서 마지못해 고단한 삶을 살아야만 했고, 빙하의 유동 경로를 가늠해 막사나 집을 지어야만 했다. 여하튼 빙하는 많은 지역민에게 해를 입혔다. 그들은 날마다 눈이나 얼음, 빙하가 녹은 물을 마셨기 때문에 신장이 막히고 턱 아래 갑상선종이 생겨났다.

물론 여행객들에게 이런 모든 사태가 문제시되지는 않는다. 그들은 오히려 얼음의 그늘 속에서 마치 깜부기불처럼 빨간빛을 발하는 작고 시큼한 딸기를 찾기 위해 알프스의 관목 지대를 뒤지거나, 빙하의 옆구리로부터 몇 발짝 떨어진 곳에서 자라는 짙고 푸른 용담龍膽을 발견하는 데 재미를 느끼기도 했다. 결국 움직이는 얼음에 '즐거운 공포'를 느끼는 것, 이것이야말로 애초에 샤모니를 방문하게 하는 대자연의 유인책이었다. 하지만 마부가 채찍질하는 마차가 덜컹거리며 제네바와 기차역, 얼음이 얼지 않는 영국으로 향할 때 그런 감정은 이내 망각되었다.

모든 사람이 빙하에 매료된 건 아니었다. 1830년대로 돌아가면 언짢은 여행객 한 명이 임페리얼 호텔의 방명록에 사행시 한 수를 썼다. "나에게 타르토니가 만든 백설탕Glace을 주세요/ 나를 위해 당신의 메르드글라스Mer de Glace 빙하를 가져가세요/ 나는 차라리 그의 얼음Ice과 케이크를 먹겠어요/ 얼음의 바다 메르드글라스를 다시 건너기보다는요." 이 해학적인(Glace는 영어로는 '백설탕', 프랑스어로는 '얼음'이라는 뜻) 소가곡은 그 자체로 하나의 명소가 되어 방명록의 해당 페이지는 손때로 더러워졌다. 소문에 따르면 그 남자는 이틀 뒤 자르댕 근처에서 눈사태를 만나 실종되었고 그렇게 이 단시短詩는 그의 유언이 되었다.

설령 그 남자의 사망을 추정하는 소문이 떠돌지 않았더라도 그 페이지는 사람들의 관심을 끌 수 있었을 것이다. 여백까지 감탄하는 문구로 가득 채워진 방명록에 적힌 그 짧은 시의 특별한 정서 때문이었다. 샤모니에 있는 다른 모든 호텔처럼 임페리얼 호텔의 방명록은 빙하와 산봉우리에 관한 기념문집Festschrift이었다. 문집에는 산으로 둘러싸인 원형극장에 울려 퍼지는 한낮의 메아리처럼 으레 '장엄함'과 '숭고함'이 메아리쳤다. 대다수의 방문객에게 이 거대한 얼음의 강Ice river은 마음속에 깊고도 지속적인 경이로움의 홈을 새겨넣었다. 출판인 카를 베데커는 1863년부터 줄곧 모든 스위스 여행자의 '필수 휴대 안내서'였던 그의 『스위스 여행자들을 위한 핸드북Handbook for Travellers to Switzerland』 서문에 단호하게 썼다. "빙하는 가장 순수한 하늘색 얼음의 거대한 덩어리로, 알프스 세계의 가장 인상적인 특징이다. 스위스의 어떤 측면도 이토록 놀랍고 동시에 기이할 정도로 아름답지는 않다." 물론이는 맞는 말이지만 사람들이 이 거대한 얼음덩어리에 경탄하고 그 위에 올라가 즐겁게 놀고 싶은 충동을 느낀 것은 얼마나 별난 집착이었던가.

그러나 빙하는 기계화와 물질주의에 시달리며 미스터리에 굶주렸던 당시의 사람들에게 가장 멋진 수수께끼였다. 사실 빙하의 역사와 활동은 불완전하게 이해되었다. 이토록 거대한 부피의 물체가 어떻게 지표 위에서 이동하는지, 심지어 빙하의 얼음이 도대체 액체인지 아니면 고체인지, 혹은 범주를 분류하기 어려운 모종의 혼합 물질인지, 즉 '액체처럼 유동하면서도 고체처럼 균열하는' 것인지 그 실체를 아는 사람은 없었다. 또 1840년대 이후, 지질학적 시간대의 어느 시점의 지구 빙하 면적이 현재의 빙하보다 훨씬 더 광활했다는 점이 명백해졌다. 온 유럽 대륙에 존재하는 마모되고 깎이고 주름지고 고랑 진 기반암들이 상상할 수 없을 정도로 강력한 힘에 의해 평평해진 게 사실이라면, 지표면 위에 거대하고 모나게 솟아난 암석 덩어리들도 이와 같은 힘에 의해 배치되었을 것이다. 이는 암석들이 처음 생겨난 지점에서 수십 마일 떨어진 곳으로 이동했을 수 있다는 점을 암시했고, 빙하 또한 이처럼 유동할 수 있었을 것이다.

＊

나는 스물두 살 때 톈산天山 등반 원정대의 일원이었다. 톈산은 중국의 서쪽 국경으로 끊임없이 이어지면서 키르기스스탄과 카자흐스탄이라는 중앙아시아 공화국들로 뻗어나가는 고지대이자 외딴 산맥이다. 우리는 녹슬고 덜거덕거리는 소리를 내는 늙은 새 같은 헬리콥터를 타고 산악 지대로 날아갔다. 헬기는 우리를 내려주기 위해 잠시 착륙한 후 엷은 안개 속으로 사라졌다.

중국은 동쪽 산악의 우아한 능선 뒤에 자리를 잡고 있다. 북쪽으로는 카자흐스탄이 더 덩치가 크고, 더 기괴한 산줄기에 가려져 있다. 우리는 텐트와 움집이 이닐첵 빙하의 검은 빙퇴석 위에 뒤죽박죽 모여 있는 베이스캠프를 향해 천천히 나아갔다.

이닐첵은 세계에서 세 번째로 큰 빙하다. 80킬로미터가량 되는 깊은 '얼음의 강'이 톈산산맥을 가로질러 흐른다. 이 빙하의 형상은 'Y'자이고, 상부의 두 팔에는 천천히 흐르는 수십 개의 지류 빙하가 주입되며, 자동차처럼 큰 얼음덩어리는 비교적 작은 아이스폴(빙하의 경사가 폭포처럼 된 곳이나 얼어붙은 폭포)을 따라 장중한 속도로 내려간다. 나는 이닐첵의 빙퇴석 위에서 몇 주간 지냈다. 밤이 되면 텐트 안에서 빙하가 유동하며 연주하는 음향효과의 레퍼토리를 들을 수 있었다. 빙하가 육중한 조직 구조를 조정하느라 이동할 때 점판암의 날이 다른 암판 위로 미끄러지고, 빙괴와 빙괴가 분리될 때 빙하의 깊은 곳에서 신음하는 소리가 들려왔다. 이것은 나에게 1843년 제임스 포브스가 몽블랑 빙하를 빼어나게 묘사한 대목을 떠올리게 했다. "모두가 온통 이동의 전야前夜다."

빙하의 리듬과 비교해 캠프 주변에서 우리의 동작—한 쌍의 손은 뒤집힌 바위 위로 재빠르게 카드 한 꾸러미를 내밀고, 태양이 산 너머로 떨어졌을 때 따스함을 유지하기 위해 발을 동동 구르는—은 거의 경박할 정도로 빨랐다. 하지만 때때로 산악은 자신의 능숙한 솜씨를 보여주느라 갑작스레 지각 변동을 일으킨다. 아이스폴에서 찢겨나간 빙괴가 높고 날카로운 비명을 지르고, 혹은 눈사태가 돌진하며 포효한다.

한번은 대낮에, 먼 동쪽에서 가벼운 폭발음과 함께 나지막이 으르렁거리는 소리가 들려왔다. 우리는 소리가 나는 쪽을 올려다봤다. 그 정도 거리에서는 모든 게 나른하고 느린 속도로 일어난다. 느낌상 몇 분이 지난 후, 눈사태가 포베다봉의 절벽을 타고 내려왔다. 그것은 대형 설붕으로, 내가 본 것 중 가장 컸다. 수만 톤의 눈과 바위가 덤덤하게 떨어졌다. 그것들은 빙벽 밑바닥의 빙하를 강타했고, 눈사태로 인한 분말과 파편은 마치 하얗게 깔린 카펫처럼, 지평선을 따라 거친 파도처럼 800미터가량이나 굽이쳤다. 20분 뒤에도 백색의 휘장이 여전히 빙하 위의 공중에 걸려 있었다. 우리가 아는 스페인 탐험대가 당시 포베다봉의 북벽에 있었는데, 우리는 그들이 무사하기를 바라며 몇 마디 중얼거리고는 다시 카드 게임을 하기 시작했다.

얼핏 빙하는 생기 없고 지루해 보인다. 오로지 '황량함'과 '공허함'이라는 특질만이 매력인 듯하다. 추위와 희박하고 투명한 공기로 꽁꽁 얼어붙은 모습이 정지 상태의 사진처럼 보인다. 18세기의 여행자들은 늘 빙하를 사막에 비유했다. 하지만 사막처럼 빙하도 가까이에서 자세히 볼 때 마음의 문을 활짝 연다. 헤라클레이토스는 말했다. "같은 강물에 발을 두 번 담글 수 없다." 만약 그가 북쪽으로 가서 더 높은 위도를 여행했다면 빙하에 대해서도 같은 말을 남겼을 것이다. 빙하도 그 오래된 역설, 즉 '영구적인 유동 상태'로 존재한다.

이닐첵 빙하에서 내가 빙퇴석을 지나 얼음 위를 밟을 때마다 어떤 변화가 생겨났을 것이다. 빙하는 날마다 시간대에 따라 다른 특징을 가지고 있다. 쌀쌀한 오전에는 활기찬 하얀색이다. 한낮의 태양은 얼음 표면을 잘게 조각하여 부서지기 쉽고 몇 인치 높이밖에 되지 않는 얼음 나무들로 작은 숲을 조성한다. 은빛이면서도 푸르른 이 축소형 숲이 빙하의 위아래로 몇 마일씩 뻗어 있다. 늦은 오후의 햇살—농염하고 투명한 빛—은 커다란 잿빛 암석들을 황갈색 야수들로 바꾸고, 빙하의 우묵한 구렁에 모여든 융빙수融氷水(빙하가 녹아 흘러내린 물) 연못을 검은 옻칠처럼 빛나게 한다. 어느 날 밤 나는 빙하 위로 나가 있었다. 시나브로 눈이 내리며 크고 무거운 눈송이가 바람에 날리기 시작했다. 헤드 토치에서 나오는 빛줄기는 마치 내가 초고속으로 심우주를 통과하고 있는 것처럼 보이게 했다.

나는 빙하 위로 석양이 지는 시간대를 좋아했다. 해는 늘 아주 빠르게 낙하하며 돌연 산봉우리 뒤로 떨어진다. 40분쯤 지나자 바위 아래로 그림자들이 빠르게 짙어지고 대기 온도가 급상하한 다. 황혼은 이토록 짧다. 빙하의 측면으로 내려가면 강림한 밤을 체감할 수 있다. 만약 손을 얼음의 1~2인치 위에 올려놓으면, 마치 대리석처럼 한기를 분출하는 빙하의 기운을 느낄 수 있다. 녹아내린 넓은 연못에서 얼음은 지그재그형으로 수면 바로 아래에서 응결되었다가 두꺼운 강판으로 변하고, 더 깊은 물속으로 잠긴 다. 나는 허리를 굽혀 얼음물이 모인 얕은 웅덩이를 몇 분 동안 자세히 관찰한 적이 있다. 얼음이 가장자리에서부터 안쪽으로 들쭉날쭉하게 기어가다 중간에서 완전히 접합하는 꼴이, 마치 갓난아기의 숨구멍이 합쳐지는 모양새 혹은 '극소형 빙하기' 같았다.

✳

빙하 여행은 19세기만의 일시적인 유행이 아니었다. 1660년대로 되돌아가면, 유럽의 중심부에서 발견된 이상한 현상, 즉 '빙결되어 수정 같은 헬베티아산'에 대한 보고가 런던에 최초로 들어오기 시작했다. 가장 이른 보고 중 하나는 런던의 최고 학술 기관인 왕립학회가 1673년 2월 9일 출판한 『철학회보Philosophical Transac-

tions』에 실린 무랄투스의 편지다. 그린델발트 빙하의 밑바닥에 대한 간략한 삽화가 동봉된 투서였다. 삽화에는 가파른 협곡을 향해 전진하는 한 떼의 뾰족한 빙봉氷峯이 펼쳐져 있었다. 무랄투스는 자신만만하게 글을 시작했다. "얼음의 산은 구경할 만한 가치가 있다." 그는 계속해서 이렇게 썼다.

산 자체가 (…) 매우 높고 해마다 새로 확장되어가는 얼음이 부근의 목초지까지 점차 뻗어나가면서 우두둑 균열하는 굉음을 요란스럽게 냈다. 얼음이 파열할 때는 항상 큰 구멍과 동굴이 생겨난다. 특히 무더운 철에 많이 발생한다. 사냥꾼들은 폭염의 날씨에 사냥한 고기를 '얼음의 산'에 매달아놓는 방식으로 신선도를 유지하고 (…) 햇빛이 비칠 때 얼음에서는 마치 프리즘처럼 다양한 색을 볼 수 있다.

당시 런던 사람들은 필시 얼음의 산을 이렇게 생각했을 법하다. 이 이동하는 산이 주위의 지형을 제압하기 시작하고, 또 자신의 속셈을 '거대한 소리'로 널리 알리며, 태양 빛을 자신의 성분 색으로 분해하고, 아무런 예고도 없이 산산조각 나지 않을까? 런던 사람들은 확실히 얼음을 잘 알고 있었다. 템스강은 겨우내 매우 두껍게 얼어서 램버스에서 블랙프라이어스까지 마차를 몰고 갈 수 있었다. 하지만 그것은 관리하기 쉽고 사용하기 좋은 얼음이었다. 사람들은 가장자리에 텐트를 칠 수 있었고, 스케이터들은 꽁꽁 언 강의 가운데에서 8자 모양을 그리며 미끄럼을 탈 수 있었고, 마치 수정 같은 얼음은 그들의 부츠 밑에서 쉿쉿 소리를 내며 마모되었다. 런던의 얼음은 '자신을 확장하면서 무시무시한 소리와 함께 거대한 균열을 일으키며 이웃을 모조리 공포에 떨도록' 만드는 이 적대적인 산의 얼음과는 매우 다른 야수였다.

18세기 초에 이르자 빙하는 영국에서 이미 명성을 얻었고 1708년 10월 12일 윌리엄 버넷, 즉 당시 솔즈베리 주교의 아들(토머스 버넷과 친척 관계지만 연고는 없다)은 몸소 빙하를 견문했다. 그는 자신의 편지를 같은 해 학회 회보에 등재시켜준 왕립학회 학회장이자 저명한 자연사학인 한스 슬론에게 편지를 썼다. "저는 당시에 직접 가서 스위스의 얼음 산악을 구경해보기로 마음먹었습니다. 그래서 베른에서 이틀 걸리는 그린델발트로 갔죠. 거기서 저는 두 산 사이에서 두 개의 지류로 갈라진 '얼음의 강'이 산 정상에서부터 산기슭까지 흐르며 거대한 봉우리로 솟아오른, 일부는 세인트 폴 대성당보다 더 큰 광경을 지켜봤습니다."

윌리엄 버넷은 이전의 존 데니스처럼 독자—런던의 과학 전문가—들이 한 번도 본 적 없는 풍경을 묘사해야 하는 어려움에 직면했다. 그는 독자층이 왕립학회 성원이고 또한 대도시 출신이라는 점에 착안해, 규모 측면에서 한층 더 이해하기 쉽고 암시적 형상인 '세인트 폴 대성당'에 비유했다. 1708년 렌이 설계한 세인트 폴 대성당은 완공까지 단 2년밖에 남지 않았었고, 그 전에 이미

33년 동안 시공해왔기에 런던 사람들은 모두 회색빛 원형 돔의 우아한 곡선을 본 적이 있었다. 아울러 이 도시의 지면에서 비교적 가까운 스카이라인보다 훨씬 더 높은 그곳의 고도와 고른 비율에 감탄하고 있었나. 이 때문에 버닛의 독자층은 그린델발트 빙하가 어떤 형상—얼음의 강—을 닮았는지 그리고 렌의 대성당보다 얼마나 더 큰지에 대한 생생한 시각을 갖게 되었다. 그 후 수십 년 사이에 빙하가 마치 '얼어붙은 강'과 같다는 이미지가 얼음의 산을 형용하는 가장 널리 쓰이는 표현이 되었고, 매우 적절했기 때문에 곧바로 대중의 상상력에 각인되었다.

그러나 이토록 핍진한 연상에도 불구하고 버닛은 그저 구경만 할 뿐 더 이상 아무것도 하지 않았다. 그는 빙하의 얼음 가까이 가서 실제로 만져보지도 않았다. 30년이 지나고서야 다른 영국인이 실제로 빙하의 얼음에 발을 내디뎠고, 그 사실을 집에 편지로 알렸다.

✳

1741년 여름 어느 날 저녁 살랑슈—제네바와 샤모니 사이에 있는 작은 마을—의 목초지 밖, 유월의 태양이 갓 타오르기 시작한 밀과 호밀밭 근처에 작은 라거84처럼 백색의 텐트들이 쳐져 있었다. 짐이 가득한 바구니를 메고 있는 한 쌍의 말이 바깥의 말뚝에 묶여 있었고, 말 곁에서는 총을 든 세 명의 남자가 보초를 서면서 반시간마다 숫자가 증가하는 현지인들의 동정을 살피기 위해 점점 어둑해져가는 주변을 응시하고 있었다. 이따금 이렇게 지역민들이 구경하러 오는 이 젊은 남자는 하나의 텐트에 걸쳐 있는 무거운 덮개를 뒤로 밀치고 야영지 주위를 한 바퀴 돌아보곤 했다. 그는 머리에 터번을 단단히 두르고, 레반트〔팔레스타인, 시리아, 요르단, 레바논 등이 있는 지역〕군주풍의 커다란 겉옷을 입고 단검을 허리에 매달았는데, 단검의 곡선과 그의 과대한 슬리퍼의 곡선이 퍽 어울렸다. 그의 친구는 그와 함께 산책하다가 목격자의 깜짝 놀란 얼굴을 보고 함께 크게 웃었다. 파수꾼들은 고용주의 기이한 행동에 이미 익숙해져서 아무 말도 하지 않고, 단지 본분을 지키고 있는 손이 말의 안장주머니 안으로 슬그머니 들어가지 않도록 하는 데만 집중했다.

이 '가짜 술탄'은 강박적인 여행광이자 야심이 가득한 목사인 리처드 포코크였다. 그의 동반자는 윌리엄 윈덤으로, 윈덤 가문의 가장 나이 많고 괴팍한 아들이었다. 윌리엄의 아버지는 노력으로, 곧장 15세기까지 거슬러 올라가는 윈덤 가문의 현 가부장이다. 몹시 화가 난 아버지는 어린 윌리엄 윈덤을 제네바로 보내, 그곳에서 정계 가문의 젊은 신사에게 어울리는 예절과 교양을 배우길

84　중앙에 있는 사람들을 보호하기 위해 짐마차를 빙 둘러 세운 야영지.

바랐다. 하지만 그는 제네바에서 오직 매춘부와 어울리고, 주먹질에 끼어들고, 주로 오락거리에만 귀를 기울였다.

전해 듣는 소문에 따르면, 그저 놀라울 따름인 샤모니의 빙하를 열렬하게 보고 싶어했던 사람이 바로 이 윈덤이었다. 비록 거리가 아주 가깝지만 제네바 시민들은 소수만이 빙하를 유람했다. 이 도시의 견실한 칼뱅 교도들은 하느님이 대다수가 신을 믿지 않는 투박한 샤모니 주민들을 벌하기 위해 그들에게 '얼음의 강'을 강림하게 하여 오래되고 끈질긴 천벌을 받게 했다고 믿었다. 윈덤이 리처드 포코크를 만나기 전까지, 누구도 윈덤과 함께 빙하로 갈 준비가 되어 있지 않았다. 윈덤은 훗날 그가 펴낸 여행기에서 이 신사를 이렇게 묘사했다. "레반트와 이집트의 항해를 마치고 돌아온 그는 이 두 나라를 아주 꼼꼼하게 여행했고 최근에 제네바에 도착했다."

제네바인 심복 3인조가 준비한 우수한 무기, 충분한 적재 물자와 보급품을 갖춘 두 사람은 1741년 6월 7일, 소규모 기마행렬과 함께 샤모니로 출발했다. 제네바에서 4리그를 달려 보너빌에 도착한 후, 그곳에서 아르브강을 따라 전진한 그들은 "다양하고 즐거우며 빼어난 산수 경관을 즐겼다". 첫날 밤, 그들은 살랑슈의 들판에서 야영했다. 그곳에서 포코크는 행색을 '높은 고관대작'처럼 꾸며 현지인들을 놀라게 했다(그는 사카라의 미라가 담긴 목관 그리고 고대 이집트의 여신인 이시스 석조상과 함께 이집트 여행 때의 옷들을 가져왔다).

빙하에 발을 디디려 한다는 그들의 의도가 계곡에 쫙 퍼졌다. 그들이 샤모니에 거의 다다라 몽블랑의 긴 오후 그림자 속에서 말을 타고 전진하고 있을 무렵, 현지의 한 장로가 찾아와 이 무모하고 어리석은 여행을 중지하라고 권유했다. 처음 얼핏 본 빙하가 그들을 낙담시키긴 했지만, 두 남자는 결코 여기에서 일정을 중단하고 싶지 않았다. 윈덤은 실망스러운 듯이 빙하의 양 끝은 "단지 하얀 암석들처럼 보이고, 혹은 산에서 흘러내리는 물이 형성한 거대한 고드름 같다"고 묘사했다. 나중에 윈덤은 말했다. "우리의 체력과 끈기에 의지해 이 산을 공략하기로 결심했다."

고지에서의 기력을 북돋기 위해 윈덤과 포코크는 포도주와 물을 섞고, 캠프를 지키도록 제네바인들을 남겨둔 채 빙하의 가장자리에 오르기 시작했다. "처음에는 암석들이라고 생각했던 집채만 한 큰 빙괴"를 지난 후, 눈사태로 쑥대밭이 된 경로를 아무런 말없이 서둘러 지나갔다. 커다란 얼음덩어리들과 산산조각 난 나무줄기들이 그곳에서 벌어진 폭력을 대변해주었다. 높게 돌출한 얼음 곳에 오르기까지 그들은 다섯 시간 동안 고되고 때로는 위험한 등반을 해야만 했다. 그곳에 서서 그들은 물을 섞은 포도주병의 코르크 마개를 뽑고 축배를 들며, 눈 앞에 펼쳐진 얼음의 대양을 기쁜 마음으로 굽어봤다.

이 탐험에 대한 윈덤의 기록은 왕립학회 회보뿐만 아니라 영국과 유럽의 여러 학술 저널에도 실렸고, 그렇게 모험에 대한 소식이 온 나라에 퍼졌다. 도리어 리처드 포코크는 그의 참여를 전혀 개의치 않은 듯했고, 심지어 그의 여행 회고록 2권에서는 이 탐험을 언급조자 하지 않았다. 포코크는 1765년 아일랜드에서 뇌졸중으로 사망했지만, 그가 세상 사람들에게 더 오래 기억되는 까닭은, 메르드글라스 빙하에서 느리게 움직이는 큰 바위 위에 끌로 새긴 그의 이름과 아일랜드의 아르드브라칸에 씨앗으로 심은 레바논 삼나무들 때문이다. 오늘날까지 여전히 이 삼나무들은 질퍽거리는 늪에서 의외로 곧고 울창하게 자라고 있다.

윈덤은 빙하 그 자체를 이렇게 묘사했다. "빙하를 어떻게 정확하게 이해시켜야 할지 몰라 나는 극도로 당혹스러웠다. 내가 여태까지 본 풍경 중에서 빙하와 가장 닮은 것이 전혀 없었기 때문이다." 그보다 앞서 30년 전에 버넷이 그랬듯 윈덤은 그 무엇과도 전혀 닮지 않은 무언가를, 즉 거의 혼란스러운 은유에 불과한 풍경을 사람들에게 "이해시켜야"만 했다. 그는 결국 또 다른 이미지를 설명하는 것, 즉 간접 묘사를 통해 이 문제를 해결했다. "여행자들이 그린란드 주변의 바다를 형용한 묘사가 빙하에 가장 가까운 것 같다. 강한 바람에 흔들리던 호수가 갑자기 한꺼번에 얼어붙는 모습을 상상해야만 한다." 이 비교는 절묘한 선택이었다. 영국 서남부의 군항 플리머스에서 서쪽으로 출항한 뒤 북쪽으로 선회하여 미지의 상류 세계로 간 소수 여행가가 쓴 여행담을 선용宣用했기 때문에, 또 사람의 숨이 얼어붙고 갑판까지 울릴 정도로 차디찬 공기를 지닌 바다 이야기를 가지고 돌아왔기 때문이다.

'얼어붙었으나 동요하는 수역'에 대한 윈덤의 이미지는 훗날 메르드글라스 빙하뿐만 아니라 전 세계 빙하에 대한 표준적인 묘사가 되었다. 빙하를 '부유하는 세력'이라고 사색한 사람은 윈덤이 처음이었다. 현란하게 쓴 그의 여행기도 점점 더 많은 유럽인이 고산은 판이한 세계이고, 산속의 자연은 하나의 원소가 다른 원소로 순환하는 환경이라는 것을 인식하는 데 공헌했다. 물은 얼음으로, 얼음은 물로 변하며 눈은 알프스의 태양에 개의치 않고 산에 영원토록 누워 있었다. 프랑스 엔지니어인 피에르 마르텔은 윈덤 이후 3년 만에 빙하를 엇비슷하게 여행한 뒤, 그가 목격한 바를 묘사하려고 노력했지만 윈덤의 이미지보다 "더 적절한 수식어를 생각해낼 수 없었다". 윈덤의 은유는 흔히 은유가 그러하듯, 마르텔이 세상을 읽는 방식을 장악했던 것이다.

1760년 오라스 베네딕트 드 소쉬르는 알프스를 신세계, 일종의 '지상낙원'으로 인정하며 체계적으로 탐험하기 시작했다. 소쉬르는 당연히 윈덤의 편지를 읽었고 메르드글라스 빙하 위에 있는 포코크의 바위를 둘러봤으며, 그가 빙하의 외양적 특성을 기술할 때 세련된 방식으로 윈덤의 이미지를 활용했다. 소쉬르는 빙하가 마치 이렇게 보인다고 썼다. "폭풍의 순간이 아니라 바람이 가라앉고 파도가 매우 높지만 무디고 둥글게 되는 순간에 갑자기 얼어붙는 바다"와 같다. 베데커 출판사가 스위스 여행안내서의 모든 판에서 인용한 이 구절은 그렇게 빙하의 경이로움을 목격하러 온 빅토리아 시대 수천 명 사람들의 머릿속에서 기억되었고, 빙하의 심상으로 굳어졌다. 그들은 다른 방식으로는 빙하를 이해할 수 없었다. 100여 년이 넘는 세월의 간격을 두고 빙하 여행자들의 상상력을 자극한 윈덤은 이후 단 하나의 은유로 고정되었다.

비록 존슨 박사가 1755년에 펴낸 방대한 영어사전에 "빙하Gla-cier"는 수록되지 않았지만—아직 이 단어는 프랑스어에서 영어로 정식으로 도입하지 않았었다—바로 그해에 어수선하게 유행한 빙해氷海에 대한 개념은 많은 영국인의 상상력을 장악하기 시작했고, 그들에게 빙하의 겉모습과 활동 방식은 강력한 문화적 욕구를 거의 충족해주는 듯싶었다. 일단 윈덤과 포코크가 길을 개척해놓자 다른 여행객들이 연이어 빙하와 몽블랑 설산으로 황홀한 순례를 떠났다. 몽블랑은 확실히 구세계에서 가장 높은 산봉우리였지만 당시 안데스산맥의 전설적인 몇몇 고봉보다는 더 낮다고 인식되었다.

1765년에는 퀴레 하우스가 샤모니에서 여행자가 묵을 수 있는 유일한 숙박업소였으나, 1785년에 이르러서는 매년 여름 빙하를 찾는 관광객 1500명가량을 수용할 수 있는 꽤 큰 여관이 세 곳이나 생겨났다. 샤모니는 신흥도시로 급부상했고 현지인들은 돈을 많이 벌어들였다. 그들이 정화한 황금빛 액체인 꿀은 방문객들에게 팔려 멀리 떨어진 파리의 미식가들 사이에서 명성을 얻었다. 마을 사람들은 집 앞에 담요를 깔고 현지의 다른 천연자원을 진열했다. 대부분은 화석과 수정—연회색 석영 기둥과 투명한 석영, 모카 마노瑪瑙, 짧고 두툼한 오닉스(얼룩 마노) 목걸이, 정동석, 작은 조각의 전기석電氣石—이고, 그 밖에 샤무아 뿔, 이랑 모양의 무늬가 흡사 암모나이트처럼 두개골에서부터 나선을 그리며 올라오는 야생 숫염소의 뿔 등이었다.

비록 유럽 각지의 많은 이가 빙하를 감상하러 이곳에 왔지만, 그중 가장 많은 건 의심할 여지 없이 영국인이었다. 그들은 역시나 빙하를 가장 열광적으로 숭배했다. 1779년 겨울, 괴테는 스위스를 여행하면서 샤모니에도 다다랐다. "빙하 위를 실제로 걸으면서, 목전의 이 거대한 얼음덩어리를 아주 가까이서 진심으로 사색해 볼" 의향이었다. 그는 "생김새가 마치 파도 같은 수정 절벽 위를 거의 100걸음가량 걸은" 뒤 '육지'로 퇴각했다. 100년 후 이 얼음 위를 여행하며 분명히 겁을 먹은 빅토리아 시대 말의 한 여행자가 호텔 방명록에 "더 단단할수록 덜 무섭다The more firmer, the less ter-ror"라고 쓰며 조심스럽게 말장난을 했다.[85] 또 괴테는 메르드글라

---

[85]   미국 극작가인 조지 카우프만이 쓴 원문은 'I like terra firma; the more firmer, the less terror'이다. 여기서 terra firma는 육지를 가리키는데, firma는 firmer와, terra는 terror와 같은 음으로 발음된다.

스 빙하의 가장 아름다운 절경을 감상할 수 있는 바위 노두가 있는 몽탕베르를 등반했다. 거기서 그는 자신의 이름을 간단히 블레어라고 밝힌 영국인을 만났는데, 이 사람은 "현장 근처에 간이 오두막을 세워놓아 그와 그의 손님들은 창문을 통해 빙해를 전망할 수 있었다." 괴테는 그의 여행 일기에 적었다. "빙하의 기이한 장관에 어쩌면 그토록 깊이 심취했던가!"

✳

아마도 수백 명이 이닐첵 빙하의 남쪽 분기점을 걸어서 건넌 적이 있을 것이다. 그 길은 매우 까다로운 경로다. 빙하 한가운데에서 솟아오른 수백 개의 얼음 언덕에는 손잡이나 난간 역할을 하는 바위가 없고 오로지 볼록하게 튀어나온 매끄럽고 단단한 얼음 표면뿐이다. 빙하가 녹아 흘러내리는 녹색의 강은 얼음 언덕의 밑바닥을 거세게 몰아치며 포효하다 빙하에 뚫은 넓고도 검은 싱크홀로 불쑥 사라진다. 각각의 언덕은 한없이 푸른 얼음의 섬세한 능선들과 연결되어, 마치 지붕 꼭대기의 기와처럼 둥그런 전경을 이룬다. 우리는 두 팔을 뻗어서 몸의 균형을 잡고, 한 발은 정확하게 다른 발 앞에 두며 마치 곡예사가 팽팽한 줄 위에서 줄타기를 하듯 능선들을 건너갔다. 갈 수 있는 길이 없어 다른 선택의 여지가 없었을 때, 우리는 자일을 타고 계곡으로 미끄러지듯 내려

메르드글라스 빙하. 그뤼너의 『스위스의 빙산Die Eisegebirge des Schweizerlandes』(1760)에 나오는
판화. 오른쪽 하단 모퉁이에 있는 유람객들을 주목하라.

가 강을 뛰어넘은 후 피켈과 아이젠을 활용하여 다음 얼음 언덕의 꼭대기까지 올라갔다. 이 빙하는 고작 3.2킬로미터 정도의 너비였지만 7시간이 걸려서야 겨우 횡단했다. 우리는 어둠을 더듬으며 산자락 아래의 모난 암석들 위에 텐트를 쳤다. 하늘에는 흰 접시처럼 납작한 달이 빛나고 있었다. 나는 희박한 공기와 추락할수 있다는 걱정에 사로잡혀 선잠을 잤고 잠에서 완전히 깨어났을 때는 텐트 안쪽에 서리가 가득히 맺힌 모습을 발견했다.

이튿날 하늘은 파랗고, 한랭한 공기는 햇빛을 따라 눈에 보이지 않게 불타고 있었다. 반시간만 지나도 노출된 피부가 빨갛게 달아오르고 단 하룻밤 사이에 수포가 부풀어 오르는 위험한 날씨였다. 우리는 장갑을 세게 잡아당겨 끼고, 고운 흰색 모슬린 거즈로 머리를 감싸고, 두 눈에 빙하 고글을 두른 뒤, 빙하의 북쪽 측면에서 아래쪽으로 몇 마일을 조용히 걸어 내려갔다. 이른 오후 무렵, 우리는 일대 면적이 몇 에이커에 달하는 큰 얼음 호수에 도착했다. 그리고 그 호수 기슭에 캠프를 세우기 위해 텐트 쇠못을 주위 얼음에 박고 빙퇴석 조각으로 플라이시트를 내리눌렀다. 톱니처럼 들쭉날쭉한 작은 빙산들이 주위 산봉우리를 흉내라도 내듯 호수의 표면 위를 천천히 항해했다.

텐트 치는 일을 마무리한 뒤엔 호숫가의 따뜻한 바위에 누워 혈암頁巖으로 작은 탑을 쌓았다. 다른 이들은 잠을 자러 갔다. 오후 그 시각 공기는 잔잔하고 더웠다. 나는 열기가 마치 똥똥하고 걸쭉한 젤라틴 모양의 파도처럼 암석들 위로 맥동하는 모습을 볼 수 있었다. 빙산들은 움직임을 멈췄다. 물의 표면은 모루[86] 색깔이었고 강철처럼 잔잔했다. 만약 내가 호수로 뛰어들면 마치 얼음 위에 던져진 돌멩이처럼 호수의 표면에서 튕겨 나와 쭉 미끄러질 듯했다. 오직 호수의 투명한 바닥에 비치는 햇빛의 잉곳Ingot[87]만이 호수의 깊이를 알려주었고 두 눈으로 호수면 얼음층의 두께를 훤히 볼 수 있도록 했다. 나는 앉아서 무릎을 가슴에 닿게 꼭 끌어안고 몇 시간 동안이나 물속을 빤히 쳐다봤다. 거기 앉아 있을 땐 흡사 시간이라도 멈춘 듯했다. 햇빛이 이 풍경과 호수를 석화시키는 듯했다. 오로지 내 위쪽에서 몇 마일이나 되는 구름만이 공상적인 모양을 끊임없이 변화시키며 시간을 측정할 수 있는 어떤 운동이나 리듬을 유지하고 있었다. 만약 그렇지 않았다면 나는 무한히 긴 어떤 영겁의 시대에 속했을지도 모른다. 내게는 그때 그 어떤 것도 이 눈부신 얼음과 거무스름한 암석의 인상적인 장면—영구적으로 존속되어왔고 앞으로도 그렇게 계속 불멸일 수밖에 없는 경관—보다 더 영원할 순 없는 듯했다. 이 풍경은 나를 초월해서 존재했으며 나는 때마침 그곳에 있었을 뿐, 진정으로 한 명의 대수롭지 않은 구경꾼일 뿐이었다. 이와 같을 뿐 더는 아무것도 없었다.

---

86   대장간에서 불린 쇠를 올려놓고 두드릴 때 받침으로 쓰는 쇳덩어리.
87   거푸집에 넣어 굳힌 금속 덩이.

바로 이때 생각지도 못한 비가 내리기 시작했다. 둥글고 포동 포동한 빗방울들은 우리가 앉아 있는 옅은 회색 바위 위에서 튕기며 둥 둥 둥 나뒹굴었다. 비는 공기를 가르며 돌을 멍들게 하고 호수 위를 기워질하듯 잡아 찢어 백합문장百合紋章의 밭으로 만들었다.

✳

신을 경외하는 모든 영국인이 읽으면 등골이 오싹해지는 시문이 「외경」[88]에 있다. 시문은 버력[89]이 어떻게 얼음처럼 차가운 죽음의 형식으로 이 죄악 많은 대지에 찾아오는지를 분명하게 표현했다. "북방의 초석"이 세계를 장악하고 얼어붙게 한다는 것이다. "추운 북풍이 휘몰아칠 때"라는, 무자비하고 흉흉한 분위기로 시문은 시작된다.

온 물이 응결해 얼음이 되고 흰 서리를 지구상에 마구 쏟아부었다. 하느님은 마치 물에게 갑옷의 가슴받이를 입히듯, 모든 물방울에 함께 깃들었다. 하느님은 마치 불처럼 산을 먹어치우고, 황야를 태우고, 초지를 집어삼켰다.

---

88 근거가 의심스러워 신교도가 구약성경에서 제외한 외전外典 14편.
89 하늘이나 신령이 사람의 죄악을 징계하려고 내린다는 벌 즉 천견天譴.

이 '종말론적인 얼음'으로부터 그 어떤 것도 자유롭지 못했고, 그것은 계시록의 초자연적인 불길과 같이 격렬하고 냉혹한 권능으로 천지를 훼멸했다.

전 지구적인 이 '외경 판' 빙하 대재앙은 19세기를 거치면서 실제 있었던 일로 인식되게 되었다. 지질학은 '빙하기'가 지구 역사상 적어도 한 차례는 일어났었다는 사실을 밝혀냈고, 물리학은 그것이 미래에 다시 일어날 수 있다고 제안했다. 19세기 말에 이르러서는 인류가 빙하기로 구분되는 시대에 살았다는 개념을 받아들여야만 했다. 이런 발상은 너무 두렵고 또 너무 절대적이어서, 녹지대가 많고 기후가 온화한 영국이 그것을 일반교양으로 받아들이는 데는 수십 년이 걸렸다. 적어도 기독교인들은 이런 사건을 '추위'로 세상을 깨끗하게 하는 '천부의 정화제'라고 인식하면서 공포감을 누그러뜨렸다.

여러 재난이 겹쳤던 1816년 여름, 프랑스 동남부의 사부아 빙하를 방문한 퍼시 셸리는 여정을 편안하게 해줄 종교적 방호복이 없었다. "이 경이로운 협곡에서 누가, 누가 감히 무신론자가 될 수 있겠는가!" 콜리지는 「샤모니 계곡에서 해돋이 전의 찬가Hymn before Sunrise in the Vale of Chaumoni」의 머리말에서 이렇게 물었다. 셸리는 7월 중순 샤모니에 도착했을 때 콜리지의 그러한 젠체하는 질문에 호텔 방명록에 '무신론자'라고 서명하는 것으로 답했다.

셸리는 도착한 이튿날 저녁 몽블랑의 보송 빙하를 방문했다. 알프스 산악 지대에서 본 모든 물질 형태 중 빙하가 가장 깊은 영향을 끼친 듯싶었다. 그는 소설가 친구 토머스 러브 피콕에게 산속에서 겪었던 경험을 곰곰이 사색한 장문의 명상 편지 두 통을 보냈다. 영국에서 출판되어 많은 사람에게 읽혔으며, 19세기 후반 일반 대중의 상상에 끊임없이 영향을 끼쳤고, 미래에 닥칠 빙하기의 풍경을 놀랍도록 예시했기 때문에 빙하에 대한 그의 견해는 길게 인용할 만한 가치가 있다.

(빙하는) 끊임없이 협곡을 향해 흐르고 느리지만 압도적인 기세로 주변의 목초지와 숲을 줄곧 파괴한다. 오랜 연대 동안 계속된 이런 황폐화 작용으로 화산 용암의 강은 한 시간 안에 만들어질 수 있지만, 빙하가 조성한 파괴는 훨씬 더 돌이킬 수가 없다. 빙하가 일단 한번 쓸려 내려가면 추위에 가장 강한 식물도 성장할 수 없기 때문이다. (…) 빙하는 끊임없이 앞으로 이동한다. (…) 빙하는 처음 발원한 지역에서부터 산의 모든 잔해, 거대한 암석과 끝없이 축적한 모래와 돌을 모조리 앞쪽으로 끌어당겨가고 (…) 숲속의 한끝에서 우거진 소나무들은 밑둥치에서부터 대규모로 넘어지고 산산이 부서진다. 빙하의 갈라진 틈으로부터 가장 가까운 곳에서 뿌리째 뽑힌 채 토양에 간신히 잔존해 있는 가지가 별로 없는 나무줄기의 표정에는 형용할 수 없을 정도로 두려운 그 무언가가 서려 있다. (…) 만약 이 빙하를 형성하는 눈이 계속 늘어나야 한다면, 또 계곡의 열기가 계

곡을 점령한 이토록 많은 얼음덩어리가 영원히 존재하는 데 장애가 되지 않는다면 그 결과는 명백하다. 빙하는 계속 확대되어 적어도 이 골짜기에서 넘쳐날 때까지는 내리 존재할 것이다. 나는 우리가 거주하고 있는 이 행성이 훗날 어느 시기에 극지방과 지구의 가장 높은 곳에서 생성된 얼음에 잠식당해 커다란 '서리 덩어리'로 변할 거라는, 이 숭고하지만 우울한 뷔퐁의 이론을 좇고 싶지는 않다.

바로 이렇게 셸리는 지구가 '얼음의 공동묘지'로 변하는 악몽을 장황하게 늘어놓았다. 그가 편지를 쓸 때 언젠가 그것을 발표할 수 있다는 사실을 어느 정도 의식하다 보니 이따금 언어가 신파적으로 과장되는 경향이 있었지만 빙하가 초래한 그의 혼란은 의심할 여지가 없었다. 그는 시간만 충분하다면 지구상의 그 어떤 것도 이 영원히 움직이는 빙하가 적당한 환경에서 밖으로 용출하여 협곡에 넘쳐나고 빙관(산 정상이나 고원의 만년설)과 섞여 세상을 얼음으로 감싸는 형세를 저지할 수 없다고 생각했다. 그리고 시간 — 우리가 앞에서 이미 본 것처럼 — 은 지질과학이 최근에 발견해낸 내용이 풍부한 영역이었다.

1816년 여름에는, 지구가 미래에 빙결된다는 견해가 유달리 더 그럴듯해 보였을 것이다. 바로 한 해 전에 인도네시아의 탐보라 화산이 분화해 먼지와 재가 무역풍을 타고 세계 곳곳으로 날아갔다. 유럽과 미국의 상공에서는 화산 잔해의 입자들이 뭉쳐 이상한 공중 곡예 모양을 형성했고, 마치 극지방의 탐험가들이 정기적으로 보고하는 현상처럼 때로는 춤추는 조명 쇼라도 공연하는 듯싶었다. 윌리엄 터너가 그린 그러한 일몰은 화폭에서 날마다 불타올랐지만 현실의 낮은 평소보다 훨씬 더 추웠다. 전 세계의 온도는 최소한 섭씨 2도가 떨어졌고, 작황도 부족하여 수천 명이 기근으로 죽거나 아예 얼어 죽었다. 여름은 사라졌다. 심지어 태양마저 가려진 듯했고―두 눈으로 태양의 커다란 흑점을 볼 수 있는 런던 거리에서는 사람들이 눈을 가늘게 뜨고 그을린 유리 파편을 통해 그것을 곁눈질하며 올려다봤다.

그렇다면 그해 유별나게 추운 7월의 어느 낮에, 셸리가 빙하에서 세상의 종말을 불러오는 동력을 봤다는 상상은 거의 놀랍지 않다. 그해 셸리와 함께 유럽에서 휴가를 보내던 바이런도 "한랭하고 들떠 있는 빙하가／ 날마다 앞으로 이동하는" 습성에서 모골이 송연할 정도로 냉혹한 무언가가 숨어 있다는 것을 느꼈다. 그리고 하늘을 뒤덮은 재의 장막이 그에게 동사할 것 같다는 환상을 불러일으켰다. 즉 얼음으로 황폐해진 지구는 더 이상 인류의 터전이 될 수 없다는 상상을 하게 했던 것이다. "나는 전혀 꿈 같지 않은 꿈을 꾸었네." 그해 여름에 바이런이 쓴 명시 「어둠Darkness」은 이렇게 시작되었다.

빛나는 태양은 꺼져버리고, 별들조차

영원히 어두운 공간에서 방랑하고,

빛도 없고, 길도 없고, 더욱이 얼음만 뒤덮인 이 지구는,

달빛 없는 대기에서 무작정 눈이 멀어지고 점점 더 어두워가네.

극도의 저온 상태에 빠진 지구에 대한 셸리와 바이런의 상상은 시간이 너무 많아 심심하고 따분한 시인들의 가설로 여겨져 분명히 일부 사람에 의해 일축되었을 것이다. 하지만 차후의 과학적 발견은 그러한 영감이 기분이 들뜬 멜랑콜리가 아닌 소름 끼치도록 '정확한 예언'이란 걸 증명했다.

빙하기라는 개념은 당시에 문화 개념으로 확산되진 않았지만 마치 예고도 없이 도착해 부두에 정박한 대형 여객선처럼 갑작스레 세상에 등장했다. 빙하기를 대중적인 지식으로 폭넓게 알린 사람은, 1830년대 후반에 맹아 단계였던 빙하학에 뛰어들기 전 명망 있는 고생물학자였으며 몽상적이고 별난 스위스 과학자인 루이 아가시였다. 그는 빙하 연구에 더욱더 정진하기 위해 베르네제 오버란트(스위스 중부 알프스 산악 지대)에 소박한 연구소를 설립했다. 운터아 빙하의 혈암질 빙퇴석 위에 자리를 잡은 목조 오두막이었다. 기반암 위에서 산 아래로 계속 이동하는 이 오두막 자체도 빙하 활동에 대한 실험의 일부분이 되었다. 아가시의 계산에 따르면, 이 오두막은 1840년 봄 아무도 없는 사이에 붕괴할 때까지, 해마다 평균 106미터의 속도로 운반되었다(그해 여름 아가시가 그

의 오두막 실험실에 도착했을 때 한 무더기의 폐허가 발견되었고, 부서진 물품들은 흥미롭게도 다른 방향으로 움직이기 시작했다. 그는 어쩔 수 없이 어딘가 다른 곳으로 피신할 수밖에 없었다).

오버란트의 고지에서 아가시는 과거 빙하의 규모에 관해 놀랄 만한 결론들을 내리기 시작했다. 그는 한 영국인 지질학자에게 편지를 썼다. "빙하를 보고 난 후부터 정말이지 내 마음도 추운 겨울이 되었어요. 게다가 지구의 표면이 얼음으로 완전히 뒤덮인다면 예전에 창조된 삼라만상은 모조리 얼어 죽을 것입니다." 이는 한가한 허풍이 아니었다. 아가시는 1840년 『빙하에 관한 연구 Études sur les Glaciers』, 영어로는 『아이스 북The Ice Book』이라는 책을 펴냈다. 소문에 따르면 그가 열렬한 창의력으로 단 하룻밤 만에 완성한 작품이라고 한다. 같은 해 그는 영국을 순회하며 바로 얼마 전인 1만 4000년 전까지만 해도 유럽과 세계의 다른 대부분 지역도 두꺼운 얼음층으로 덮여 있었을 것이라는 새로운 급진적인 이론을 강의했다. 아가시에 따르면, 고산의 빙하는 이미 대폭 확장되었고 북극의 빙모(만년설)도 위도를 가로질러 남쪽으로 잠식 중이었다. 또 '신의 위대한 쟁기'인 빙하는 지표를 끈질기게 파내고 발가벗겨내며 개조했고, 동유럽의 평원을 다림질하며 만나는 산과 계곡마다 똑같이 얼음으로 가득 채웠다. 숭고하지만 우울한 뷔퐁의 이론이 사실로 증명되고 있었던 셈이다.

아가시의 구상은 과학적이었지만 그의 스타일은 매우 극적이었다. 이 점은 1841년 『에든버러 신 철학 저널Edinburgh New Philolog-ical Journal』에 쓴 한 편의 글을 보면 알 수 있다. 그는 지구가 갑자기 재앙적인 '얼음 상태'에 돌입했다고 주장했다.

거의 생명을 낳을 수 없는 지구의 극지방과 같은 기후, 즉 숨이 붙어 있는 그 어떤 것이든 모두 동상에 걸리게 하는 혹독한 추위는 '갑자기' 나타났다. 추위의 무한한 위력으로부터 생명체를 보호해주는 곳은 아무 데도 없었다. 그들이 어디로 도망가든, 옛날에 수많은 동물의 은신처가 되었던 산의 동굴이나 울창한 숲의 수풀에 피신하든, 그 어디를 막론하고 이 절멸의 요소가 가진 무소불위의 전능에 굴복했고 (…) 얼음층은 매우 빠르게 지표를 뒤덮었고, 단단한 맨틀이 감싼 유기체의 잔해는 얼마 전까지만 해도 지구의 표면 위에서 유유히 숨 쉬며 살아 있음을 즐겁게 만끽하던 생명체였다. (…) 지구를 뒤덮은 거대한 얼음의 형성으로 지구상의 모든 유기체는 종말을 맞았다.

어쨌든 여전히 '숭고론'에 깊이 빠져 있던 초기 빅토리아 시대의 사고방식으로는 아가시의 시각이 머리끝이 곤두서고 짜릿할 정도로 무서운 것이었다. 얼음은 생명의 마지막 은신처에마저 침입해 생명체를 사냥했으며 '모든 유기체'를 말살시키고 대지를 고쳐 썼다. 아가시의 제안들은 처음에는 우스꽝스럽다며 배척당했다. 그러나 그는 설득력 있는 시각적 증거, 즉 홈이 줄무늬처럼 파인 암석, 각진 표석漂石[90], 불가해한 표석점토 등을 갖고 있었고, 그리하여 그의 유세는 점차 지지를 얻기 시작했다. 스코틀랜드의 한 과학자는 아가시가 글래스고에서 강연한 후 그에게 편지를 썼다. "당신은 이곳의 모든 지질학자를 빙하광으로 만들었습니다. 그리고 그들은 대영제국을 빙고(얼음 창고)로 만들고 있습니다."

　오늘날의 우리는 '빙하기'라는 아이디어가 19세기의 세계관을 그 얼마나 극적으로 다시 썼는지를 이해하기 어렵다. 빙하기라는 개념은 거의 모든 과학 분야―자연사, 화학, 물리학―에 영향을 미쳤고 사람들에게 인류학, 자연사, 신학에 대한 많은 지식을 재고하도록 했다. 더 즉각적인 영향은 사람들이 익숙한 풍경들을 갑자기 매우 다른 관점으로 바라보게 한 것이다. 웨일스의 란베리스〔잉글랜드 서북부의 레이크디스트릭트에 있는 영국 최대의 호수〕, 윈더미어호, 케언곰산맥이나 빙하기가 스위스에 남긴 증거인 숟가락 모양의 산 중턱 동굴들, U자형 계곡들, 거대한 표석들, 빙하 활동으로 뾰족하게 깎여 칼날 같은 능선들을 지금도 볼 수 있다. 존 러스킨은 『근대화가론Modern Painters』 제4권에서 알프스산맥의 계곡들에서 고대 빙하의 종적을 어떻게 아직도 볼 수 있는지를 묘사했다. "이를테면 빙하의 발자국은 마치 부드러운 길 위를 갓 지나간 말

90　빙하의 작용으로 운반되었다가 빙하가 녹은 뒤에 그대로 남게 된 바윗돌.

이 남긴 말발굽처럼 쉽게 식별할 수 있다." 이런 러스킨의 이미지는 고대를 매우 민첩하게 현신現身하게 하고, 요원한 과거를 익숙한 현재로 풀이했다.

빙하는 큰 화젯거리가 되었다. 주요 문화비평가 존 러스킨과 존 틴들 등은 빙하의 중요성을 토론했다. 빙하학 관련 계간지에서는 빙하 활동의 원인과 빙하 얼음의 정확한 물리적 성질을 논하는 의견들이 오갔다. 러스킨은 특유의 침착함으로, 어쩌면 되잖은 이치를 떠벌리는 논쟁이 종식되길 바라는 마음으로 선언했다. "산꼭대기에 퍼부어졌다가 산 아래로 흘러 내려오는 거대한 아이스크림 덩어리가 빙하다."

✳

1840년에서 1870년 사이에 언론 매체가 빙하를 점점 더 많이 다루고 빙하기에 대한 의외의 사실이 발견되자, 지구의 표면을 형성하고 있는 이 거대한 얼음덩어리들을 제 눈으로 직접 보고 싶은 빙하 여행자들이 늘어났다. "오늘날의 작은 빙하들"은 틴들이 표현한 것처럼 "빙하기의 거인들에 비하면 단지 난쟁이들"에 불과했지만, 난쟁이를 거인으로 확대하려는 시도가 상상력을 자극했기 때문에 그럭저럭 괜찮았다. 스코틀랜드의 좁은 협곡을 찾은 방문객들은 이곳이 아주 오랫동안 용해된 빙하로 조각되었다고 상상했

1860년에 그려진 3개 층으로 이뤄진 전경도는 파충류와 포유동물이 활약하는 제 3기와 제2기(하층), "날카로운 칼" 이빨을 가진 대형 동물이 서식했던 빙하기(중층) 와 분리된 현대의 아담 세계(상층)를 보여주고 있다. 우즈의 석판화. 이사벨라 덩컨, 「아담 이전의 인간Pre-Adamite Man」(1860).

다. 그리고 오늘날 고산지대에 현존하는 빙하들을 찾은 방문자들은 그것들이 한때 있었던 모습, 즉 거대한 얼음의 강이 지구를 둘러쌌던 풍경을 추측했다.

셸리 같은 후기 빅토리아 시대 사람들에게 극도의 공포를 느끼게 한 것은 빙하기가 '이번에는 비극'으로 다시 올지 모른다는 가능성이었다. 켈빈 경으로 더 잘 알려진 영국의 물리학자 윌리엄 톰슨은 1862년, 태양은 자신의 에너지를 재생하지 않기 때문에 점점 냉각되고 있다는 신념을 공개했다. 태양 아래 새로운 사물은 존재하지 않을 뿐 아니라, 태양 그 자체도 새로운 에너지의 보충 없이 나날이 늙어가고 있다는 것이다. 천천히 그리고 돌이킬 수 없는 엔트로피[91]의 누출 때문에 태양계는 이른바 '열사Heat Death'[92]라고 불리는 현상에 빠지게 될 것으로 여겨졌다. 냉각 중인 게 지구가 아니라 지구의 랜턴이자 라디에이터인 태양이라고 한 것을 제외하고는, 톰슨의 말은 뷔퐁의 성운설星雲說을 되풀이한 거나 마찬가지였다. 우주는 유한한 전력량으로 맥동하고 있는데, 과학은 이미 차가운 지구가 미래의 어느 시점에 우주 공간에서 마구잡이로 흔들리다 어두워질 것이라고 증명했다.

1850년대 이후부터 태양 물리학은 입담 좋은 빅토리아 시대 사람들 사이에서 큰 화제가 되었다. 켈빈의 발견(20세기 초 러더퍼드가 방사성염放射性塩을 발견할 때까지는 의심받지 않았던)은 또 다른 빙하기를 역사적으로 예측할 수 있게 했다. 당시엔 남극과 북극 같은 대륙은 멀리서 바라볼 수는 있었으나 가까이 가기는 극히 힘들었다. 그러나 알프스산맥, 캅카스산맥, 카라코룸산맥의 빙하 위에서 빅토리아 시대 사람들은 완전히 소멸될지도 모른다는 공포에 맞닥뜨릴 수 있었고, 그들의 미래를 파괴하는 수단을 인식하

91 물체의 열역학적 상태를 나타내는 물리량.
92 엔트로피가 최대가 되는 열의 평형 상태, 즉 열역학적 죽음.

려고 애썼다. 그들이 느끼는 무시무시한 경외감은 오늘날의 우리가 핵무기 병기고에 정렬된 번쩍번쩍 빛나는 핵미사일 탄두를 둘러보는 느낌과 같았을 것이다. 빙하기의 귀환은 실제로 그들에게는 핵겨울이었던 셈이다.

✳

나는 존 러스킨의 39권짜리 전집인 『작품Works』 제2권을 훑어볼 때, 그가 그린 「뒤 부아 빙하」를 처음 봤고, 이 남자의 부지런함에 섬뜩할 정도로 놀랐다. 그건 깜짝 놀랄만한 소묘였다. 러스킨은 얼음 그 자체의 형식적 특성을 모사하는 것은 불가능하다면서, 전통적인 사실주의는 얼음의 외관을 표현하지 못할 거라고 단언했다. 대신 그는 관찰자와 관찰 대상 사이의 관계를 묘사하고자 했다. 있는 그대로의 얼음을 표현하는 게 아니라 얼음이 그의 눈에 보이는 모습, 즉 '인간 인식의 행위'를 그리려고 노력한 것이다.

러스킨이 숭배했던 터너는 1842년 걸출한 유화 「눈보라: 항구 어귀의 얕은 물에서 기적을 울리고 출항하는 증기선Snow Storm: Steamboat off a Harbour's Mouth Making Signals in Shallow Water, and Going by the Lead」을 완성했다. 이 그림은 얼핏 보기에 증기선은 없고 오직 '눈보라'만 담겨 있다. 캔버스에서는 짙은 색조가 소용돌이치고 끈적이는 점성의 구름 소용돌이는 위를 향해 비스듬히 떠오른다.

조지프 말러드 윌리엄 터너, 「눈보라」(1842).

다만 몇 초가 지난 후에야 제목의 도움으로 배가 살짝 보인다. 배 위의 둥글고 짙은 색의 물레바퀴가 파도 거품 뒤로 간신히 드러나 있다. 보일러에서 나오는 화염은 굽이치는 바다의 아주 작은 부분을 금빛으로 물들였다. 일단 배가 인식되면 적란운에서 아래로 내리뻗은 긴 흑갈색 폭풍 지류로 보이던 것이 연기가 피어오르는 연통이라는 것을 알 수 있다. 마지막으로 소용돌이 한복판의 확 트인 곳에서 폭풍우의 붓꽃 색조에서나마 파란빛의 기색이 엿보이고 눈동자 모양의 미광에서 좋은 날씨의 전조가 넌지시 비친다. 비록 네덜란드 남자의 바지 한 벌을 짤 만큼의 푸르름은 아니지만 그래도 파란 하늘이냐.

러스킨이 그린 '빙하'는 터너가 묘사한 '눈보라'를 모방한 게 분명하다. 러스킨의 그림에서도 똑같이 격심한 소용돌이와 구심력을 느낄 수 있다. 바람에 날리는 눈과 얼음의 느슨한 미립자들은 모든 표면에서 쏴쏴 하는 소리를 내며 흩날린다. 한 마리의 붉은부리까마귀 혹은 갈까마귀가 그림의 가장자리에서 굵고 늙은 뻣뻣한 나무줄기로 겨우 날아들려고 한다. 새는 얼핏 보기에 불가피하게 태양 빛 아래의 창백한 구멍으로 소용돌이치듯 말려들어갈 듯하다. 왼쪽 하단 모서리에 있는 러스킨의 서명조차 장력張力 때문에 구부러져 있고, 글자 끝은 그림의 견인력에 의해 안쪽으로 당겨졌다. 배경에서 산은 마치 하얀 칼처럼 옆모습으로 솟아 있으면서 빙하의 뾰쪽한 표면과 서로 조응하고 있다. 러스킨이 그린 이 빙하는 내가 본 다른 어떤 화가보다 더 사실적으로 빙하 위에 있었던 경험을 잘 잡아냈다. 그는 빙하의 정지 상태와 극적 이동의 모순을 훌륭하게 중재했다. 빙하 위에서는 정지의 한가운데서도 늘 움직임을 감지할 수 있다. 바로 제라드 맨리 홉킨스[93]가 알프스

---

93 영국의 시인, 1844~1889년.

'얼음의 강'에서 관찰한 바와 같이 "간헐적으로 끊긴 유동 활동의 분위기"가 있다.

크레바스에 빠진 적이 있었다. 당시 나는 눈 쌓인 스위스 한 빙하의 표면을 걸어가면서 밴드 도어즈의 노래 「브레이크 온 스루 투 디 아더 사이드Break on through to the Other Side」를 휘파람으로 불고 있었다. 그때 먼저 삐걱거리는 소리가 나더니, 마치 낙하문Trap-door이 열리듯 발밑이 무너지는 감각을 느꼈다.

나는 수직으로 낙하했다. 하지만, 다행히 복부가 얼음 사이에 끼어 밑바닥으로 떨어지지 않았고 추락할 때 폐가 충격을 받아 큰 숨이 뿜어져 나왔다. 하반신은 일종의 다른 환경에 진입했다. 더 춥게 느껴졌고, 위쪽과 멀어질수록 더 차가웠다. 등산화와 아이젠이 무거워 발로 허공을 찼다. 이런 몸짓이 아래로 더 떨어지게 할지도 모른다는 것을 깨닫기 전까진 말이다. 그래서 나는 매달린 채 발을 아래로 편안하게 내리고 팔은 위쪽 세계의 눈 위를 가로질러 쭉 폈다. 발밑으로 가늠할 수 없는 깊이가 느껴져 한바탕 소름 끼치는 현기증에 사로잡혔다. 나는 13살 때 코르시카 해안으로부터 몇 마일 떨어진 바다에서 똑같은 느낌을 받은 적이 있었다. 당시 나는 요트 위에서 바닷물 속으로 뛰어내렸다. 해도海圖에 1219미터 깊이의 해구가 표시된 곳이었다. 바닷물은 맑고 푸른색으로 물들어 있었다. 동생과 나는 은색 동전인 상팀(프랑스 화폐 단위, 1프랑의 100분의 1) 두 개를 던진 후, 잠수 안경을 쓰고 그

THE GLACIER DES BOIS.
1843.

존 러스킨이 소묘한 식각蝕刻 판화. 「뒤 부아 빙하」(1843).

것들이 느리고 밝게 빛나며 아래로 굴러 떨어지는 광경을 지켜봤다. 흡사 바다 속에서 몇 시간 동안이나 동전이 계속 하강하는 느낌이었다. 돌연 나는 부력을 잃고 동전을 따라 힘없이 아래로 곤두박질칠지 모른다는 공포에 사로잡혔다. 결국 아버지가 두 손을 내 겨드랑이에 끼고 나를 바닷물 속에서 번쩍 끌어올려야만 했다. 바닷물이 꼬리에 꼬리에 물고 줄줄 떨어졌다.

나의 등반 파트너가 빙하의 틈새에서 나를 끌어 당겨내는 게 마치 수영장에서 시체 한 구를 끌어내는 것 같았다. 나는 눈밭 위에 누웠고 두려운 나머지 거의 천식이라도 걸린 듯 숨을 헐떡였다. 그날 밤, 알프스의 작은 오두막집에 안전하게 누웠다. 다른 등산객들은 잠결에 몸을 뒤척였지만 나는 얇은 매트리스 위에서 잠을 이룰 수 없었다. 낮에 발생한 사고를 회상하면서 '만약'으로 시작되는 가정법에 빠져들었다. 만약 내가 크레바스 밑바닥으로 추락했더라면, 마치 내가 본래 거기에 없었던 것처럼, 빙하는 평소처럼 제 역할을 확실하게 해냈을 것이다. 빙하의 내부는 내 몸을 철저하게 훼손했을 것이다. 만약 내가 그 프랑스 개신교 목사처럼 "널찍하고 웅장한 대형 빙청" 같은 크기의 크레바스에 떨어졌더라면 몇 개월에 걸쳐 그 양측이 점점 더 합쳐지고, 설상가상으로 그 공간은 무도회장에서 침실로 변하고, 다시 수납 벽장으로 변하고, 결국엔 '나의 관짝'이 되었을 것이다.

✳

빙하는 19세기 대중의 상상력을 자극하는 두 가지 개념을 혼합시켰다. 바로 '강대한 힘'과 '광대한 시간'이었다.『사부아 알프스산으로의 여행Travels through the Alps of Savoy』에서 스코틀랜드 빙하학자 제임스 포브스는 그중 두 번째 측면에 주목했다. "빙하는 흠 없는 지면 위로 흐르는 시간의 장강長江 위에 일련의 사건들을 새긴 끝없는 두루마기로, 그 연대의 까마득함은 현존하는 인류가 품을 수 있는 기억을 아득히 초월한다. 빙하의 길이가 약 32킬로미터이고 해마다 152미터를 이동한다고 가정하면, 현재 이 빙하 말단의 빙퇴석 위 표면에서 나오는 돌덩이를 원래의 지점으로부터 빙하가 밀어내기 시작한 때는 영국 왕 찰스 1세의 통치기로까지 거슬러 올라갈 수 있다." 따라서 빙하의 "넓고 빛나는 둑길"을 따라 아래쪽으로 걷는 건 시간을 거슬러 올라가는 여행이었다. 크레바스로 내려가는 것은 미국의 남북전쟁이 진행 중일 때 압축된 얼음을 만나러 가는 길이었다. 1810년대 후반 캅카스 산악 지대를 여행하던 영국 귀족 출신 군인 로버트 커 포터처럼 거대한 눈사태나 빙하의 붕괴를 보는 것은 "수 세기 동안 쌓인 눈과 얼음이 거대하게 산산조각이 나는" 시대의 붕괴를 목격하는 거나 마찬가지다. 빙하와 그 주위의 산은 인류를 다른 방식과 다른 속도로 사고하도록 만들었다.

1878년 가족과 함께 스위스를 방문한 마크 트웨인에 대한 유쾌한 일화가 있다. 체어마트 계곡의 높은 동쪽 능선에 올라간 일행은 가장 쉬운 하산길을 깊이 따져본 후 "기대한 고르너 빙하에서 체어마트까지 가는 걸로 결정했다". 마크 트웨인은 『유럽 유랑기A Tramp Abroad』에서 회고했다.

나는 가파르고 지루한 노새의 길을 따라 내려가며 탐험을 했고 빙하 한가운데에서도 되도록 가장 좋은 위치를 잡았다. 왜냐하면 베데커 여행 안내서가 빙하는 '중간' 부분이 가장 빨리 움직인다고 말했기 때문이다. 비록 경제적인 관점에서는 저속 화물 운송이지만 비교적 무거운 짐은 육지 쪽과 가까운 빙하의 가장자리 부분에 두었다. 기다리고 기다렸지만 빙하는 움직이지 않았다. 밤이 깊어감에 따라 짙은 어둠이 몰려들기 시작했다. 여전히 우리는 꿈쩍도 하지 않았다. 나는 그때 문득 베데커 여행 안내서에 '빙하 여객선 시간표'가 있을 수도 있다는 생각이 떠올랐고, 거기서 빙하가 움직이기 시작하는 시간을 알아내는 방법이 좋을 거라고 짐작했다. 곧 눈을 번쩍 뜨이게 하는 문장 하나를 발견했다. "고르너 빙하는 하루 1인치 이하의 속도로 움직인다." 나는 그토록 심하게 격분한 적이 없었다. 자신감이 그토록 무자비하게 배신당한 적도 거의 없었다. 난 계산을 해봤다. 하루에 2.54센티미터, 일 년에 9미터, 체어마트까지의 거리를 511킬로미터로 보면 빙하에 의지해 그곳에 도착하기까지 500년이 조금

넘게 걸린다! 말하자면, 이 빙하에서 승객이 탈 수 있는 중앙 부분, 즉 급행열차 부분은 2378년 여름에야 체어마트에 다다를 수 있는데, 짐은 느린 빙하의 가장자리를 따라 그 후 몇 세대가 지나서야 도착한다. 나는 여행객을 실어 나르는 교통수단으로 빙하는 적격이 아니라고 판단했다.

마크 트웨인은 매력적인 특유의 가벼운 위트로 인간이 점점 더 지구에 지배적인, 즉 자연은 인류의 명령을 따르고 인류의 보조를 맞추기를 기대하거나 인류가 과학 기술로 자연을 짓밟고 자연의 리듬을 쓸모없게 만드는 태도를 풍자했다. 사실 속도에 대한 인류의 필요는 모든 것에 있어서 능률성, 기능성을 숭배하도록 이끌었다. 그리고 이러한 '속도 숭배 가치관'은 인류와 자연 세계의 부조화를 가속화했다.

'느림과 정지'에도 나름의 가치가 있고 독특한 미학이 있다는 것을 수시로 상기시키는 게 좋다. 어느 해 이른 봄, 나는 베이징에서 미니버스를 탔다. 북쪽으로 달리다 베이징에 대량의 수자원을 공급하는 얼어붙은 미윈密雲 저수지—1에이커에 이르는 은빛 얼음—를 지난 후, 만리장성을 따라 펼쳐진 좁은 능선들을 끼고 들쑥날쑥하게 주름진 풍경 속으로 올라갔다. 3시간 후에 버스는 주요 아스팔트 도로를 벗어나 감속이 힘든 U자형 급커브 자갈길을 따라 겨우 달렸다.

우리는 마침내 그늘진 협곡의 바닥에 멈추었다. 높은 북벽 위에는 800년 동안 언제나처럼 주변 땅을 감시해온 땅딸막한 망루가 서 있었다. 협곡의 가장자리에는 '얼어붙은 폭포'가 엎질러져 있었다. 길이가 90~120미터인 두껍고 구질구질한 노란색 얼음덩어리 파이프들 그리고 그 사이에 깨끗하고 푸른 고드름이 수직의 줄무늬처럼 열려 있었다. 얼어붙은 폭포는 고딕풍의 파이프 오르간처럼 보였고, 그것의 관들과 풍동들은 위아래로 화려하게 뻗어 있었다. 공기는 따뜻했고 가장 낮은 고드름의 끝부분에서는 물이 끊이지 않고 녹아내렸다.

우리는 아이젠을 묶고, 각자 피켈 한 자루씩을 쥐고 그 폭포를 오르는 데 하루를 보냈다. 나는 쉬는 동안 등반 장비를 벗고 폭포가 곤두박질치는 얼어붙은 강을 탐험하기 위해 아래로 기듯이 내려갔다. 비스듬한 각도에서 바라본 얼음은 얼핏 은빛으로 융기된 푸른색처럼 보였다. 나는 강 위로 내려왔다.

강기슭의 돌 틈새에 채워진 얼음은 호우 때 흔히 볼 수 있는 유백색이었다. 강 한가운데에서 상주하는 큰 바위들은 여름이면 소용돌이와 급류를 일으켰을 테지만 지금은 투명한 얼음의 매끄러운 면으로 둘러싸여 있었다. 얼음 속을 내려다보면 그 안에서 결빙된 자작나무 잎사귀들과 마치 진주 꿰미처럼 올라오는 통통하고 하얀 기포들이 얼음의 깊이를 가늠하게 해줬다. 달가닥거리는 소리가 들리는 쪽으로 힐끗 올려다봤다. 담비 한 마리가 강 한쪽에 드리워진 그늘을 뚫고 나와, 축축한 얼음 위를 미끄러지듯 스치며 잽싸게 건너편의 평평한 돌 위로 질주했다. 그놈은 돌 위에 마치 검은색 스티커 같은 눅눅한 발자국을 찍었는데, 건조한 공기로 물기가 재빨리 증발해 돌들은 곧상 본래의 색깔을 되찾았다.

얼어붙은 폭포와 정지된 강에 대한 나의 경이감은 일반적으로 절대적인 운동 상태에 있는 무언가가 절대적인 정지 상태로 변화한 데에서 비롯되었다. 아마 속도에 대한 우리의 미친 듯한 집착은 세상의 종말과 관련이 있을지 모른다. 현대사회만이 가지고 있는 고유의 불안한 잠재의식은, 얼음(태양의 죽음)이나 불(핵 홀로코스트)에 의해 지구의 종말이 올지도 모른다는 것에서 비롯되었다. 나는 이게 늘 궁금했지만, 테오필 고티에의 글을 읽기 전까지는 생각이 같은 다른 누군가를 찾지 못했다. 그러다 뜻밖에도 1884년에 쓰인 이 글을 우연히 발견하게 됐다.

모든 나라의 사람들을 동시에 사로잡은 '빠른 이동'에 대한, 이 거친 열광은 그 얼마나 기괴한가. "죽은 사람이 가장 재빨리 떠나가요." 어느 민요에는 이런 가사가 있다. 그럼, 우리는 죽은 자들인가? 혹은 우리가 지구 표면 위를 짧은 시간 안에 여행할 수 있도록 왕래의 방식을 증식시키는 데 집착하므로, 이것은 지구의 종말이 다가오고 있다는 걸 보여주는 어떤 불길한 예감인가?

✳

느릿느릿하게 무자비하고, 역사를 따라 성장하는 빙하의 특성은 사람들을 두려움에 떨게 하고 적어도 짜릿한 위험에 휩싸이게 할 상상력을 완벽하게 준비하고 있다. 19세기에 빙하가 이토록 많은 수의 열렬한 여행객을 끌어들인 것은 놀라운 일이 아니었다. 무엇보다 우선 빙하는 일상의 생활 터전과는 완전히 다른 공간을 제공한다. 러스킨은 츠무트 빙하에 감탄하며 썼다. "온 풍경이 너무나 변함없고 고요하며 극도로 속세에 초연하고, 인류라는 존재는 물론이거니와 심지어 인류의 사상마저도 초월했다." 1828년 존 머리와 그의 아내가 몽블랑의 탈레프레 빙하 한가운데로 걸어갔을 때, 그들은 21미터 높이의 얼음 피라미드 사이에 앉아서 병 속의 위스키를 한 모금 마시고 목격했던 장관이 얼마나 찬란했는지를 회상했다.

무섭고 냉랭한 '고독'의 한복판인 이곳에서는 우리의 목소리 외에는 아무런 소리도 들리지 않았다. 쥐죽은 듯한 고요가 사위를 지배하고 있고, 오로지 멀리 떨어진 곳에서 간헐적으로 들리는 우렛소리가 그 정적을 깨뜨리며, 먼 곳에서 눈사태가 났거나 거대한 빙하가 찢어졌다는 소식을 알려주었다. 설산의 높다란 벽이 빙 둘러싸고, 첨봉들의 뾰족한 봉우리가 곳곳에 뚫려 있는 이 광대한 원형극장은 영원한 겨울날, 누세에 걸쳐 쌓인 적설, 암석들의 잔해와 낙석, 무서운 황량함에 대한 모든 장엄한 의인화가 지배하고 있다.

✷

외로움, 죽음, 불모, 황량함, 몰인정―이것들은 낭만주의가 그토록 매력적으로 만들어온 풍경의 특징들이었다. 극지의 황막함이 이런 경관의 가장 이상적인 예증이지만, 19세기에도 지금처럼 단호하고 재정이 넉넉한 탐험가들을 제외하고는 극지방에 접근하기가 어려웠다. 극지에 가장 가깝고 또 가장 근접한 풍경을 제공한 곳은 바로 유럽, 남아메리카, 아시아의 빙하들이었다. 수만 명의 사람이 빙하를 즐기러 왔었고 수십 명이나 목숨을 잃었다. 그들은 지금도 여전히 '얼음의 강'으로 오고 있다. 마치 내가 왔었던 것마냥. 빙하가 인류의 감정을 소환하는 힘은 흡사 빙하 그 자체에서 나오는 것 같으며, 그 힘은 이미 수 세기 동안 누적되어왔다.

제5장

고도: 산꼭대기와 풍경

Mountains of the Mind

바야흐로 우리는 잇따라 산봉우리를 향해 올라간다.

작고 상냥한, 여러 목소리가 부른다.

"더 높이 올라오세요"라고.

— 존 뮤어, 1911년

"그들은 마치 눈 속의 부처님들처럼 그곳에 앉아 있어요." 사샤가 우리에게 말했다. "저는 그런 사람을 수십여 명 넘게 봤어요." 그가 언급한 건 등산객 시체들로 대부분이 포베다봉(해발고도 7439미터)의 정상 능선에서 사망한 러시아인들이었다.

포베다봉, 즉 승리봉勝利峰은 톈산산맥에서 가장 높은 지점이다. 사샤가 일부러 우리를 놀래주려고 한 건 아니었다. 그는 그럴 필요가 없다는 것을 잘 알고 있었다. 그는 일 년의 4분의 3을 모스크바의 한 대학에서 수학 강사로 근무했고, 매해 무더운 여름방학 3개월 동안 톈산의 점점 더 어려운 루트들을 등반했다. 그는 거의 흠 잡을 데 없는 영어를 구사했고 맥주병 바닥처럼 두꺼운 특대

안경을 썼으며, 늘 얇은 다운 재킷과 헝겊으로 기운 자리가 있는 살로페트를 입고 있었다.

우리는 8킬로미터쯤 떨어진 산마루를 올려다봤다. 높은 고도에서는 감압된 공기가 렌즈의 역할을 해주기 때문에, 원거리의 물체가 더욱 가깝게 보인다. 딛고 있는 빙하 위에서 우리는 우람하게 융기한 포베다봉의 윤곽을 완벽하게 볼 수 있었고, 그 1킬로미터 길이의 긴 정상 능선에 있는 모든 세락serac[94]과 설원을 분간할 수 있었다. 석양빛에 분홍빛으로 물든 백설은 마치 딸기 아이스크림처럼 기묘하게 온순해 보였다. 우리 다섯 명은 그곳에 서서 차가운 공기를 마시고 숨을 헐떡이다 그 시체들을 떠올렸다. 나는 무심코 잠자고 있는 그들을 흔들어 깨울 수 있을 것처럼 그들이 눈 둑에 아무렇게나 기대어 있는 듯하다고 상상했다. 또한 나는 그들이 케언Cairn〔원뿔형 돌무덤〕처럼 정상 능선을 따라 앉아 꼭대기로 가는 길을 표시해주는 이정표 같은 역할을 해주고 있다고 생각했다.

그러나 추위에 그들의 살이 일그러지고, 모진 비바람과 햇빛에 옷은 너덜너덜하게 찢기어 누더기가 되고, 피부는 하얗게 표백되고 뼈도 부러졌을 가능성이 더 컸다.

"한 남자에 관한 이야기를 들은 기억이 나요." 사샤가 산등성마루를 향해 손짓하며 말했다. "그와 다른 두 사람은 악조건을 이기

---

94 빙하가 급경사를 내려올 때 빙하 균열의 교차로 생기는 탑 모양의 얼음덩이인 빙탑氷塔.

고 산 정상에 다다랐고 많은 눈이 내렸어요. 그들은 동쪽에서 몰려오는 또 다른 큰 폭풍설을 보고 곧바로 몸을 돌려 능선을 따라 왔던 코스로 되돌아갔죠. 5분 뒤 그의 한쪽 눈이 보이지 않았어요. 마치 등불을 꺼버린 것처럼 칠흑처럼 깜깜해졌죠. 눈 망막이 망가져버린 거죠. 몇 걸음을 더 걸으니 또 짤까닥! 다른 눈의 시력마저 잃고 말았습니다. 두 망막 모두 압력으로 찢어져버린 거예요. 동료들은 그에게 길을 안내해주었으나 두 눈을 잃은 그는 하산하고 싶지 않았죠. 결국 눈 속에 털썩 주저앉아버렸습니다."

사샤는 어깨를 으쓱했다. "그는 여전히 저 위에 있어요. 그게 바로 '고도'란 거예요."

※

높은 해발고도에서 시력은 한 사람이 가진 전부다. 다른 감각들은 사라진다. 너무 추워서 아무것도 느끼지 못하고 너무 높아서 아무 냄새도 맡을 수 없으며 미각이 무뎌지고, 자신의 숨소리 외에는 아무런 소리도 들리지 않는다. 시력이 가장 필수적이다. 폭풍우의 척후병일 수 있는 권운의 스카프를 탐지해야 하거나, 강한 눈보라가 치는 동안 한쪽 발을 다른 쪽 발 앞에 정확히 두거나, 아마 애초에 이토록 위험한 공중 세계에 올라온 까닭 중 하나일 경치를 구경하기 위해서는 두 눈이 꼭 필요하다.

고도와 마찬가지로 기억력도 어떤 이미지들에 고유의 선명성을 부여할 수 있다. 일곱 살이었을 때 외할아버지가 한 장의 흑백 사진을 보여준 일이 똑똑히 기억난다. 이마 가로 10인치, 세로 5인치 크기의 사진으로, 그가 올라갔던 알프스 산간의 설릉雪陵인 피츠 베르니나산(해발고도 4049미터)의 비앙코그라트를 찍은 것이었다. 이 산등성이는 너무 날카로워서 마치 햇빛을 두 동강이로 잘라낸 것처럼 보였고 능선의 한쪽은 온통 하얗게 반짝이고 다른 한쪽에는 그늘이 드리워져 있었다. 배경에는 오로지 하늘만 있었고 그 정상에서 점점 능선이 가늘어져 원뿔형 설산을 이루고 있었다. 이 원뿔의 꼭대기에는 한 폭의 깃발 같은 흰 구름이 펼쳐져 있었다. 외할아버지는 새끼손가락으로 그 깃발을 가리켰다. 그는 나에게 그것이 바람에 의해 산에서 떨어져 날아가고 있는 얼음 결정들의 흐름이라고 말했다. 산봉우리가 그 뾰족한 끝을 텅 빈 대기 속에 담그고 자신의 '얼음 깃발'을 휘날리는 풍경은 마치 지구 밖의 일 같았다. 나는 외할아버지가 그 산을 등반했다는 사실이 믿기지 않았다.

내가 어렸을 적 여름에는 대부분 가족끼리 차를 타고 스코틀랜드 산간 고지대에 사는 외조부모님 댁에 갔다. 그리고 며칠 동안 그들의 집을 산속의 기지로 삼았다. 외할아버지는 항상 춥고 엔진 오일 냄새가 나는 차고에 등반 장비를 보관했다. 그곳에는 꽤나 오랫동안 나보다 더 큰, 밑바닥이 바다표범 가죽으로 된 스키가 있었다. 할아버지는 내게 바다표범 가죽의 털이 어떻게 스키를 눈밭 위에서 한 방향으로만 미끄러지게 하는지, 위로 오를 때 뒤로 미끄러지는 불상사를 막아주는지 설명해주었다. 그의 스키 폴은 금속 물미와 등나무로 만든 넓고 둥근 링이 있는 일직선의 목세품이었다. 두 짝의 아이젠은 항상 스키 옆에 놓여 있었다. 기름칠이 된 아이젠은 경첩으로 연결되어 있었고 발톱은 서릿발처럼 빛났다. 그것들은 마치 두 마리의 작은 괴물 같았다. 90센티미터 길이의 기다란 피켈은 노처럼 무거웠고 나무 자루의 표면은 니스로 코팅되어 있는데다 쇠 까뀌에는 사용하다 긁힌 자국이 남아 있었다.

외할아버지는 스위스 제네바 호수의 동쪽 기슭에 있는 몽트뢰에서 자랐고, 학교를 오가는 길에는 아롤라 근처 산봉우리의 풀이 무성한 낮은 비탈을 내려가다 실족해 죽은 영국인과 그의 아들을 기리는 기념비를 지났다. 해마다 여름이면 그는 가족의 네덜란드 친구인 '빅' 래비와 짝을 이뤄 산에 올랐다. 그런데 사실 빅 래비라는 호칭은 그의 우람한 덩치를 제대로 반영하지 못한 별명이었다. 외할아버지는 아홉 살이 되던 해에 처음으로 알프스산맥의 3000미터 고봉인 덩 뒤 미디('한낮의 이빨'이라는 뜻)의 높은 꼭대기를 등정했다. 그곳의 정상에서 외할아버지는 우연히 1922년과 1924년에 영국 에베레스트 원정대를 이끈 찰스 브루스 장군을 만났다. 영국 육군에 오래 복무하면서 빗발치는 총탄에 온몸이 상처투성이가 된 이 기품 있는 노老장군은 래비, 외할아버지와 조용히 몇 마디를 나눈 후 가파른 산비탈을 가뿐하게 내려갔다. 외할아버지는 조심스럽게 평탄한 코스로 하산하며 이 노장군과의 조우를 음미했다. 이후 항상 그때의 뜻밖의 만남을 등산 생애의 출발점으로 삼았다.

여러 해를 거치면서 나는 그 피켈의 흉터에 대해 더 많은 사연을 알게 되었다. 외할아버지는 히말라야, 북아메리카, 유럽 전체에서 산을 등반했다. 전시 휴가 동안 탐험한 터키의 알라 다그 산군에는 그의 이름을 딴 협곡 루트가 있다. 외할아버지는 외할머니와 결혼한 지 얼마 지나지 않아 그녀와 스위스 발레로 가 등산 휴가를 보냈다. 외할머니도 영국 제도와 베네수엘라의 안데스산맥, 서인도제도의 화산군에서 아주 많은 산을 등반했다. 그 주 초부터 폭풍우가 몰아쳐 그들은 외딴 투르트만탈 계곡의 오두막에 사흘간 갇혀 지내야만 했고, 당시 먹을만한 거라곤 커다란 양파 한 개뿐이었다. 그래서 외할아버지는 나에게 '이런 종류의 소풍'을 신혼여행으로 계획하지 말라고 충고했다. 그는 칠순 생일을 맞아 외할머니와 함께 부탄의 산악 지대 탐험에 나섰다. 계절에 맞지 않는 뜻밖의 폭설이 그들을 4000여 미터 높이의 계곡에 가두었고, 결국 인도군이 헬리콥터를 동원해 구조해야 했었다. 나는 아직도 초조했던 영국에서의 그 오후를 기억하고 있다. 우리는 아무런 목적도 없이 차를 홀짝이며 단 한마디 말도 없이 전화벨이 울리기만을 기다렸다.

    높은 장소에 대한 외할아버지의 숭배는 흔들린 적이 없었다. 비록 친구들이 산에서 죽기도 하고 끔찍하게 다치기도 했지만, 그는 아무런 의심 없이 산에 오르는 마음을 간직했다. 히말라야산맥의 높은 산봉우리에 있는 얼음 동굴에서 밤을 보내야 했던 친구 한 명은 동상으로 16개의 손가락과 발가락을 잃었다. 당시 스물두 살이었다. 사건 발생 후 반세기가 지나 나는 그를 한 번 만난 적이 있다. 나는 본능적으로 손을 내밀어 그와 악수했는데, 알뿌리가 박힌 손바닥과 원래는 손가락이 있어야 할 부위에서 반짝이는 혹덩이를 접촉했을 때 흠칫 놀랄 수밖에 없었다.

    한번은 외할아버지와 그가 왜 고산지대를 사랑했는지, 왜 그렇게 많은 산봉우리에 오르기 위해 악전고투하고 왜 그렇게 위험을 무릅쓰고 산에 오르려는 마음을 버리지 않고 살아왔는지에 관해 이야기 나누려고 했다. 그는 나의 물음을 제대로 이해하지 못했거나 심지어 그것이 질문이라고도 생각하지 않는 듯했다. 외할아버지에게 '고도의 매력'은 인간의 해석을 초월하거나 근본적으로 언어로는 설명할 수 없는 영역이었다. 비록 그렇다손 쳐도 산봉우리와 그 풍경은 어떻게 이토록 강한 흡인력을 발휘하여 그토록 많은 사람의 상상력을 지배하고 있는 것일까? 이따금 시에 산이 불쑥 얼굴을 내밀지만 체질적으로 고도를 좋아하는 사람이 아닌 시인 테니슨은 영국해협에 있는 와이트섬에서 휴가를 보내기를 더 선호했다. 그가 약간은 이해할 수 없다는 어투로 물었다. "산에서 무엇을 즐길 수 있겠는가. (…) 높고도 추운 곳이거늘?"

이에 대해 '공간 탐험', 즉 더 높은 곳으로 가려는 갈망은 인류의 마음에 내재한 본성이라고 대답해도 좋다. 이른바 프랑스의 '공간과 사물의 철학자' 가스통 바슐라르는 고도에 대한 욕구를 '보편적인 본능'이라고 간주했다. 그는 썼다. "인간이라는 존재는 청년기에, 독립기에, 성숙기에 모두 땅에서 위쪽으로 일어서기를 원한다. 이런 도약은 기쁨의 기본 형식이다." 확실히 고도와 우수함의 방정식은 우리의 언어에 깊이 새겨져 있고 따라서 사고방식에도 내재되어 있다. 영어 동사 '뛰어나다'는 라틴어 '엑셀수스'에서 유래한 단어로 '숭고한' 또는 '높은' 것을 의미한다. 영어 명사 '우월성'은 라틴어에서 비교급인 '더 나은'에서 온 것으로 상황이나 처지, 혹은 지위 면에서 '더 높다'는 의미다. '숭고'란 원래 '높이 치솟은, 출중한'이나 '위쪽으로 오른'이라는 뜻이다. 반면 경멸적인 낱말들은 '심도度度'와 관련이 있다. 가령 '하찮음' '열등' '밑바닥' 등 적지 않은 예가 더 있다. 우리는 경사도를 이용하여 인류 진보의 모형을 만들었다. 우리는 위로 상향하거나 아래로 침몰해 가라앉는다. 후자보다 전자를 실천하는 것이 더 어렵지만 그렇기에 곧 칭찬을 듣는다. 어떤 언어적 상황에서든 인류는 아래로 향하는 것을 진보라고 말하지 않는다. 대다수 종교는 하나의 수직적 축선軸線을 운용해 천국이나 그런 상태의 유사물을 위쪽으로 향하게 하며, 그역(가령 지옥)은 아래로 향하게 한다. 등산은 그러므로 '신성'에 접근하는 근본적인 방식이다.

요즘에는 산 정상이 노력과 보상의 세속적 상징이 되었다. '산봉우리 정복'은 분투의 최고점에 도달하는 것이다. '세상의 꼭대기'에 서는 일은 무엇과도 비교할 수 없을 정도로 기분이 좋다. 의심할 여지 없이 산 정상에 다다른 데서 오는 성취감은 역사적으로 줄곧 '고도 욕구'의 핵심 요소였다. 결코 놀라운 말이 아니다. 산을 오르는 것보다 더 간결하게 성공을 비유할 수 있는 게 어디에 있겠는가? 산꼭대기는 가시적인 목표를 제시하고, 산비탈은 정상으로 향하는 도전 욕구를 불러일으킨다. 우리가 산을 걷거나 오를 때는 산허리의 실제 지형뿐만 아니라 노력과 성취의 형이상학적인 영역도 가로지른다. 산의 정상에 오르면 역경을 이겨냈다는 것이 매우 자명해진다. 비록 완전히 '쓸모없는' 짓일지라도, 무언가를 정복했다는 의미를 갖게된다. 이것이 인류의 상상력이 산봉우리에 부여한 의의다. 어쨌든, 결국에는, 단지 지질학적인 우발성에 의해 그 어떤 다른 경물보다 더 높은 데 있는 산속의 암석이나 눈덩이, 고도 공간 속의 표석, 산의 기하학이 창조한 허구적 이야기, 의미가 전혀 없는 듯한 하나의 뾰족한 끝 등이 등산 산업의 광범위한 융성을 불러왔다.[95]

---

[95] 물론 모두가 등산을 좋아하는 것은 아니다. 누구인지 기억할 순 없지만, 아주 재미있는 어떤 사람이 이렇게 슬기로운 말을 했었다. "한 사람의 둘레가 그의 키와 일정한 비율 이상으로 비례하지 않을 때, 그의 영혼의 저층은 평야를 더 선호한다." 말은 이렇게 할지라도, 삭도索道, 케이블카, 스키어를 위한 체어리프트와 같은 육중한 등반 기계의 발명

그러나 성공한 느낌만이 높은 산에서 누릴 수 있는 유일한 기쁨인 건 아니다. 고도에서는 감각적 경험이 얻을 수 있는 기쁨도 있는데 이러한 행복은 경쟁에서 비롯되는 것이 아니라 관조적 사색에서 온다. 고도는 가장 익숙한 풍경마저 낯설게 만든다. 평생을 살아온 도시도 탑의 꼭대기에서 부감하면 새롭게 보인다. 볼테르의 친구인 영국 시인 조지 키트는 고도에 있으면 "하나의 새로운 우주가 눈 앞에 펼쳐진다"고 적절하게 묘사했다. 산꼭대기에서 풍경의 특징들을 관찰하면 매우 색다르게 보인다. 가령 강은 리본, 호수는 은빛 칼날, 큰 돌멩이는 먼지 알갱이를 닮았다. 이렇듯 고도에서 바라본 땅은 추상적인 무늬나 예기치 않은 이미지로 자신을 변형시킨다.

　　어느 해 시월, 나는 스코틀랜드 서부의 스카이섬에 있는 블라바인산의 정상에 도달했다. 청명한 낮이었지만 산의 맨 위 90미터 상공은 구름에 폭 싸여 있었다. 나는 이 구름층에 들어가서야 정상이 눈으로 뒤덮여 있다는 것을 깨달았다. 내가 산꼭대기에 올라 잠시 멈춰 서자 새하얀 눈과 흰 구름이 나를 빙 둘러쌌다. 어떤 방향에서도 나는 60미터 밖의 풍경을 볼 수가 없었다. 온통 새하얀 가운데 검은 암석들이 들쭉날쭉하게 돌출된 곳을 제외하면 지면이 어디에서 끝나고 하늘이 어디서부터 시작되는지를 분간하기 어려

은, 비록 천성적으로 산 위를 걷는 걸 싫어하는 사람들도 내심 높은 곳으로 가보고 싶다는 충동을 느낀다는 것을 보여주는 증거로 충분하다―지은이.

웠다. 그곳에 서 있을 때 한 무리의 흰멧새가 갑자기 내 앞을 가로지르며 빙빙 돌았다. 그들의 검은색 뒷날개와 사방의 설백雪白은 놀라운 대비를 이루었고, 이 작은 새 떼는 마치 한 마리의 새처럼 선회했다. 흑과 백은 고산이라는 체스판의 배색 설계다.

그때 갑자기 구름이 걷혔다. 해안선은 북쪽과 남쪽으로 마치 지도처럼 펼쳐져 있었고 육지의 거무스름한 손가락들이 대서양의 은빛 손가락들을 꽉 쥐고 있었다. 머나먼 바다 위를 덮고 있던 구름층이 창문을 열자, 태양은 황금빛 섬 하나를 해수면 위에 투사했다. 그리고 다시 창문이 닫히고 구름장이 주위를 감싸자 나는 몸을 돌려 하산하기 시작했다.

우리는 이제 항공기나 인공위성에서 촬영한 이미지들의 무차별적인 공세 때문에 높은 곳에서 조감한 원경遠景에 예전처럼 자지러지게 놀라지 않는다. 하지만 상상해보라. 이런 항공사진을 전혀 본 적이 없던 초기의 등정자들이 갑자기 이 세계를 고도에서 내려다보고 있는 자신을 발견하면 얼마나 놀라워했겠는가! 이런 여행자들에게 고도에서의 넓디넓은 시야는 마치 신이 인간을 굽어보는 시계와 비슷하게 느껴졌을 것이다. 초기의 등반 기록을 읽다보면 이 세계를 지도 제작자의 시각으로 바라보는 경우나 천상의 관찰자와 자신을 동일시하는 성공한 등산가를 되풀이해서 만나게 된다.

✱

노아는 '고도 기록'을 오랫동안 보유하고 있었다. 대홍수가 진정된 후 노아의 방주가 정박했다고 하는 아라라트산[96]의 위치와 높이에 대해서는 의견이 첨예하게 갈린다. 게다가 구약성경의 「창세기」에 따르면 노아는 이 산의 정상에 실제로 다다른 적이 없다. 그럼에도 그가 상당한 고도에 도달했다는 것에는 논박의 여지가 없다. 18세기 케임브리지대학 우주 진화론자인 윌리엄 휘스턴[97]은 노아의 방주가 마침내 머무른 그 산의 고도가 6마일가량이라고 계산했다. 이는 거의 9754미터로 에베레스트산보다 900미터나 더 높다.

만약 휘스턴의 산술이 정확하고 노아의 방주가 「창세기」에 묘사된 대로 인간과 다른 동물들을 가득 태웠다면, 저체온증과 저산소증, 극한 고도로 모두 재빠르게 죽고말았을 것이다. 셈(노아의 맏아들), 함(노아의 차남), 야벳(노아의 셋째 아들)과 믿기 어려울 정도로 많은 노아의 다른 아들과 딸은 대를 이어가면서 자손을 번식시킬 수 없었을 것이다. 이 세계도 식물군, 동물군, 인류로 다시 넘쳐나지 않았을 터다.

아마 휘스턴은 그 산의 고도를 지나치게 높게 계산했을 것이다. 이렇듯 고도에 대한 초기의 추측은 마치 초기의 지질연대 추정처럼 극히 혼란스러웠지만 결코 놀랍거나 의아하지 않다. 당시에

---

96 터키 동부, 이란과 러시아의 국경 부근에 있는 화산.
97 영국성공회의 사제이자 수학자, 1667~1752년.

는 해발고도를 정확히 계산할 필요가 없었다. 등산하는 사람이 거의 없었고 소수의 등산객에게도 그것은 중요한 일이 아니었다. 바다의 깊이나 해안선의 길이를 재는 것이 고도 측량보다 훨씬 더 중요했다. 대플리니우스[98]는 세계에서 가장 높은 산은 해수면으로부터 족히 80킬로미터 이상으로, 90킬로미터에 가까울 거라고 주장했다. 매우 많은 사람이 18세기까지 아프리카 대륙 서북 해안에 자리한 테네리페섬의 화산봉이 세계에서 가장 높은 산이라고 생각했다. 이 산은 주요 해상무역로 위에 솟아 있어 두드러지게 눈에 띄었기 때문이다. 하지만 실제로는 에베레스트산의 절반에도 이르지 못한다.

높은 곳에 어쩔 수 없이 올라가야만 했던 초기 여행자들, 가령 로마를 오가며 알프스의 고갯길을 넘은 상인과 순례자 등은 자신들이 경험한 메스꺼움, 현기증, 두통으로부터 인체가 고도에 적응하기 어렵다는 것을 명백하게 보여주었다. 오늘날 AMS(Acute Mountain Sickness)라고 불리는 급성 고산병에 관한 초기의 많은 기록 중에서, 1580년 푸나라고 부르는 질병의 습격 때문에 안데스산맥 여행을 온전히 마칠 수 없다는 사실을 알게 된 호세 데 아코스타[99]의 일기가 아마도 가장 생생할 것이다. 그는 "나는 버텨낼 수 없는 정신적 스트레스와 구토로 인해 매우 놀랐다. 노랗기

---

98   로마의 정치가·박물학자이자 백과사전 편집자.

99   에스파냐 예수회 선교사, 1540~1600년.

도 하고 푸르기도 한 담즙까지 게워낸 뒤 심장마저 토할까 걱정스러웠다"고 적었다. 여행자들은 식초를 적신 스펀지를 입과 코에 바싹 붙여서 고산병에 맞서 싸우려 시도했지만, 이 방법은 고산병 증상을 완화하는 데는 거의 도움이 되지 않았다.

18세기 이전의 유럽인들이 보편적으로 풍경에 대한 미학적 감상력을 지니고 있었다는 증거는 부족하다. 실제로 산악 지대의 고산을 오르는 사람들은 흔히 경치보다는 '생존 전망'에 더 큰 관심을 가졌다. 어떤 곳에서 아름다운 풍광을 감상한다는 개념은 오늘날에는 거의 본능적인 반응이지만 당시엔 널리 자리 잡지 못했거나 적어도 산이 유발하는 감흥을 느끼지 못했던 듯하다. 18세기가 될 때까지 알프스의 산길을 지나야만 했던 여행자들은 산봉우리의 출현에 깜짝 놀라지 않기 위해 눈가리개를 쓰곤 했다. 철학자 버클리 대주교가 1714년 말을 타고 몽스니[100]를 횡단했을 때 그는 "무서운 벼랑에 놀라 혼비백산하고 말았다"고 기록했다. 가장 이른 시기의 스위스 관광 팸플릿이었을 『스위스의 즐거움Les Délices de la Suisse』의 익명의 저자마저 알프스산맥의 '놀라운 고도'와 '영구한 적설'이 섬뜩했다고 기록했다. "지구 위의 이 거대한 이상 성장물은 외관상 쓸모도 없고 아름다움도 없다." 그는 그보다는 도회지의 청결함과 스위스 소 떼의 행복과 건강을 알리는 쪽

---

100 프랑스 동남부와 이탈리아 사이에 있는 알프스의 산길.

을 선택했다.

✳

흔히 고도 역사의 기점은 이탈리아 시인 페트라르카가 혈기 왕
성한 형제 게라르도와 함께 등반한 기록에서 출발한다. 그들은
1336년 4월 프랑스 동남부 주인 보클뤼즈에 있는 1910미터 높이
의 온화한 몽방투산에 올랐다. 정상에 도달했을 때 페트라르카는
그 경치에 깜짝 놀랐다.

마치 갑자기 잠에서 깨어난 듯 몸을 돌려 서쪽을 응시했다. 나는 프
랑스와 스페인 사이의 국경 장벽을 이루는 피레네산맥의 꼭대기들
을 식별할 수 없었다. 중간에 어떤 장애물이 있어서가 아니라 단지
우리 같은 보통 사람의 눈으로는 볼 수 없기 때문이었다. 하지만 오
른편 리옹 주변의 산과 왼편 마르세유만, 파도가 몰아치는 에그모
르트 해안은 너무 멀어 며칠 동안 걸어야 다다를 수 있음에도 매우
선명하게 볼 수 있었다.

페트라르카와 게라르도는 하늘이 점차 어두워질 무렵에 하산
해 산기슭의 작은 여관에 다다랐다. 그리고 촛불에 의지해 대낮
동안의 견문을 서둘러 적어 내려갔다. 페트라르카의 이번 등산은

의심할 여지 없이 고도의 역사에서 중요한 위상을 점해야 했다. 그러나 페트라르카가 자신의 경험을 종교적 우화로 전환하려는 고집을 피웠기 때문에 그 중요성이 경감되었다. 그가 묘사한 산에 오르는 길, 산꼭대기에서 바라본 풍경, 입은 옷 등은 그 자체로 표현되었다기보다는 오히려 모든 세부 사항에 의미심장한 종교적 교훈이 깃든 상징주의적인 이야기가 되고말았다. 일부 학자는 이 등산은 전혀 이뤄지지 않았고, 단지 페트라르카의 형이상학적 사색을 치장하는 데 편리한 허구적 틀이었으며, 경건한 종교적 깨달음을 끌어내기 위한 호기였다고 주장한다. 페트라르카는 이렇게 총결했다. "우리는 산꼭대기에만 서 있을 게 아니라 세속적 충동에서 비롯된 욕구들을 우리의 발로 짓밟으려고 얼마나 열심히 노력해야 하는가!"

단지 영적 표상으로서가 아닌, 물리적 형태로서 산꼭대기에 대한 관심의 첫 과시를 확인하려면 17세기를 살펴보아야 한다. 그때 유명한 '그랜드 투어'—17세기 말과 18세기에 돈 많은(혹은 불명예스러운) 젊은 귀족 남자들이 흔히 유럽 대륙의 도시들과 갖가지 자연경관을 돌아다니며 견문을 넓히는 여행—라는 형판이 갓 주조되었다. 이 그랜드 투어에서 돌아온 여행자들은 경관, 특히 산상의 풍경에 대한 새로운 문화적 태도의 생산자이자 전파자가 되었다. 그랜드 투어를 체험하기로 선택한 1세대 젊은 영국인 중에는 일기 작가 존 에벌린이 있었다. 그가 사망한 후 출판된 여행 일기는 큰 명성을 얻었다(그의 일기는 1641년부터 1706년 사이에 쓰였고, 1817년 한 빨래 바구니에서 발견돼 이듬해 출간되었다).

1644년 11월 어느 날 저녁, 에벌린과 두 명의 길동무가 이탈리아 북부 산간에 있는 로카성 외벽을 빠르게 걷고 있었다. 이웃한 볼세나 호수 근처의 섬에 사는 카퓌생 수도사 중 한 명이 울리는 큰 교회 종소리가 저녁 공기를 타고 들려왔다. 불과 몇 주 전에 알프스를 넘어 이탈리아로 가는 동안 에벌린은 산악의 "이상하고, 매우 불쾌하고, 무서운" 모습에 반발심을 느꼈다. 그 며칠 동안 쓴 일기에서는 알프스산맥의 봉우리에 대한 불평불만을 털어놓았는데, 이는 17세기의 상투적인 '산 혐오'를 되풀이한 것이다. 그는 산봉우리의 가파른 경사는 눈의 자유로운 시야를 방해하고, 사막처럼 생명의 불모지이며, 쓸모없는 존재라고 했다.

그런데 에벌린은 불현듯 놀라고 말았다. 산 위에서 그런 불쾌한 경험을 한 지 얼마 지나지 않아 뜻밖에도 '고도'로 인한 짜릿한 흥분을 느껴서였다. 말을 타고 더 높은 산에 올랐을 때 고도가 선사하는 가장 흥미롭고 아름다운 효과 중 하나, 즉 구름층이 뒤바뀌며 자신이 문득 구름 위에 있는 것 같다는 전율을 느낀 것이다.

우리는 매우 두껍고, 튼실하고, 짙고 조금 먼 곳에서는 마치 암석 같아 보이는 데다 시종일관 우리를 따라다니는 구름층을 지나면서 1.6킬로미터를 등반했다. 건조하고 몽롱한 안개 같은 구름층은 농밀하고 방대하여 흩어지지 않고 떠다니며 태양과 달을 완전히 가렸다. 그래서 우리는 구름 사이가 아니라 바다 위에 있는 것처럼 느끼기도 했다. 구름층을 뚫고 가장 평온한 천국에 들어서자 우리는 인류의 모든 생활양식을 초월한 것 같았다. 산은 이때 서로 다른 작은 구릉이 연결된 형태라기보다 마치 거대한 섬과 더 비슷했다. 발아래에는 오로지 큰 파도가 굽이치는 두터운 구름바다가 있을뿐 그 외에는 아무것도 느낄 수 없었기 때문이다. 때때로 구름층 사이를 뚫고 나오는 다른 산봉우리를 엿볼 수 있지만, 우리로부터 수 마일이나 떨어진 곳이었다. 운해에는 약간의 틈새가 있었고 그곳을 통해 우리는 아래쪽 나라의 경치와 마을들을 구경할 수 있었다. 그래서 나는 이것을 내가 살아오며 구경했던 풍광 중 가장 즐겁고 참신하며 처음의 예상을 완전히 뒤집고 깜짝 놀랄 수밖에 없는 경색 중 하나로 인정해야만 했다.

17세기와 18세기 초반의 여행기를 읽으면 작가가 자신의 사상과 어떤 풍경의 직감적인 관계를 드러낼 때, 일반 통념의 질곡에서 잠시 벗어나 새롭게 느끼는 방식을 창조하는 순간들을 우연히 만나게 된다. 에벌린이 경험한 고도에 대한 흥분도 당시에는 특이하다는 취급을 받았지만, 18세기 중엽이 되자 즉시 주목을 받게 됐고 더욱이 오늘날까지 계속해서 지배적인 정설, 즉 '고도를 위한 고도 숭배'라는 정통 관념이 되었다. 이런 인식의 대전환이 시작될 때 고도가 주는 즐거움을 발견하는 것은 그 이전에는 인류가 고도에서의 기쁨을 찾지 못했기 때문에 엄청난 독창성을 필요로 했다.

✳

18세기 내내 고도는 날이 갈수록 숭배를 받았다. 물론 교회가 언제나 물질적으로나 정신적으로 우월한 지위를 차지하고 있었다. 이탈리아의 무더운 산상과 스위스의 가파른 계곡에는 교회와 작은 예배당, 십자가가 세워져 그 아래의 땅을 내려다보고 있었다. 그리고 유럽 각지의 도시에는 대성당의 첨탑들이 위를 향해 간절하게 뻗어 올라가며 기독교 최고천(신과 천사가 사는 곳)의 고도를 갈망했다. 그러나 개인이 산에 오를 때 발견하는 즐거움과 흥분은 천국에 가고 싶다는 부연 설명이 아니라 산 그 자체에서 비롯된 것이라는, 즉 고도에 대한 세속화된 감각이 새롭게 생겨났다.

고도에 대한 이러한 참신한 태도는 감정의 근본적인 변화였고 문학에서 건축, 원예에 이르기까지 거의 모든 문화 영역에서 감지됐다. 18세기 초 이른바 '산의 시'라는 인기 있는 마이너 장르가 유행하면서, 4세기 전 페트라르카가 많이 썼던 것처럼 시인은 신체가 산으로 걸어 올라가는 육체적 행위를 먼저 쓰고 그다음 산꼭대기에서 바라보는 풍경이 불러일으킨 의식을 묘사했다. 산꼭대기가 시야를 넓혀줌에 따라 여가를 즐기려는 한가한 탐방객들에게도 고도는 흡인력을 갖게 되었다. 관광지와 전망대는 에트나〔이탈리아 시칠리아섬에 있는 유럽 최대의 활화산〕, 베수비오, 나폴리 등을 포함해 유럽 전역에서 정규화되고 제도화되었다. 관광객의 눈은 이제 다양한 삶의 집단 사이를 유유히 오갈 수 있게 되었고, 흔히 다른 공간과 시간에 의해 분산되어 있었던 사건들, 사물들, 존재들을 동시에 또 단박에 체험할 수 있게 되었다. 고도는 파노라마를 구경할 수 있게 했다. 파노라마는 '모든 풍경' 또는 '모든 것을 아우르는 시야'를 뜻하는 그리스어다. 스위스의 박물학자 콘라트 게스너[101]는 알프스의 한 정상에 올라갔다 내려오면 하루 안에 사계절을 모두 관찰할 수 있을 거라고 썼다. 17세기의 위대한 프랑스 여행가 막시밀리앙 미숑은 나폴리 위쪽의 높은 곳에 자리한 샤르트뢰즈 생마르탱 수도원의 험한 바위 발코니에서 아래를 내려다보면 구경꾼은 항구, 방파제, 등대, 성 등 도시 그 자체의 윤곽을 전망할 수 있고, 이후 해안을 따라 시선을 남쪽으로 이동시키면 흰 바위가 가득한 부채 모양의 해안선을 넘어 다시 북쪽으로 검고 거대한 베수비오 화산에까지 이르게 되는데, 자욱한 연기의 선이 마치 파키르〔회교·힌두교의 고행자〕의 마술 밧줄처럼 분화구로부터 위로 휘감기듯 솟아오른다고 썼다.

  18세기 후반 동안 영국 정원은 픽처레스크 운동의 영향을 받

---

[101]　의사이자 식물학자, 1516~1565년.

아 유행을 좇는 '불균형적인 디자인'이 비례를 중시한 계몽주의 시대 정원의 평면도를 차츰 대체하기 시작했다. 18세기 계몽운동은 영국의 호화롭고 거대한 저택에 단정하고 깔끔한 원예園藝 기하학을 남겼다. 질서정연한 무늬가 있는 장미 화원에서 자갈길 통로는 마치 수레바퀴의 살처럼 분수대를 중심으로 밖을 향해 방사되고, 분수는 성수반聖水盤에서부터 연못까지 반복적으로 솟아올랐고, 네모반듯한 잔디밭의 말쑥한 풍경은 멀어서 보이지 않는 낮은 울타리까지 가지런하게 뻗어갔다. 하지만 18세기 후반이 시작될 무렵부터 이토록 가지런하게 손질된 정원은 너무 정연하고 고정적이라며 개탄의 대상이 되기 시작했다. 유행을 따르는 지주들은 잘 손질된 영지를 상징적인 의미가 있는 '자연'으로 바꿨다. 인공동굴, 폭포, 은자隱者, 부서진 오벨리스크, 어둑어둑한 관목림, 바위산과 같은 야생이 깔끔하게 다듬어지거나 가지런하게 정렬된 나무 울타리, 웅장하고 균일하고 획일적인 잔디밭보다 훨씬 선호되었다. 그리고 이런 지주들이 전문가에게 화원 개조를 의뢰할 때, 축소형 바위산이나 무언가를 내려다보기에 좋은 고지대를 축조해, 장원의 전모를 꼭대기에서 조망할 수 있도록 해달라고 요청했다.

'그레이트 힐(큰 가산假山이라는 뜻. 가산은 정원에 돌을 모아 쌓아서 조그마하게 만든 산)'이라는 호칭으로 불린 지주 리처드 힐은 1783년 영국 서북부 슈롭셔의 호크스톤 장원을 물려받고 장장 15년에 걸친 재개발 계획에 착수했다.

에트나산 상층 분화구의 구경꾼들. 장피에르 우엘, 「시칠리아섬, 몰타섬과 리파리섬의 그림 같은 풍경 여행Voyage pittoresque des isles de Sicile, de Malte et de Lipari」(1787).

리처드가 3218미터 길이의 호수를 파는 데 공을 들일 때도, 그는 사람들이 '수지맞는 계산'이라고 부른 의아한 수완으로 돈을 계속 벌어들였다. 두 명의 '미스 힐즈'로 널리 알려진 그의 열정적인 자매는 화석, 조개껍데기, 기타 지질학적 진품珍品들을 수집한 후, 그것들을 장원에 존재하는 암동 단지의 매끄러운 내벽에 끼워 넣었다. 그들은 3년이라는 시간을 들여서 재장식을 완료했고, 완공 후에 리처드는 암동에 살 은자를 고용해 (계약 규정에 따라) "지오다노 브루노(6세기의 수도사)처럼 행동하도록" 했다.

호크스톤 장원의 산 정상에서 보석처럼 가장 진귀한 곳은 120미터 높이의 하얀 사암 노두인 그로토 힐이었다. 화창한 낮

그로토 힐의 꼭대기에서는 영국 13개 주의 전경을 조감할 수 있었다. 관광객들은 무리를 지어 장원을 찾아와(지금도 여전히 그렇다) 이 기이한 경색에 경탄했고 약간의 고소 현기증이 유발하는 전율에 쾌감을 느꼈다. 존슨 박사는 이 그로토 힐에 가장 먼저 오른 등정자 중 한 명으로, 그가 경험한 상투적인 감흥을 주인에게 남겼다. 마음씨 좋은 존슨 박사는 장중한 어조로 썼다.

> 호크스톤에서 절벽에 오른 사람은 자신이 어떻게 여기까지 오게 됐는지를 무척 알고 싶어하고 어떻게 되돌아갈 수 있는지를 의심한다. (…) 그는 평정심이 아니라 고독한 공포, 일종의 경악과 감탄 사이에서 격동하는 희열을 느낀다. 숭고하고, 두렵고, 광대하다는 생각이 마음속에서 저절로 일어날 수밖에 없다.

이곳은 구조나 귀환의 희망이 없는 알프스의 산봉우리가 아니라, 양들이 여기저기 점점이 흩어져 있는 슈롭셔주의 90미터 높이의 절벽이란 것을 기억하라. 하지만 그때 존슨의 과장된 말씨는 당시의 언어생활에 영향을 끼쳤다. 어떤 사람들은 이미 더 웅장한 산간에서 즐거움을 찾았지만 이런 영국의 지방에서도 그와 엇비슷한 기쁨을 찾을 수 있었다.

고도를 감각하는 새로운 방식이 자리를 잡아 가고 있었고 리처드 힐의 '정원 가산'에 대한 인기는 이런 감정의 여러 표현 방식

중 하나였다. "어떤 자연 풍경이 마음의 수양을 최고로 높여주고 숭고한 감각을 불러일으킬까요?" 1760년대에 스코틀랜드 에든버러에서 강연하던 휴 블레어[102]가 이렇게 물었다. "화려한 경치, 꽃 피는 들판, 혹은 번성하는 도시가 아니라 고색창연한 산 (…) 그리고 바위를 타고 떨어지는 급류입니다." 18세기 후반기에 문명의 영혼을 진정으로 고양시킨 것은 '높은 고도'였다. 점점 더 많은 사람이 고도가 주는 즐거움과 위험에 노출되기 시작했고 산봉우리 정복 자체가 목표라는 개념이 등장하기 시작했다. 18세기 말 영국 북부 컴브리아 주의 무더위로 땀투성이가 되기 마련인 한여름 오후, 새뮤얼 테일러 콜리지는 고봉의 꼭대기에 올라갔다. 땅거미가 지고 천둥과 번개가 한꺼번에 내리치는 폭풍우가 레이크 지구에 몰아칠 때 그는 산의 부름을 받았다. 실처럼 가늘고 톱니처럼 들쭉날쭉한 푸른 번갯불이 요동치고 곧 멀리서 팀파니 소리처럼 천둥이 쳤다. 하산한 그는 기뻐하며 "내가 일찍이 본 것 중 가장 가슴을 뛰게 한 풍경"이었다고 썼다. 알프스산맥에서는 1786년 어느 추운 날, 프랑스인 미카엘 파카드와 자크 발마가 몽블랑에 올랐다. 발마는 산 정상에서 수 마일 아래의 샤모니 마을 사람들을 향해 모자를 흔들었고, 파카드는 잉크가 종이에 닿기도 전에 얼어붙어버리기 때문에 산 정상의 온도를 기록할 수 없었다. 바로 이

---

102   목사이자 수사학자, 1718~1800년.

듬해에 마크 뷰포이라고 불리는 유능하고 젊은 영국인 장교가 최소한의 소란을 피우면서 몽블랑에 올랐다. 왜 그렇게 산에 올랐느냐는 질문에 그는 마치 모두가 다 아는 보편적인 진리라는 듯 "모든 사람이 지구상에서 가장 높은 곳에 올라야만 한다는 열망에 감동했다"고 대답했다. 산봉우리 등정의 열기는 그만큼 뜨거웠다.

＊

스위스 새벽 4시, 하늘은 맑고 낮이 매우 무더울 조짐을 보였다. 우리는 빙하의 평평한 곳에 세워진 텐트에서 나와 차갑고 어두운 대기 속으로 들어갔다. 눈앞에 원뿔꼴 빛을 비춰 물체를 볼 수 있도록 해주는 헤드 토치를 머리에 달았다. 얼음의 입자들이 헤드 토치에서 나오는 빛들의 안팎에서 마치 식물성 플랑크톤처럼 떠돌아다녔다. 비록 달빛은 매우 밝았지만, 우리는 여전히 전등이 필요했다. 물론 전등의 밝기가 야경을 망치기도 했다. 헤드 토치를 끄고 주위를 둘러봤을 때 그곳은 칠흑처럼 완전히 깜깜했다. 그런 후 마치 사진을 현상할 때처럼 주변 봉우리들의 형태가 뚜렷해지기 시작했다.

서남쪽 봉우리 중 가장 주된 곳은 나델호른과 약간 더 낮은 이웃인 렌스피체였다. 4000미터 높이의 두 봉우리는 들쭉날쭉한 톱니 모양의 긴 암석 능선으로 연결되어 있어 마치 수천 피트 높이의 얼음과 돌로 구성된 얼어붙은 해일과 닮아 보이기도 했다.

우리는 어둠 속에서 헤드 토치의 강한 빛에 의지해 각자 채비를 했다. 안전띠를 끼워 고리를 죄고 밧줄을 묶고 피켈을 팔에 맸다. 전투를 준비하는 중세의 기사를 떠올린 것은 이번이 처음이 아니었다. 모두에게는 치러야 하는 하나의 의식이 있었는데 그것은 하인이 주인 나리를 모시듯 서로를 깍듯이 돌봐야 한다는 것이다. 서로의 버클과 매듭을 재확인하고, 띠를 세게 잡아당기며 절박한 문제들을 낮은 목소리로 중얼거렸다. 곧 나델호른의 정상에서 한바탕 전투라도 치르려고 진군하는 듯한 느낌이 흥분을 불러일으켰다.

우리는 어둑어둑한 가운데 이 얼어붙은 해일의 밑바닥에서부터 사면팔방으로 뻗어나간 빙하 사발을 천천히 건너가기 시작했다. 얼어붙은 눈이 발아래에서 삐걱거리는 소리를 냈다. 일행을 연결한 자일이 이따금 얼음덩어리에 걸렸다. 멀리 떨어진 남쪽 가장자리에서 두 개의 불빛이 보였다. 우리보다 더 심상치 않은 한 무리의 대오가 머리에 헤드 토치를 하고 해일의 활처럼 굽은 내벽을 올라가고 있었다. 그들은 900미터 높이인 데다 경사도가 거의 수직인 빙벽에 피켈과 아이젠을 쑤셔 넣고 있었다. 신속하게 이동해 뜨거운 아침 해가 발 밑의 얼음을 버터로 바꾸기 전에 정상 능선에 도달하기를 바라 마지않을 터였다.

기온은 매우 낮아 영하 10도 아래였다. 젖 먹던 힘까지 쥐어짜는 등반으로 이마에서 땀이 흘렀지만 그것은 곧바로 얼음이 되었고, 차가운 결정체들이 몸을 찔러 따끔거렸다. 손을 들어 만져봤을 때 피부가 얇은 얼음으로 덮여 바스락바스락해졌다는 것을 느낄 수 있었다. 몸의 다른 부분도 얼어 있었다. 발라클라바 모자는 강철 헬멧이 되었고, 장갑도 건틀릿(중세의 기사가 착용했던 금속제 장갑)이 되었다.

우리의 첫 번째 임무는 이 빙하 사발을 일정한 속도로 가로지른 후 맞은편에서부터 더욱 가파른 눈 비탈을 등반해 서북풍이 맹렬하게 불어오는 곳으로 유명한 윈드요흐라는 높은 산의 고개에 다다르는 것이었다. 우리는 두 시간의 악전고투 끝에 고갯길에 도달했는데 아니나 다를까 점점 더 사라져가는 어둠 속에서 한 줄기의 강풍이 포효했다. 날이 밝아올 무렵 동북쪽 능선을 꾸준히 올라갔다. 바위들은 이른 아침빛에 매끈해 보였고 착 달라붙어 있는 얇은 얼음 표면에서는 미광이 번득이고 있었다. 우리가 얼음과 바위로 이뤄진 작은 원뿔꼴 모양의 정상에 도착했을 땐 주변 공기가 이미 따뜻해져 있었다.

우리는 그곳의 따스한 온기 속에서 머리 뒤로 두 손을 깍지 끼고 30분가량 누워 있었다. 나는 얼굴에 묻은 소금 결정체들을 문질러 닦아낸 뒤 주위를 둘러봤다. 남쪽에는 눈이 돔 모양으로 볼록하게 쌓인 또 다른 큰 산의 지세가 솟아 있었다. 더 뒤편의 하

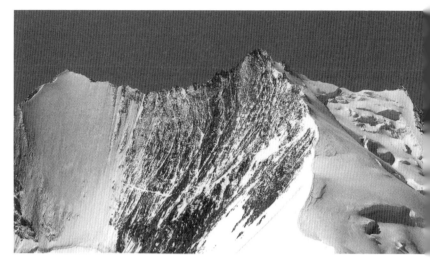

나델호른 봉(4327미터) 능선의 오른쪽 끝단,
렌스피체 봉(4294미터) 능선의 왼쪽 끝단.

늘은 한바탕 크게 진화하고 있는 적운을 제외하고, 지금은 이제
순정한 푸른빛이었다. 뭉게구름이 내부에서 서서히 폭발할 것 같
았는데 빤질빤질한 돌기가 적운의 안쪽 어딘가에서 솟아나 이미
복잡한 구름 표면을 더욱 복잡하게 돋을새김했다. 한 손을 펴서
죽 뻗으면 내 손이 이 뭉게구름의 표면을 스쳐 지나면서, 위쪽의
모든 소용돌이무늬, 능선과 협곡을 감지할 수 있을 거라고 확신했
다. 그런 뒤 몸을 돌려 그날 아침 어둠을 뚫고 가로질렀던 '빙하
사발'을 다시 내려다봤다. 그곳은 쥐 죽은 듯이 잠잠했다. 마치 '허
공과 정적의 거대한 물동이'처럼 보였고 찰나에 나는 그 얼음 물

길 속으로 다이빙을 하고 싶었다.

　고도는 설령 가장 열성적인 평지광平地狂일지라도 부인할 수 없는 한 가지 효력을 갖고 있다. 즉, 더 멀리 볼 수 있게 한다. 스코틀랜드 서부 해안의 산꼭대기에서 대서양을 눈길이 닿는 데까지 볼 수 있고, 지구의 굴곡을 볼 수 있으며, 바다 수평선의 어두운 가장자리가 양쪽 끝에서 구부려지는 모습을 볼 수 있다. 캅카스산맥의 엘브루스산[103] 정상에서 서쪽으로는 흑해를 동쪽으로는 카스피해를 바라볼 수 있다. 스위스 알프스의 정상에서 비범한 호연지기를 품고 이탈리아가 왼쪽에 있고, 스위스가 오른쪽에 있고, 프랑스가 바로 앞에 있는, 이 광활한 세계에 관한 토론을 시작할 수 있다. 지형 측량 단위는 카운티가 아니라 돌연 국가로 변한다. 확실히 청명한 낮에 얼마나 멀리 볼 수 있는가 하는 유일한 한계는 시력의 물리적 한도다. 그렇지 않으면 파노라마나 위성처럼 모든 것을 볼 수 있는 '나의 눈'을 갖게 될 것이다. 그리고 허버트 마셜 매클루언이 말한 "거리를 통째로 집어 삼켜버린 광대한 시각적 공간"에 전율을 느끼는 동시에 겁이 덜컥 날 것이다. 그것은 일종의 영원히 망각할 수 없는 감각이다.

　높은 고도는 이렇듯 더 큰 시야를 선사한다. 산봉우리에서의 조망은 시각적 힘을 부여한다. 하지만 어떤 면에서는 이러한 시야

---

[103]　해발고도 5642미터인 유럽 최고봉.

가 당신을 훼손시킨다. 시각적 수용 능력이 확대되기 때문에 자아
감은 앙양하지만, 시간과 공간의 장엄한 전망으로 인해 자신이 하
찮다는 느낌을 받을 수도 있다. 여행가이자 탐험가인 앤드루 윌슨
은 1875년, 히말라야에서 이를 뼈저리게 느꼈다.

거대한 산들 사이에서 나는 밤이면 마치 천상의 주인으로서 그 수
를 도무지 셀 수 없이 반짝거리는 빙봉들에 에워싸여 있다. 그리고
깊이를 헤아릴 수 없는 우주 공간의 심연 속에서 이글거리는 거대한
천체를 올려다보면, 받아들이기 어려울 정도로 압도적이고 거의 고
통에 가까운 방식으로 실존 세계의 광대한 무한함을 깨닫는다. 나
는 무엇이란 말인가? 엄청나게 큰 산들의 긴 행렬과 비교해서 이 모
든 티베트인은 또 무엇이란 말인가? 그리고 어떤 일군의 수많은 항
성과 비교해 산과 태양계는 도대체 무엇이란 말인가?

고도는 개인의 영혼을 고무시키는 동시에 소멸시키는, 이른바
역설이다. 산의 꼭대기를 향해 여행하는 사람들은 반은 자기 자신
을 사랑하고, 반은 소멸—자아 망각—을 사랑한다.

✳

18세기에 걸쳐 더 격렬해진 '산 정상 숭배'는 19세기 초 이후

카스파르 프리드리히, 「안개 바다 위의 여행자」(1818).

수십 년 동안 유럽에서 절정에 이르렀다. 독일 낭만주의 화가인 카스파르 다비트 프리드리히가 1818년에 그린 유화는 흔히 「안개 바다 위의 여행자Wanderer above the Sea of Fog」로 불리는데, 오늘날 에는 주로 연하장 카드 산업이 성행한 덕분에 거의 모든 사람에게 친숙하다. 프리드리히의 이 「여행자」는 당시에 그리고 아직도 '등 산 환상가'에 대한 전형적인 이미지이자 낭만주의 예술에 편재하 는 인물이 되었다. 지금의 우리에게는 그림 속의 인물은 얼핏 믿 기 어렵고 심지어 우스꽝스럽기까지 하다. 작은 바위 언덕이 그의 발밑의 난운으로부터 불쑥 튀어나와 있고, 터무니없이 큰 키는 상 투적이며 대형 사냥감을 노리는 사냥꾼이 죽은 짐승의 움푹 들어 간 흉곽 위에 한 발을 얹고 있는 듯하다. 그러나 산 정상에 서는 것은 존경을 받을 만하고, 한 사람에게 고상한 기품을 부여한다 는 개념의 결정체로서 프리드리히의 이 유화는 서양의 자아 인식 측면에서 수년 동안 엄청난 상징적 힘을 떨쳐왔다.

프리드리히가 그의 전형적 인물을 그리기 두 해 전에 존 키츠는 자신이 '글길 막힘Writer's block'에 시달리고 있다고 걱정하기 시작 했다. 그는 혹여나 고도가 마음을 안정시켜줄지도 모른다는 생각 에 글이 쓰고 싶을 땐 높은 곳에 서 있는 모습을 상상했다. 잠들 기 위해 양을 세는 것의 낭만파 버전이라고 말할 수 있다. 이 방법 은 효과가 있었고 최소한 그에게 글을 쓸 수 있는 하나의 주제를 가져다주었다.

나는 작은 산 위에서 까치발로 서서,

… 나는 풍경을 잠시 바라보면서 느긋함과 자유로움을 느꼈네.

마치 펄럭펄럭 나는 머큐리의 양 날개처럼,

내 발뒤꿈치도 출렁거려, 마음이 아무 걱정거리 없이 편안해지고,

더욱이 눈앞에 끝없이 펼쳐진 경치로 즐거움이 시작되었다네.

고도는 적어도 상상의 형식으로는, 영감이 가로막힌 키츠의 정신적 사색에 필요한 완하제였다. '산꼭대기'는 신체적으로나 정신적으로나 무엇을 바라보기에 좋은 위치라는 게 다시 한 번 증명되었다.[104] 셸리도 고도의 특성들에 깊은 영향을 받았다. 그는 공언했다. "바람, 빛, 공기가 내 안의 격렬한 감정을 자극한다." 공기는 키츠의 시에서 독특한 요소다(마치 '물'이 바이런의 시적 특색인 것과 같다). 안개 낀 듯 덧없고 또한 공기처럼 가뿐한 키츠의 작품은 "상층대기" "하늘을 가르는 날카로운 산" "담비의 하얀 모피 같은 눈" "차가운 하늘" 같은 식의 문장으로 되풀이해서 돌아온다. 그의 시는 스스로를 기체로 승화시키고 허공을 향해 소용돌이 꼴로 도취된 듯 솟아올라 무위가 된다. 1816년 키츠는 마차를 타고

104　키츠가 실제로 산에 오르려고 왔을 때 그는 산이 영감을 주기에는 적합하지 않다는 것을 깨달았다. 1818년 키츠는 레이크디스트릭트에서 등반을 시도했다. 그가 다음과 같은 기록을 남겼다. "나는 당연히 (이미) 정상에 도달했다고 생각했지만 불행히도 한쪽 다리가 미끄러져 질퍽질퍽한 구덩이에 빠져 온몸이 축축해지고 맥이 빠졌다." 이것은 상상의 산과 실제의 산, 그 사이의 '악의 없는' 괴리를 보여주는 사례 중 하나다―지은이.

샤모니-세르보 길을 따라 내달리다가 알프스산맥을 처음 올려다 봤을 때 철저하게 압도당하고 말았다. 양손이 다행히 말고삐를 담당하고 있지 않아서 눈을 희빈덕거리며 산악 풍광을 자유롭게 만끽할 수 있었다. 그는 한 통의 유명한 편지에서 당시의 반응을 이렇게 묘사했다. "나는 여태껏 알지 못했다. 이전에는 산이 어떤 모습인지를 상상해본 적이 없었다. 산의 풍경이 갑자기 내 눈앞에 나타날 때, 하늘을 찌를 듯이 높이 솟은 산봉우리들이 끝없이 펼쳐져 흥분을 가라앉히기 힘들었고, 거의 미친 듯이 황홀해 불가사의한 감정에 휩싸였다."

오늘날 생각해보면 프리드리히, 키츠, 셸리와 같은 낭만주의 예술가들에게 고도가 왜 그토록 매력적이었는지를 이해하는 것은 어렵지 않다. 하나의 개념으로서 고도는 개인을 낭만적으로 미화하는 데에 완벽하게 부합했다. 산 정상은 자신을 눈에 띄게 도드라지게 해 주목을 받을 수 있도록 하는 데 탁월한 점이 있었다. 산꼭대기는 자유라는 낭만주의적 이상의 상징이기도 했다. 자유와 개방성을 그보다 더 선명하게 표현할 수 있는 것이 어디에 있겠는가? "인류는 천성적으로 개미처럼 개미집에 함께 모여 살지 말아야 한다. (…) 그들은 모이면 모일수록 서로를 더 타락시킨다." 루소는 이렇게 썼다. 그는 장차 19세기 동안 도시화가 가속화함에 따라 벌어질 사태를 설득력 있고 타당하게 관찰한 것이다. 도시에는 장사꾼과 도둑이 넘쳐나지만 산에는 죄악이 없다. 산꼭대기는 원자화되고 사회적으로 방탕한 도시에서 벗어나기 위한 낭만적, 목가적인 열망의 결정체이자 도시에 속박된 영혼을 해방시켜주는, 어니에나 존재하는 상징 부호가 되었다. 도시의 군중 속에서는 외로울 수 있지만 산꼭대기에서는 고요함을 찾을 수 있다.

그리고 당연히 산 정상에서의 고요함은, 즉 명상에 대한 낭만주의적 사랑은 만족감과 격려를 동시에 받을 수 있었다. 낭만주의 문헌 중에서 우리는 여행자들이 고도에서 자극을 받아 쇄도하는 숭고한 사상들을 외치는 대목을 거듭 발견할 수 있다. 세낭쿠르[105]는 1800년에 이렇게 선언했다. "산꼭대기에 있는 철학자의 영혼을 가득 채우는 풍경은 그 얼마나 위대한가!" 20년 전 소쉬르는 그보다 훨씬 더 무아경이었다. "어떤 언어가 산꼭대기에 있는 철학자의 영혼을 가득 채우는 이 위대한 광경을 감각으로 재현하고 사상으로 묘사할 수 있겠는가? 산은 마치 우리의 지구를 주재하며 지구 활동의 기원을 발견하고 적어도 지구 진화에 영향을 주는 주요 동력을 인식하고 있는 듯했다." 낭만주의는 고도에 대한 상상력에 흡인력을 혼입한 하나의 새로운 요소, 즉 산에 오르는 것을 통해 거의 틀림없이 돈오—정신적·예술적 개안—를 얻을 거라고 보증했다.[106] 산꼭대기와 전망대는, 물리적으로나 형이상학

---

105   프랑스 계몽주의 작가, 1770~1846년.

106   알프스의 창조적 힘에 대한 결정적인 말은 아마도 「트리스탄과 이졸데」의 악보 총

적으로나 더 멀리, 더 깊이 내다볼 수 있는 곳, 다시 말해 명상과 창조의 장소라고 보편적으로 인정받게 되었다. 빅토리아 시대에 노스 다운스로 소풍을 나와 음식을 즐기다가 런던을 한눈에 내려다보는 가족부터 아무도 정복해본 적이 없는 산꼭대기를 향해 고군분투하며 올라간 선구적 등반가까지, 이러한 믿음에 부분적으로나마 흡인되어 고도를 방문한 모든 사람은 원경과 통찰을 동시에 얻는, 즉 자연의 풍경뿐만 아니라 '마음의 풍경'도 그들의 눈앞에 모습을 드러내는 보답을 받았을 것이다.

✳

1836년 찰스 다윈은 어느정도 자신감을 가지고 주장할 수 있었다. "높은 곳에서 바라본 웅대한 풍경이 마음에 전해주는 승리감과 자부심을 모두가 깨달아야만 한다." 1714년에 버클리 대주교가 '무서운 벼랑'을 지나며 느꼈던 불쾌감으로부터 이것은 얼마나 큰 변화인가. 불과 1세기가 조금 안 되는 사이에 고도는 여러 가지 매력적인 특성을 내포하기 시작했다. 고도는 세속 탈출과 같았고 범속한 지상을 피해 홀로 유유히 지내는 고요함과 매한가지이며 정

보總譜에 알프호른(스위스 목동이 부는 2미터가 넘는 나무 피리)을 추가한 바그너일 것이다. 그는 이 곡을 처음 공연한 뒤 멋쩍은 듯 말했다. "내가 고요하고 찬연한 스위스에서 금관을 쓴 듯한 아름다운 산들을 나의 두 눈으로 바라보면서 착상한 작품들은 걸작이고, 또 나는 그런 영감들을 다른 곳에서는 상상할 수 없다"—지은이.

신적이고도 예술적인 '에피파니[깨달음]'와 같았다. 고도는 또한 물리적으로 순정하면서 위생적인 특질들을 갖고 있다고 여겨졌다. 사람들은 고도의 공기가 더 신선하고, 깨끗하다고 생각한 것이다. 1871년 존 틴들은 "산속의 산소는 덕성을 갖춘 게 확실하"고 널리 알렸다. 1850년대 이후 유럽 알프스 산간지대에는 다수의 고산 요양원이 지어졌고, 그곳에는 산의 햇빛을 흡수하고 산 공기를 마시며 저녁 식사 테이블에서 고담준론을 늘어놓는 결핵·천식 환자들—그들 중 캐서린 맨스필드[107]와 로버트 루이스 스티븐슨[108]과 같은—이 거주했다. 나의 외증조부가 만성 기관지염이라는 진단을 받았을 때 의사들은 그에게 스위스로 옮겨가 살라고 권유했다. 하지만 그곳의 공기는 도움이 되지 못했고 그는 1934년에 수명을 다하고 산봉우리들이 보이는 산악 공동묘지에 묻혔다. 하지만 이 때문에 외할아버지는 스위스에서 성장했고 그곳에서 산과 사랑에 빠져 '산에 오르는 마음'이란 무엇인가를 깨닫고 내게도 그 열애를 전염시켜버렸다.

19세기 말까지 고도 숭배는 거의 자연스러운 현상이 되었다. 산비탈을 오르는 위험을 좋아하지 않거나 혹은 그럴 여유가 없었던 유럽인들에게 고도에서의 체험은 다양한 형태로 이뤄졌다. 풍경 사진과 판화가 인쇄된 책, 탐험 일지와 염가판 낭만주의 시집은 집

---

107 영국 소설가, 1888~1923년.
108 『보물섬』『지킬 박사와 하이드』를 쓴 영국 소설가, 1850~1894년.

에 머물면서 고도에 대한 진상들과 감정들을 간접 체험하는 2차 판본을 제공했다. 살바토르 로사[109]와 조세 드 몸퍼[110]와 같은 유럽의 출중한 초기 산악 화가들에 이어, 필립 드 루테르부르[111], 터너, 알렉산더 코젠스[112], 존 마틴[113]을 포함한 19세기 화가들은 변형된 축척, 판에 박히지 않은 관점, 흐트러진 지평선을 활용하여 캔버스를 가파른 풍경으로 가득 채우고 감상자들의 균형을 무너뜨리며 그들을 아찔한 현기증이 나는 이미지들의 세계로 끌어들였다. 1820년대와 1830년대에 런던의 레스터 광장의 로툰다(원형극장) 혹은 파노라마 스트랜드에서 관중은 중앙의 어두운 원형 플랫폼을 어슬렁거릴 수 있었고, 그들 주위에는 360도로 늘어선 몽블랑 대산괴의 다중소실점 유화인 알포라마(알프스 전경화)가 전시되어 있었다. 한두 시간가량 그곳에 있으면 산악 풍경의 놀라운 기하학적 형상, 곧 눈과 얼음의 섬광, 암석의 검은 늑골 모양 무늬가 그들의 뇌리를 가득 채웠다. 알포라마의 의도는 하이퍼 리얼리즘이었고, 더욱이 성공적이었다 ─방문객들은 격심한 방향감각 상실과 현기증까지도 경험한 것으로 알려져 있다. 1850년대 이후 한 승객이 "즐거운 속도"라고 불렀던 철도는 체어마트 왕복 여정을 66일에

---

109 이탈리아 화가, 1615~1673년.
110 벨기에 풍경 화가, 1564~1635년.
111 프랑스 태생의 영국 화가, 1740~1812년.
112 러시아 태생의 영국 화가, 1717~1786년.
113 영국 화가, 1789~1854년.

서 14일로 앞당겼다. 그리고 '여행 업계의 나폴레옹'이라는 별명으로 불리던 토머스 쿡이 발휘한 창업 정신은 대중에게 마터호른을 조망하게 했다. 매일 오로지 영국 도시들의 저고도 스카이라인만 볼 수 있었던 사람이 알프스의 높은 고도를 보면 얼마나 가슴이 뻥 뚫리는 충격을 받았겠는가!

이러한 감정의 공동 유산은 세대를 거쳐 계승되어 무수한 사람에게 전파되었다. 산에서 죽은 사람들, 토머스 쿡 식으로 알프스 관광 여행에 나선 사람들 그리고 단지 산에 관한 글만 읽거나 산에 관한 회화만 감상한 사람들은 사실 같은 종류의 사람이었으며, 오로지 정도의 차이만 있을 뿐이었다. 그들은 모두가 '고도의 마법'에 걸리기 쉬웠고, 또한 그들에게 배정된 역할을 성의껏 연기하는 '고도 숭앙파'였다. 대중의 관심을 좇는 등산가와 등산을 원하는 대중 사이의 거의 완벽한 융합이었다. 일종의 새로운 고산병이 오랫동안 산에 적의를 품어온 대중의 상상력을 점점 더 사로잡았다. 이러한 고산병으로 인한 메스꺼움은 아직 고도에 오르지 않아서 생기는 것이었다. 존 러스킨이 완전히 평탄한 대지 위에서 "일종의 구토감과 고통"을 느꼈다고 고백했을 때 이것이 넌지시 암시되었다.

✳

1827년, 케임브리지대학에서 학위를 받은 존 올조라는 젊은이가 알프스산맥에 대한 탐험 이야기를 듣고 감격해 몽블랑 정상에 등정하는 일곱 번째 영국인이 될 작정으로 샤모니에 도착했다. 마을에 도달한 직후 1791년 몽블랑 낙석 사고로 두개골이 심하게 파열되었으나 가까스로 살아남은 한 현지인이 그를 찾아왔다. 이 노인은 움푹 팬 머리를 올조의 얼굴에 가까이 대고 몽블랑 등정을 시도하지 말라고 경고했다. 올조는 비웃었다. 하지만 그는 안전한 산행을 위해 여섯 명의 가이드를 고용하는 대비책을 마련했다.

그러나 가이드가 많을망정 그들은 산에서 겪을 고난으로부터 올조를 구해줄 수는 없었다. 그는 등산 중 고산병, 저체온증, 설맹, 기면 발작을 겪었고 하산 중에는 그런 질병 외에도 열사병, 소화불량, 운동신경 조절력 상실이 더해져 결국에는 완전히 기진맥진하고 말았다. 올조는 정상에 올랐지만 그가 살아남을 수 있었던 것은 오로지 가이드 여섯 명의 일치된 노력 덕분이었다. 올조가 최악의 저체온증에 빠져 몸을 전혀 움직일 수 없게 되자 가이드들은 주위에 옹기종기 웅크리고 모여 앉아 자신들의 체온으로 그를 따뜻하게 해주었다. 이리하여 올조의 몸이 풀리고 그는 마지막 몇 시간의 하산 여정을 무사히 마칠 수 있었다. 그는 비틀거리며 샤모니로 걸어 돌아와 영웅적인 환영을 받고 이틀 동안 휴양에 매달린 뒤 가이드들에게 눈물 어린 작별을 고하고 런던으로 돌아갔다.

영국으로 돌아가는 길에 올조는 등산 여행기를 썼다. 때론 자신의 극심한 고통을 묘사하고 때로는 극도로 아름다운 산을 형용했다. 단점에 대해서도 등반이 유난히 힘들었고 또한 "지나치게 추웠다"고 담대하게 기록했다. 그렇지만 그는 "거의 눈을 뗄 수 없을 정도로 눈부시고 눈으로 감상하기에는 아름다운 경치가 너무나 많고 어떤 언어의 힘으로도 적절하게 형용할 수 없는" 몽블랑 정상에서의 광채 나는 풍경이 모든 고통을 잊게 할 만큼 가치 있었다고도 적었다.

올조는 이야기를 끝맺으며 이렇게 결론을 내렸다. "아마 이 짧은 이야기는 유쾌한 모험 정신에 영향을 받고 이와 비슷한 과업에 참여할 뜻이 있는 모든 사람에게 조금이라도 참고할 만한 가치가 있다고 말하는 것이 주제넘은 짓은 아닐 것이라고 생각한다." 과연 주제넘고 뻔뻔한 설레발은 확실히 아니었다.

용감한 행동과 숭고한 감성을 혼합한 올조의 책은 불티나게 팔려나갔다. 그의 책은 대중의 상상 속에서 몽블랑의 매력을 높이는 데 도움이 되었을 뿐만 아니라, 하나의 풍경—그가 산 정상에서 본 그 '눈부신 광채'—이 목숨을 위험에 빠트리게 할 만큼 가치가 있을지도 모른다는 주장에 익숙해지게 했다. 1828년 이후 수년 동안 산 정상을 정복하려는 영국 남자들의 시도가 대폭 늘어났다. 올조의 책이 이 나라의 상상력을 사로잡았던 셈이다.

그 책을 읽은 사람 중에는 앨버트 스미스라고 불리는 젊은 런던인도 있었다. 그는 올조의 묘사에 상상력이 불타올라 몸소 샤모니로 향해 산 정상에 도전장을 내던졌다. 1851년 그는 성공적으로 등정했고 자신의 영웅인 올조보다 상대적으로 덜 고생했다. 우리가 알디시피 스미스의 몽블랑 등정은 1853년 3월 런던에서 개막된 그의 베스트셀러 쇼의 주제가 되었다. 이 산에 대한 소식은 미국에도 퍼졌고, 스미스의 등반 기록과 정상에서 보이는 비길 데 없이 아름다운 풍경에 대한 극적인 묘사를 읽은 사람 중 한 명인 헨리 빈은 1870년 9월 5일 미국인 친구 랜들, 스코틀랜드인 목사 조지 매코켄데일, 세 명의 짐꾼, 다섯 명의 가이드와 함께 몽블랑 등반을 시작했다.

처음에는 모든 산행이 순조로웠다. 신선한 날씨 속에서 여유로운 등반을 한 그들은 그랑물레 오두막에서 하룻밤을 보냈다. 이튿날 아침, 그들은 따사로운 햇살이 쏟아지는 가운데 여정을 다시 출발했다. 어떤 사람이 샤모니의 천문 망원경으로 헨리 빈 일행이 오후 2시 30분에 산의 정상에 도달하자 곧바로 몸을 돌려 하산하는 모습을 관측했다. 바로 그때, 한 줄기 뇌운이 무서운 속도로 그들을 둘러싸자 이 일행은 돌연 망원경의 시야에서 사라졌다.

빈 씨와 랜들 씨는 샤모니 마을을 떠나 산록 지대의 가파르고 울창한 소나무 숲을 오르고 벨레항 빙하의 파열된 빙면을 지났을 것이다. 여기에서 산을 뒤덮고 있는 폭풍의 낮은 구름 밑으로 들어가고 낙석이 마치 불규칙한 속사포처럼 굴러 떨어지고 뾰족한 에귀뒤미디Aiguille du Midi('한낮의 바늘'이라는 뜻) 산봉우리의 메아리가 울리는 산 중턱 협곡 아래를 긴장한 채 바삐 지나간 후 마침내 몽블랑의 꼭대기를 감싼, 너무나 격렬해서 한번 들어서면 사방이 온통 새하얗게 보이는 강한 눈보라 속으로 진입했을 것이다.

빈 씨는 골뒤돔Col du Dôme의 부표정한 설경 부근에서 발견되었다. 그는 짐꾼 한 명과 함께, 등산지팡이와 뻣뻣한 손가락을 삽으로 삼아 파낸 어느 설동雪洞에 몸을 활처럼 웅크린 채 피신했다. 설동의 가장 바깥쪽에서 얼굴을 안으로 향한 채 짧은 몽당연필을 간신히 움켜쥐었다. 그의 손가락은 동상으로 하얗고 또 보랏빛으로 변색됐고 굳어서 잘 휘어지지도 않았다. 옷은 헤링본 트위드 갑옷처럼 얼어붙어 몸을 전혀 움직일 수 없다. 빈 씨는 함께 설동에 쭈그리고 앉아 있던 짐꾼의 등에 기대어 산에 들고 올라온 공책에 아내에게 전하는 몇 마디를 적어나갔다. 그의 몽당연필은 종이 위에서 느리고 딱딱하게 움직였다. 조악한 종이 위에서 거친 연필심이 긁히는 소리는 광풍으로 인해 들리지 않았다. 그는 이미 쓴 글 뒤에 또 몇 마디를 덧붙였다.

9월 6일 화요일. 나는 이미 열 명과 함께 몽블랑 등정에 성공했다오. 여덟 명의 가이드, 매코켄데일 씨와 랜들 씨. 우리는 2시 30분에 산 정상에 도착했지만 산꼭대기를 떠나자마자 눈구름에 휩싸이고 말았소. 우리는 눈 속에 움푹 판 동굴에서 하룻밤을 보냈소. 그저 열악한 피난처일 뿐인 그곳에서 나는 밤새도록 아팠다오.

9월 7일 아침. 몹시도 추웠소. 눈이 세차게 내리고, 그칠 줄 몰랐다오. 가이드들은 잠시도 쉬지 못했고.

저녁. 사랑하는 나의 혜시, 우리는 몽블랑에서 이틀 동안 소름 끼치는 눈의 허리케인에 갇혀 길을 잃고 4500미터의 고도에서 설원을 파내 눈 동굴을 만들었다오. 나는 이제 더는 내려갈 희망이 없는 듯하오.

이 시점부터 빈 씨의 손글씨는 더 커지고 더 모호해지고 더 불안정해졌다.

아마도 이 공책은 누군가에게 발견되어 당신에게 보내지겠지요. 우리는 먹을거리가 전혀 없고 두 발은 이미 꽁꽁 얼어 있고 나는 완전히 녹초가 되어 오직 몇 마디 더 쓸 힘밖에 없는 듯하오. 아이들의 교육비를 남겨두었소. 당신이 아이들을 위해 현명하게 쓸 거란 걸 잘 알고 있소. 나는 하느님을 향한 믿음과 당신에 대한 사랑을 생각하며 죽어가고 있소. 모두 안녕히. 우리, 천국에서 다시 만나요……. 늘 그리운 당신에게.

✳

이런 일련의 사건이 매혹적이면서도 섬뜩한 까닭은 마침내 비극으로 치닫게 될 때까지 고도에 대한 어떤 유혹적이고 위험한 생각이 한 사람에게서 다른 한 사람으로 전해지는 과정─로버트 루이스 스티븐슨『보물섬』의 검정 딱지(해적 집단에서 유죄 심판과 처형을 공고하는 표식)처럼─을 분명하게 보여주기 때문이다. 고도와 풍경, 정상과 같은 모호한 개념들에 대한 감정적 태도가 어떻게 전염되는지를 설명해준다는 것이다. 존 올조는 알프스를 봤거나 등반했던 타인들의 이야기를 읽고 격동이 되어 몽블랑에 도전하기로 결심했다. 그 이야기는 앨버트 스미스가 그의 업적을 본받도록 독려했고, 스미스는 피커딜리에서 연 유명한 쇼로 수만의 사람들이 몽블랑에 직접 가서 고산을 보도록 고무시켰다. 스미스의 영향을 받은 사람 중 한 명인 헨리 빈은 아내의 곁을 떠나 몹시 비장한 모험을 감행했다.

올조와 스미스는 살아남았으나 빈, 매코켄데일, 랜들 그리고 이름을 남기지 않은 여덟 명의 길잡이 조력자는 죽었다. 이 남자들 모두 두 가지로 뒤얽힌 생각에 이끌려 산으로 올라갔다. 첫째는 산 정상에 도달하는 것이 그 자체로 보람 있는 목적이라는 추상적 관념이었고 둘째는 우뚝 솟은 고도에서 내려다본 시야가 목숨 걸고 구경할 만한 가치가 있는 아름다움이라는 신념이었다.

포베다봉에서 얼어 죽은 러시아인 부처들, 외할아버지의 등곳길 기념비에 새겨진 아버지와 아들 등 산에서 목숨을 잃은 다른

모든 사람처럼 헨리 빈도 그가 태어나기 수년 전부터 유행의 활기를 띤 '감정의 방식'으로 죽음을 맞이했다. 우리가 풍경의 형태를 인식하고 반응하는 방식은 이전에 갔던 선행자들에 의해 촉구되고 자극받고 상기되기 때문이다. 그래서 그 어떤 죽음도 역사적 상황과 분리되거나 고립되지 않는다. 비록 우리는 '고도 경험'이 완전히 개인적이라고 믿고 싶을지 모르지만, 사실 우리 각자는 복잡하고 눈에 보이지 않는 타인의 감정을 계승해온 상속자다. 모두가 면면히 이어져 온 '산에 대한 감정 왕조'의 시민들인 셈이다. 그래서 우리는 무수히 많은 무명씨 선등자의 마음과 눈을 통해 산을 바라보고 느끼는 것이다. 에벌린이 고도에서 발견한 뜻밖의 즐거움, 프리드리히가 그린 '안개 바다 위의 여행자'라는 상징적 이미지, 셸리가 노래한 대기의 시가詩歌, 올조가 몽블랑 정상에서 바라본 황홀한 풍경이 사람들이 고도를 상상하는 방식을 변화시키는 데 한몫했다. 지금, 21세기의 시작점에서도 수백만 명의 상상력은 영국의 등산가이자 작가인 조 심프슨이 말한 "위대한 고도가 부르는 침묵의 소환", 즉 인류를 끊임없이 위로 끌어당기는 등산이라는 매력적인 역중력逆重力에 영향을 받기 쉽다.

제6장

지도 밖으로 걸어가기

Mountains of the Mind

가장 흥미로운 해도와 지도에는 모두 "미답Unexplored"으로 표기된 곳들이 있다.

—아서 랜섬, 『제비호와 아마존호』, 1930년

내가 가장 흥미롭게 갖고 있었던 지도는 키르기스스탄이 중국과 카자흐스탄의 국경과 접한 곳에 위치한 톈산산맥의 극동을 제도한 한 장의 영인본이었다. 이 복사본 지도는 매우 질박해서 흥미로웠다—십자十字는 산봉우리, 동그라미는 호수, 선은 산등성이를 뜻했다. 산맥 주위에는 굽이도는 등고선이 없었다. 위험한 절벽을 나타내는 음영도 없었다. 게다가 영국의 육지측량부가 규정해 지형 측량도에서 상용하는 자모 축약어, 가령 인도교는 FB(foot-bridge), 우체국은 PO(post office), 술집은 PH(public house) 따위가 전혀 없었다.

지도의 중앙에는 이닐첵 빙하가 산을 깎고 파내어 만든 Y자 모양의 협곡이 간결하게 그려져 있었다. 이 톈산산맥의 중앙 통로는 매우 널리 알려져 있었다. 러시아 탐험가 P. P. 세메노프가 1856년과 1857년에 처음으로 탐험한 곳이었다(그는 이후 영락없는 19세기 러시아의 명명법에 따라 세메노프-톈-산스키로 유명해졌다). 세메노프는 이식쿨호 주변의 영토에서 출몰하는 키르기스족 도적 떼에게 제압당하지 않고 먼 동쪽의 산타쉬 고개까지 전진했다. 이 지역은 중국과 중앙아시아 평원의 군왕들이 오랫동안 쟁투를 벌인 변경이었다. 전해진 바에 따르면 티무르[114]가 중국〔명나라〕과 전쟁을 벌이려던 원정길에, 그의 군사들에게 산타쉬 고갯길에 돌을 하나씩 쌓으며 지나가라는 군령을 내렸다고 한다. 군사행동을 마친 후 병사의 숫자가 줄어든 그의 군대가 이 산 고갯길로 되돌아갈 때, 한 명의 병사마다 돌을 하나씩 집어 들었다. 티무르는 남은 돌들을 세고 그것으로 중국에서 얼마나 많은 부하를 잃었는지를 정확히 알아냈다.

세메노프가 쓴 보고서는 심술궂으나 영리한 니콜라이 프르제발스키를 포함해 러시아 탐험가들과 지도 제작자들을 이 지역으로 연이어 유인했다. 거만한 코사크 혈통의 폴란드계 러시아인인 프르제발스키는 그가 인생의 많은 시간을 보낸 아시아의 민족들

---

114 우즈베키스탄의 역사 영웅으로 이라크, 아르메니아, 메소포타미아, 조지아, 러시아, 인도를 일부 정복해 티무르제국을 건설하고 몽골 재건을 목표로 명나라 원정에 나섰으나 병사했다. 영어권에서는 타메를란이라고 표기한다. 1336~1405.

을 혐오했다. 마지막 책에서 그는 모든 몽골인을 멸종시키고 코사크인으로 대체하자는, 스탈린―프르제발스키의 아들이라는 소문이 난―이 하마터면 실행할 뻔한 정책을 제안했었다. 비유럽인에 대한 혐오를 극복한 프르제발스키는 키르기스스탄의 최동단을 포함해 네 차례의 중앙아시아 횡단 탐험을 이끌었다. 그는 또 지금은 그의 러시아어 이름에서 따와 명명한 이식쿨호의 동단에 자리한 카라콜시에서 아시아인들과 함께 지내다 1888년에 사망했다. 그의 빛나는 검은 동상이 먼지가 날리는 이 도시의 광장을 내려다보고 있고 부근에는 거의 아무도 찾지 않는 그의 기념박물관이 있다. 내부에는 그의 직업과 어울리는 장식품, 이를테면 안장주머니와 지도, 무기, 기묘하게 박제된 동물들이 가득 차 있다.

프르제발스키 이후 뮌헨 태생의 탐험가 고트프리트 메르츠바허가 나타났다. 메르츠바허를 이 산맥으로 몰아넣은 동력은 정치성―프르제발스키는 그레이트 게임[115]의 중요한 행위자였다―이 아니라 지적 욕구였다. 메르츠바허는 이 지역에 대한 세메노프의 기록을 읽었고 톈산산맥의 '거대한 결절점'에 대한 그의 묘사에 매료되어 있었다. 세메노프는 더럽혀지지 않고 분홍색 대리석으로 이뤄진 어마어마한 피라미드 모양의 이 산맥을 한텡그리 즉 '하늘의 지배자'라고 명명했다. 훗날 이 지역을 둘러본 러시아 지질

---

[115] 영국과 러시아가 19세기부터 20세기 초까지 지정학적인 요충지인 중앙아시아 내륙의 주도권을 두고 벌였던 패권 경쟁.

학자들이 세메노프의 추측을 확증했지만, 그와 마찬가지로 적대적인 산맥의 깊은 곳까지 충분히 관통해 정상을 등정하기에는 등반 기술이 턱없이 부족했다.

1902년부터 1903년까지, 두 명의 티롤인(서부 오스트리아와 북부 이탈리아에 걸쳐 있는 알프스 티롤 지방 사람) 가이드와 코사크 호위 대원들의 도움으로 메르츠바허는 능선과 빙하로 구성된 미로를 통과해 한텡그리에 도달하는 길을 찾으려고 시도했다. 산악은 자신의 비밀을 쉽사리 누설하지 않았다. 메르츠바허는 눈사태에 휩싸였고 말벌에게 공격당했으며 악천후에 시달렸고, 대원들은 반란을 일으켰고, 빙하의 붕괴를 초래한 지진으로 굴러떨어진 낙석에 하마터면 깔려 죽을 뻔하기도 했다. 메르츠바허에 관해 그 무엇보다 가장 심각한 사태는 그가 강을 건너다 칫솔을 잃어버렸다는 것이었다. 그러나 그는 이 모든 역경에서 살아남고 1903년 8월 이닐첵 빙하를 발견했고 그 끄트머리, 중국과 국경이 거의 맞닿은 곳에서 '하늘의 지배자'를 찾았다.

이닐첵 빙하는 메르츠바허에게 한텡그리산으로 들어가는 길을 열어주었다. 수천 년의 세월 동안 빙하는 마주친 모든 지형을 불도저처럼 밀어 평평하게 했고 무한히 인내하며 6000미터보다 더 높은 산을 빻아왔다. 빙하가 없었다면 메르츠바허는 한텡그리산 가까이에 접근할 수 없었을 것이다. 비록 빙하의 그런 도움에도 불구하고 그는 며칠 동안 힘겹게 걷고 나서야 빙하에 오를 수 있었다.

텐산에 갔을 때, 우리는 헬리콥터를 타고 이닐첵 빙하 위로 휙 날아올랐다. 처음에는 빙하의 주둥이에서 포효하며 흘러내리는 잿빛 융빙수融氷水의 강을 따라 40분 간 한 번의 빠른 비행을 하고 난 후, 빙하 그 자체의 꾀죄죄하고 창백한 얼음 위를 날아갔다. 순전히 편리를 위한 것이지만 유쾌한 여정은 결코 아니었다.

헬리콥터는 텐산의 깊숙한 계곡에 소재한 러시아 군부대의 외딴 기지에서 날아왔다. 이 기지는 1960년대 중국과 소련의 긴장 시기 동안 중국 통신을 도청하기 위한 감청소로 건설되었다. 지금에 와서 돌이켜보면 나는 당시에 위험할 정도로 경험이 부족한 소규모 팀의 일원으로 키르기스스탄에 있었다. 우리는 아무도 올라가지 않는 산봉우리를 제일 먼저 정복할 작정이었다. 비행기를 타고 카자흐스탄의 수도 알마티로 입국한 후 기차, 버스, 택시, 도보로 카라콜까지 며칠 동안이나 여행했다. 거기서 8륜 트럭을 타고 7시간 동안 산맥의 서쪽을 관통하는, 잡석이 많이 깔린 광산 도로를 지나 군사용 기지에 도착했다. 그날 밤 우리는 빙하에서 막 기지로 다시 헬기를 타고 되돌아온 키가 크고 건장한 미국인 한 쌍과 수다를 떨었다. 그들은 우리에게 비행이 산악보다 훨씬 더 위험하고 빙하의 남쪽 기슭의 바위들 사이에서 세 대의 헬리콥터 잔해를 봤다고 말했다.

우리가 비행하기로 한 그날 아침 6시, 나는 텐트 자락을 옆으로 제치고 조종사인 세르게이를 만나러 갔다. 그는 언뜻 보기에 꼬리 회전날개를 헬리콥터에 접착테이프로 붙이고 있었다. 그는 환한 미소를 지으며 엄지손가락을 치켜세웠다. 반 시간 후, 비록 헬리콥터는 비행을 전혀 견딜 수 없었지만 지상 대원들이 아무런 문제가 없다는 듯 만족감을 표할 때, 우리 중 15명은 불길하게도 도살장의 오래된 저울에 올려지듯이 비행길에 접어들었다. 수박 50개, 수십 개의 식품 팔레트, 죽은 염소 한 마리도 우리와 함께 비행할 듯했다. 마지막으로 지상 대원들은 힘겹게 100파운드〔45.3킬로그램〕짜리 붉은 가스통을 기내에 실었다. 프로펠러가 소음을 서서히 키우기 시작했을 때 가스통이 나의 두 다리 사이에 놓여 있었다. "만약 헬기가 추락하면 그것을 당신의 엄마처럼 안아주세요." 수석 정비공이 헬리콥터의 문을 쾅 닫기 전에 나를 향해 외쳤다. 분명 처음 사용한 퇴장 대사는 아니었다.

나는 비행 도중에 레슬링 선수 같은 근성으로 가스통을 넓적다리로 꼭 휘감았다. 나는 운이 좋다고 생각했다—적어도 내가 맨 처음 죽고, 더욱이 가장 빨리 죽을 것이었다. 빙하의 코앞에 다다랐을 때, 차가운 상승기류가 헬리콥터에 부딪히며 본체가 이리저리 흔들렸고, 그 찰나에 나는 하늘에서 수직으로 추락하는 줄 알았다. 하지만 헬기는 안정을 되찾았고 계속 비행하다 몹시 거친 얼음 위에 착륙했다. 프로펠러가 쿵쾅거리는 굉음 속에서 우리는 헬기 문을 열고, 하강기류가 얼음 결정체들을 점점 커져가는 바람의 원 속으로 분분히 날려보내는 빙하 위로 연이어 한 명씩 껑충 뛰어내렸다.

이 빙하가 바로 나의 남루한 지도의 중앙에 표시된 Y자형 지역이었나. I-N-Y-L-C-H-E-K이라는 몇 개의 자모字母가 지세를 따라 한 줄로 늘어서 있었다. 빙하 양측의 산봉우리에도 모두 지명이 붙어 있었고 점고법點高法으로 독립 고도도 표시되어 있었다. 하지만 그곳들 외에는 세부사항이 희미했다. 지명이 없었다. 해발 고도가 없었다. 그냥 십자들, 선들, 원들뿐이었다. 그리고 빙하 너머는―공백이었다. 그저 미지의 땅이었다.

그날 늦게 일단 텐트를 치고 난 뒤 나는 중국 쪽을 향해 빙퇴석이 뻗어 올라간 어렴풋한 작은 길을 따라갔다. 800미터쯤을 지나자 그 길은 돌출된 암석 뒤에서 방향을 바꾸어 원형의 빙하 권곡으로 들어섰다. 나는 그곳에 잠시 서서 권곡의 활동을 관찰했다. 매달려 있던 작은 빙하에서 분리된 커다란 세락이 갓 만들어진 푸른 얼음 조각들을 뒤에 남겼다. 선명한 주황색 부리를 가진 붉은부리까마귀 한 마리가 보이지 않는 짝에게 울부짖었고 피라미드 모양의 거칠거칠한 혈암이 큰 빙하의 아래쪽으로 이동할 때 흔들리며 자신을 재조립했다. 내가 계속 앞으로 걸어갈 때, 가물가물한 햇빛이 내 가까이에 있는 무언가를 문득 비추었다. 진갈색의 바위 노두 위에 작은 금속판이 묶여 있었다. 근처에 또 하나, 그리고 또 하나. 나는 암석 쪽으로 걸어갔다. 그곳은 산에서 죽은 망자들을 위한 공동묘지였다. 모두 15개의 명판이 암석 위에 나사로 고정되어 있었고, 그 위에는 서른한 명의 이름이 있었다. 망자의 대다수는 러시아인이고 독일인 한 명, 미국인 두 명, 영국인 한 명도 있었다. 하나를 제외하고 모든 러시아인의 명판 아래에 벽감을 뚫었고, 벽감에는 제물이나 추모를 표하는 물품, 즉 장례용품이 놓여 있었다. 그중에는 값싼 플라스틱 인형이 있었는데 금발과 진홍색 드레스가 암석의 안온한 색조와 놀라운 대조를 이루었다. 두툼하고 붉은 촛농에는 두 개의 검은 심지가 박혀 있었다. 에델바이스 한 송이의 연약한 봉오리. 그리고 세라믹으로 조각된 성모 마리아 상은 얼굴 위로 아주 작은 청금석 눈물을 영구히 흘리고 있었다.

영국인에게는 벽감도 없이 녹슬고 우중충하고 칙칙한 명판만 있었다. 명판에는 '폴 데이비드 플레처, 텐산, 1989년 8월 16일'이라고 새겨져 있었다. 그리고 그 아래는 볼드체로 '안글리차닌Англичáнин(영국인)'이라고 쓰여 있었다. 나는 찰나에 의문이 들었다, 그는 왜 여기에 왔을까? 그는 이곳에서 무엇을 찾고자 했을까? 당연히 죽음은 아니었을 것이다. 내 생각의 갈피는 계속 내가 봤던 그 명판들로, 특히 플레처에게로 되돌아갔다. 나는 모든 망자 중에서 그가 나와 가장 닮았기 때문에, 즉 기억의 자동적인 자아 중심성 때문이라고 생각했다. 내 머릿속엔 또 하나의 의문이 떠올랐다. 10년 전 무엇이 그를 수천 마일이나 떨어진 영국에서 텐산으로 끌어들였을까? 이 접근하기 어려운 풍경이 그에게 어떤 모험을 선사해줄 것이라고 상상했을까?

　나는 야영지로 돌아가 가이드인 드미트리를 소개받았다. 드미트리는 북극곰 같은 체형에 산타클로스 같은 턱수염을 기르고 있었다. 그는 자신이 북극권의 빙벽 등반 챔피언이라고 주장했고 나는 적어도 공공연하게는 그를 의심하지 않으려고 했다.

＊

　빙하에 도착한 뒤 며칠 밤 동안 우리는 방수포와 널판때기로 금방이라도 허물어질 듯이 엮은 드미트리의 오두막에 있는 탁자에 빙 둘러앉아 있곤 했다. 밖에서는 강한 눈보라가 몰아쳤다. 귀청을 찢을 듯한 광풍의 새된 소리에도 불구하고 여전히 산의 소리, 가령 소총을 갈겨대는 듯한 낙석, 간간이 폭탄처럼 우르릉거리는 눈사태를 들을 수 있었다. 탁자 중앙에서 대화를 나누는 내내 유리 단지 속의 장수말벌 둥지 같은 할로겐램프가 황백색으로 작열했다. 램프를 응시하고 나서 오두막의 어두운 곳을 흘긋 볼 때 얇은 거즈 천이 내 시야를 사로잡았는데 매우 빛나서 일시적으로 망막에 깊은 인상을 남겼다. 나는 탁자 주위를 둘러봤다. 강렬한 빛이 우리의 얼굴을 정면으로 비췄고 뒤통수는 전부 어둠 속으로 사라져갔다.

　드미트리는 탁자 위에 두 개의 양철 사발을 놓았다. 사발 하나에는 세 개의 주황색 멜론이, 다른 사발에는 십여 개의 크림색 마늘쪽이 담겨 있었다. 드미트리는 양파 하나의 껍질을 벗겼다. 한 손의 손가락 하나와 엄지로 양파의 구근을 잡고 칼로 양파를 네 번 잘랐다. 그리고는 손을 떼고 마술사가 지팡이로 고깔모자를 만지는 것처럼 칼로 양파를 가볍게 두드렸다. 하얀 쐐기꼴 모양의 양파 조각 8개가 만개한 꽃의 꽃잎이 열리는 것처럼 뒤로 젖혀진 채 탁자 위에 봉긋이 떨어졌다. 마침내 그는 다섯 개의 작고 두꺼운 유리잔을 한 줄로 늘어뜨린 뒤 경유처럼 끈적끈적하고 강한 보드카를 가득 부었다.

우리는 술을 마시고 음식을 먹었다. 얼마 후 양파와 보드카 탓에 두 눈에서 눈물이 날 때, 나는 드미트리에게 지도의 잉크 선 너머의 여백에는 무엇이 있는지를 물었다.

"거기엔 아무것도 없어요. 아무도 오른 적이 없는 산봉우리밖에."

"우리가 거기까지 갈 수 있을까요?"

"물론이지요. 걸어서 들어갈 수 있어요." 그는 조금 하찮다는 듯한 눈빛으로 우리를 둘러보며 말을 이어나갔다. "혹은 더 편하게, 헬리콥터를 타고 날아갈 수도 있습니다. 달러가 필요하기는 하지만요. 지난해에 우리는 한 팀을 그곳으로 실어날랐죠." 그는 남쪽을 향해 살짝 손을 흔들었다. "그들은 일주일 만에 새로운 산봉우리를 네 군데나 올라갔어요. 당신들이 원한다면, 능선 너머에 있는 다음 계곡으로 데려다줄 수도 있어요. 아직 탐사되지 않은 곳이죠."

이튿날 아침, 나는 빙하의 빙퇴석 위에 드미트리와 함께 서서 숙취로 지끈거리는 머리로 해바라기를 하며 미개척 계곡이 어디인지를 물었다. 그는 활 모양의 높은 눈 능선이 푸른 하늘을 받들고 있는 동남쪽을 가리켰다. 아무도 그 산등성이 너머의 영역에 들어간 적이 없었다.

갑자기 그곳에 가고 싶은 강렬한 갈망에 몸까지 아픈 듯했다. 나는 햇볕을 쬐어 이미 따뜻해진 빙하 위 바위에 앉았다. 지도를 펼쳐놓고 능선에서 지도로 눈을 돌렸고, 다시 산등성이를 바라봤다.

종이 위의 공백이 모든 것을 완벽하게 말해주었다. 우리는 앞으로 제일 먼저 그 설원에 발을 디디고 두 눈으로 그 산악을 목도할 것이다. 불요불굴의 의지로 멋지게 등반에 성공할 것이다. 네 곳의 험준한 정상을 정복한 뒤 각자의 이름을 따서 산봉우리의 이름을 작명할 것이다. 그 후 우리의 이름은 항상 그 산, 그 계곡과 연결될 것이다. 우리의 기억은 장차 우리가 몸소 보기 위해 여태까지 멀리서부터 여행해왔던 풍경과 분리되지 못할 것이다.

물론 우리는 가지 않았다. 여비가 너무 비쌌던데다 미숙한 경험을 고려하면 거의 자살에 가까웠기 때문이다. 대신 우리는 7년 전 체코 등반팀이 단 한 번 올랐다던 빙하를 가로질러 산봉우리에 다다랐다. 오르는 발걸음마다 나는 그들이 이미 올랐다는 사실을

이닐첵 빙하에서 위쪽을 향해 조망한 미개척 협곡의 경치.
이 협곡의 기점은 스카이라인 위의 구름이 없는 첫 번째 산봉우리 뒤에서 시작된다.

잊으려고 노력했고, 우리가 그 정상에 처음으로 섰고 그 풍경에 놀라서 할 말을 잃어버린 선구자이고, 개척자이고, 초등자인 척하려고 했다. 하지만 우리는 그렇지 못했고 이루 말할 수 없는 실망감에 빠졌다.

미지의 사물은 임의로 펴 늘일 수 있는 공간이기에 상상력을 자극한다. 어떤 문화나 개인이 두려움과 열망을 투영할 수 있는 은막과 같다. 흡사 에코의 동굴처럼 미지의 존재는 당신이 뭐라고 외치든 간에 응답할 것이다. 지도 위 여백의 공간—조지프 콘래드가 한때 "소년이 근사한 꿈을 맘껏 펼칠 수 있는 공백의 공간"이라고 부른 적이 있는—에는 '그들'로 인해 기인하는 기대나 두려움이 무엇이든지 산에 가득 채워질 수 있다. 여기서 '그들'은 무한한 가능성을 간직하고 있는 미지의 장소다. 산마루 너머의 순결한 계곡이 불러일으킨 얼얼한 그리움은 나 자신이 줄곧 비밀을 지키며 공개하지 않은 꿈의 갈망이다. 물론 나의 꿈은 예전에는 아무도 가본 적이 없는 어딘가로 가고 싶은 열망과 이전에는 아무도 하지 않았던 무언가를 하고 싶은 갈망에서 비롯되었다. 이것은 서양의 상상 속에 깊이 뿌리내린 '선취특권'과 진기한 '원형'에 대한 욕구다.

'미지'라는 개념이 늘 그 자체로 매력을 지닌 건 아니다. 수 세기 동안 탐험의 주된 동기는 경제적, 정치적 혹은 이기적인 것들, 즉 돈이나 영토 또는 명예에 대한 욕망이었다. 본질적으로 미지의 사물은 그 자체로는 흡인력이 없었고 영리한 탐험가들은 익숙한 지도 위에서 그들의 여정을 계획했다. 다시 한번 서양의 상상에서 미지에 대한 갈망이 부화한 때는 18세기가 한참 지나서였다. 18세기 후반 유럽에서는 먼 나라, 다양한 지역의 맛과 감각을 즐기고자 하는 새롭고 독특한 욕구가 생겨났다. 서양의 이런 탐험 애호를 '이국풍'이라고 부를 수 있는데, 문자 그대로는 바깥을 의미한다. 요컨대 서양은 미지를 발견하고자 했다.

나날이 격화된 이 발견에 대한 욕구는 다양한 좌절감을 반영했다. 그중에서도 곳곳에 만연한 도시 부르주아의 경건하고 정체된 생활에 대한 피로감이 가장 중요했다. 이미 알려진 것 그리고 예견할 수 있는 것은 사람들이 배척해야 할 속성이 되었고 뜻밖의 것을 기대할 수 있는 지역에 대한 갈망이 갈수록 강화되어 갔다. 미지의 장소가 이러한 대안적 경험 세계로 가는 출입구로 여겨지게 되었다. 수십 년 뒤 샤를 보들레르는 이렇듯 핍진하게 표현했다. "미지의 심연까지 잠입해서 새로움을 발견하라." 미지를 통해서 우리는 새로움을 찾을 수 있다는 것이다.

1770년대부터 미지의 장소에 대한 이 강렬한 지적 욕망은 극적인 행동으로 옮겨졌다. 이때부터 다음 세기로 넘어가는 60년 동안은 '탐험의 황금시대'였다. 탐험가와 모험가는 재화와 아름다움을 찾아, 얼음이 두껍게 언 북극해, 태평양 군도 사이 그리고 아프리카의 사막을 가로지르며 여행했다. 무엇보다 이들은 '진기함'을 추구하려는 열망에 사로잡혀 있었다. 그들의 지상 목표는 미지의 장소에 다다른 후 지금껏 본 적이 없는 것을 보는 거였다. 그 자체로 목적이 되어버린 발견은 모든 형태의 신기한 원형에 대한 지난 수십 년간의 지적 매혹에 부합하는 에토스가 되었다. 1767년 수필가 윌리엄 더프는 계몽운동 시대의 이상적인 인물은 당연히 "전인미답의 행로를 탐험하고 새로운 발견을 주도하는 것"에 완전히 몰두해야 한다고 진술했다. 1764년 조지 3세가 왕위에 오르자 곧

환해環海로 향하는 탐험이 시작됐다. 영국 군주가 탐험가들에게 내린 명령은 간결했다. "남반구에서 새로운 '발견'을 하라!" 스코틀랜드 청년 제임스 브루스는 조지 3세의 통치기에 '새로운 발견을 한' 첫 인물이 될 거라는 기대에 심취해 아비시니아(에티오피아)의 산과 강을 탐험하기 위해 온몸을 내던졌다.

이러한 야생 지대를 방문한 탐험가들은 당대의 은막 스타들처럼 금세 매력적인 인물로 유명해졌다. 그들은 돌아와서—돌아올 수 있었다면—탐험의 위업을 책으로 쓰고 삽화도 그려 넣고 접어서 끼워 넣는 지도들도 붙이고 미지의 영역을 어떻게 돌파했는지를 점선과 대시로 표시했다. 1822년 영국의 북극 탐험가 존 프랭클린은 북극 툰드라에서 3년 만에 런던으로 돌아왔다. 그와 그의 굶주린 선원들은 구두 가죽, 이끼, 최후엔 서로를 잡아먹는 방식으로 생존했다는 소문이 파다하게 나돌았다. 프랭클린의 원정기는 베스트셀러가 되었고, 중고 복사본은 초판본의 정가보다 훨씬 더 높은 가격에 거래되었다. 끈기 있고 열정적인 북극 탐험가인 윌리엄 에드워드 패리 중위는 되풀이된 북극행으로 매우 유명해졌고 그는 거리를 걷다가도 팬들에게 둘러싸이기 일쑤였다.[116]

---

[116] 그린란드로 맨 처음 원정 탐험을 하러 갔을 때 패리는 올리브 나뭇가지가 그려진 깃발을 들고 다녔다. 이로써 '에스키모족'들이 평화에 대한 그의 염원을 알아주기를 바랐다. 패리는 나무는커녕 식물이 거의 존재하지 않는 얼음 세계에서 생존하고 있는 사람들이 올리브 나뭇가지의 상징적 함의를 인식하지 못할 수도 있다는 것을 고려하지 못했던 듯하다. 새로운 밀레니엄이 시작될 때, 해외로 향한 일부 영국인들은, 만약 말하는 속도를 매우 늦추면, 영어가 시베리아의 노보시비르스크부터 서아프리카 서부 말리의 팀북투까

심지어 1830년대 탐험의 황금기가 막을 내린 이후에도 지리학적 미지의 개념은 19세기 외교정책에 활력을 불어넣는 힘을 유지했다. 영국, 프랑스, 러시아, 스페인, 벨기에 등 당시 세기의 모든 강대국은 영토 확장을 위해 프랑스는 녹색, 러시아는 주황색, 영국은 분홍색을 선정해 각국의 색으로 지도의 공백을 물들이는 데 전념했다(물론 미국에서는 완전히 다른 전쟁이 벌어지고 있었다. 소위 문명의 경계를 태평양 쪽으로 확장하기 위해 '명백한 운명'이라는 명분을 내걸고 서부 해안으로 향해가면서 미지의 존재를 합병하려고 했다). 제국주의 국가들은 이른바 이 세계 미지의 지역을 문명화한다는 미명으로 경계를 나누고 영토권을 주장하기 위해 일제히 총포를 계속 발사하며 군사 원정을 벌였다.

각각의 공백이 채워지면 새로운 공백이 그 자리를 대신할 후보로 지명되었다. 나일강의 발원지, 서북항로, 남북극, 티베트, 에베레스트산 등 19세기의 각 세대는 수수께끼를 풀기 위해 머리를 싸매고 새롭게 집착할 지리상의 미스터리를 발견해냈다. 독일인 탐험가 율리우스 폰 파이어[117]는 수많은 독자뿐만 아니라 동료 탐험가들을 대신하여 말했다. "자연이 꿰뚫을 수 없는 벽으로 감싸고 있는 듯 보이고 게다가 아직 아무도 발을 들여놓은 적이 없는 땅

지, 이곳에 거주하는 모든 사람이 기적적으로 이해할 수 있는 직관적인 에스페란토의 한 형태로 기능할 수 있다고 믿었다. 이것은 서양인의 우매함과 문화적 오만이 혼합된 초기의 사례다—지은이.

117   등산가이자 북극 탐험가, 지도 제작자, 1841~1915년.

일 때 탐험가가 미지의 세계로 들어가는 것보다 더 가슴 벅찬 상황은 상상할 수 없다."

영국은 다른 어떤 제국보다 전 세계를 알고 싶어 했고, 지구를 시도의 모눈으로 표시하고 온 지구를 항행하려는 격정적인 열망에 휩싸인 듯했다. 1830년 '지리 과학의 발전을 위하여'라는 취지로 왕립지리학회가 창립되었다. 그리고 빅토리아 여왕의 통치 기간(1837~1901) 전부터 세계 지도상에 남아 있는 공백들을 채우려는 목표가 문화적 정통성과 정책 의제로의 지위로 오랫동안 부상해 있었다. 1854년 『타임스』의 사설은 이렇게 공표했다. "만약 누가 영국인이 진입하지 않은 미지의 땅을 거론한다면 영국인은 가장 먼저 그곳에 발을 내디뎌야만 한다." 1846년 당시 해군본부 2등 서기관이었던 존 배로는 선언했다. "북극은 세계에서 우리가 아는 것이 전혀 없는 유일한 곳이다. 계몽된 시대에 모든 지적 욕구는 그 무지의 오점을 씻는 데 박차를 가하는 동기부여로 작용해야 한다." 배로는 남극대륙과 히말라야산맥이 북극보다 훨씬 덜 알려졌다는 진실을 말하지 않았지만, 그의 열렬한 웅변은 19세기 중반의 영국인들이 지구의 미스터리들을 풀고자 했던 열정을 잘 포착하고 있다.

19세기 동안 탐험과 발견에 대한 광범위한 집착이 산을 바라보는 동시대의 인식에 영향을 끼쳤다는 것은 두말할 나위 없다. 멀리 원정을 떠나는 본격적인 탐험가가 될 수는 없지만 미지의 세계가 끌어당기는 매력을 느낀 이들에게 등산은 원정 탐험을 대신하는 흥미로운 비유를 제공해주었다. 그리고 탐험가가 될 뻔한 유럽인에게 산이 특히나 매력적으로 보인 까닭은 그들의 집과 가깝다는 근접성 때문이었다. 등산하기 위해 어처구니없이 먼 거리를 여행하거나 경비를 조달하기 위해 해군기금위원회에 원정 여행의 가치를 납득시킬 필요도 없었다. 미지의 산악 지대를 경험하는 데 필요한 것은 장거리 수평 여행—가령 남극까지 가기 위해 남항하는 데 필요할지 모를 1년이라는 세월 또는 북극까지 가기 위해 배만큼 높은 파도와 배만큼 큰 빙산과 싸우며 북쪽으로 항해하는 수주의 시간—이 아니라 경쾌한 '수직 여행'이었다. 단 하루 만에 오로지 단호한 결심과 튼튼한 신발 한 켤레, 먹을거리를 비축한 배낭 하나만으로 온화하고 인자한 스위스의 목초지에서 출발하여 북극의 가혹함과 동등한 높은 산봉우리까지 등반할 수 있었다.

이 밖에 여러 측면에서 산은 여러 대담한 모험보다 미지에 대한 더 확실한 경험을 제공했다. 1843년 제임스 포브스는 썼다.

신사들은 이제 숙녀들이 말을 타고 피렌체로 가는 것만큼이나 거의 불안해하지 않으면서 시베리아를 걸어서 횡단하고 있다. 심지어 대서양조차 미대륙의 한가한 놈팡이들에게는 그저 고속도로일 뿐이고 인도로 가는 육로는 런던에서 배스(영국 에이번주의 온천지)까지 가는 여정처럼 기록돼 있다. 사막에는 우체국이 있고 아테네에는 승합 마차가 있다. 하지만 유럽의 중심부에는 알려지지 않은 지역이 있다. (…) 패리, 프랭클린, 포스, 사빈, 로스, 다윈이 북극과 남극 기후의 가혹함을 용감하게 극복하면서 지구와 대기층, 기후와 동물들의 다양한 현상에 대한 지식을 거둬들일 때 (…) 이 지구에서 자신의 외지고 궁벽한 지역에만 틀어박혀 있던 우리가 이런 모든 특성을 완벽하게 알고 있었던가? 분명 그렇지 않다.

포브스 글의 행간에서 더 넓은 세계의 문명(대서양이 고속도로가 되고 시베리아가 포장도로가 되고 이탈리아가 승마 조련장이 되고 아테네에 교통 체증이 일어나는 것)에 대한 권태가 세기가 지날수록 더 강렬해지는 정서라는 것을 엿볼 수 있다. 그러나 문명화된 유럽의 심장부에 묻혀 이전에는 높은 해발고도가 위장해준 덕분에 풍경을 숨기고 있던 알프스산맥이라는 미개척 영역을 발견했다는 흥분도 엿들을 수 있다.

알프스산맥에는 아무도 오르지 않은 산봉우리가 무수히 많았고 그 너머에는 지도에 표시되지도 않고 탐험되지도 않고 등반된 적도 없는 거대하고 더 우뚝 솟은 산악 지대인 안데스산맥, 캅카스산맥, 히말라야산맥이 펼쳐져 있었다……. 『산봉우리, 산길, 빙하Peaks, Passes and Glaciers』(1859)는 당시 산악회 회원들이 쓴 인기 있는 문집으로 초판의 편집자 사설은 "영국인의 발길이 언젠가는 운명적으로 닿을 수많은 산맥은 두말할 나위 없고" 알프스산맥

등반이 제공하는 '제한 없는 모험의 장'에 주목했다. 당연히 고봉을 오르다 죽은 영국인들의 시체도 나날이 추가되었다.

이 풍부한 미지의 땅에 매료되어, 1850년대부터 1890년대까지 이탈리아, 프랑스, 독일, 스위스, 미국, 영국의 등산가들이 알프스를 가득 메웠다. 짐 꾸리기, 등반, 명명命名, 무엇보다 가장 중요한 것은 '지도 제작'이었다.

유럽의 초기 지도는 산을 두더지가 파놓은 흙 두둑이나 암석 위의 작은 갈색 꽃에 비유하여 상징적으로 표현했다. 가령 코토니언 월드 맵(1025~1050년경)은 몇 곳의 조잡한 캐러멜색 산 언덕을 묘사하고 있는데 이곳에서는 사자와 막연하게나마 닮은, 날개가 달린 데다 등뼈가 굽은 괴물이 어슬렁거리고 있다. 지식이 사라진 곳에서는 전설이 시작되기 마련이다. 초기 지도에 자주 출몰하는 환상 동물은 '미지의 화신', 즉 무지를 작은 삽화로 표현한 것이었다. 하지만 15세기에 이르러서 사자의 몸, 뱀의 머리를 한 이 신기한 대형 짐승은 지도에서 거의 자취를 감췄다. 지식의 확산에 따라 몸을 의탁할 곳이 사라져 쫓겨난 것이다. 하지만 그놈들은 항해사와 탐험가, 여행가의 상상 속에서 상당히 오랫동안 살아남았다.

비록 이런 괴수들은 사라졌지만 산은 숲(양식화된 축소형 전나무 숲으로)과 해양(중간 부분에서 얼어붙은 파란 잔물결 모양의 줄들로)처럼 계속해서 비유적으로 그려졌다. 이러한 초기 지도에서 산은 계곡의 위치에서 바라볼 때 보일 법한 풍경처럼 그려졌다. 즉 정상에서 바라본 부시도는 아직 구상되지 않았다. 15세기 후반 유럽의 포르투갈 지도는 산간 지대를 그리기 위해 기하학적 패턴들로 깔끔하게 배열된 일렬의 작은 갈색 흙 언덕을 사용했다. 흡사 잘 훈련되고 부지런한 두더지 떼가 유럽 대륙에서 분주하게 움직이고 있는 듯 보인다. 더 기괴한 것은 1489년의 카네파 포르톨란 지도 위의 알프스산맥 묘사인데, 산 모양이 거꾸로 매달려 있고 번쩍번쩍 오묘한 색을 띠고 있다. 그것들은 마치 붉은색과 녹색의 포도송이들이 주렁주렁 늘어선 것처럼 보인다.

16세기와 17세기, 이 200년 사이에 지도 제작 기법이 점점 더 정교해지고 표준화되었으며 경관 특징 구별에 더 많은 주의를 기울이기 시작했다. 1681년 토머스 버넷은 비판적으로 말했다. "지리학자들은 그들의 도표에서 산의 수량과 형세를 묘사하거나 표주標註할 때 그다지 꼼꼼하지 않다." 그는 모든 "왕자들"에게 "산세" 및 "황야와 소택지沼澤地의 분포"를 적절하게 묘사한 "자신의 국토와 강역 지도"가 있어야만 한다고 제안했다. 버넷은 약간 에로틱한 이유로 그의 제안을 정당화했다. "이러한 방식으로 지구를 상상하는 것 그리고 대자연이 알몸을 우리에게 보여주는 것처럼 늘 적나라한 지도를 보는 행위는 매우 유용하다. 그래야 산의 진짜 형태와 비율을 판단할 수 있기 때문이다."

르네상스 시대의 문화적 기대라는 압박 아래, 지도 제작자들은 삼차원 입체 효과를 내는 방법을 고안해냈다. 어디에나 편재해 있는 두더지가 파놓은 흙 두둑은 원뿔꼴의 평평하거나 울퉁불퉁하고 험한 산의 생김새를 만들기 위해 개조되었다. 음영이 처음으로 도입되어 땅의 기복을 보여주었다. 그리고 짧고 가는 선으로 그리는 선영법線影法은 경사와 험준함에 대한 정보를 제공하는 데 사용되기 시작했다. 즉 경사가 급할수록 선영의 밀도가 높고 어두워졌다. 프리드리히 2세〔재위 1740~1786〕는 프로이센의 군사 지형학자들에게 "무릇 짐이 갈 수 없는 곳이라면 어디든 잉크를 칠하라"고 지시했다. 등고선은 16세기에 발명되었지만 측량 기법의 발전이 지도 제작에 필요한 세부사항을 제공할 수 있게 되어서야 비로소 지도상에 적절하게 사용될 수 있었다.

한 장의 지도가 품고 있는 매력과 즐거움은 그것의 과묵함, 불완전함, 상상력을 채울 수 있도록 남겨둔 간격에 있다. 영국인 여행가 로시타 포브스가 지적했듯이 지도는 "노고와 땀 없이도 세상을 알 수 있는 예상의 마법"을 갖고 있다. 우리 집에서는 늘 등산 여행을 하기 전에 미리 지도를 곧잘 샀다. 새 지도는 시끄럽고 예절이 없다. 지도를 열면 항거를 하며 원래의 접힌 상태로 다시 돌아가려고 튕긴다. 만약 접힌 자리가 뒤집히면 바스락바스락 소리를 내며 찢어질 수 있고 뻣뻣한 지판紙板은 이따금 울퉁불퉁하게 모양이 변형된다. 우리는 지도를 바닥에 평평하게 깔고 네 곳의 모서리에 무거운 책을 놓은 채 무릎을 꿇고 지도상에서 가능한 루트를 짰다. 아버지가 나에게 등고선 읽는 법을 일찌감치 가르쳐주신 덕분에 모든 지도가 신기하게도 입체적 세계로 변모했다.

지도는 몇 초 만에 수 마일을 뛰어넘을 수 있는 7리그 부츠[118]를 준다. 연필심으로 걷고 싶거나 오르고 싶은 노선을 그리면, 크레바스 위로 날아오를 수 있고 단 한 번의 도약으로 높은 절벽 위로 껑충 뛰어오를 수 있으며 아무런 힘도 들이지 않고 강을 쉽게 건너갈 수도 있다. 지도 위에서 날씨는 항상 좋고 가시도는 언제나 완벽하다. 한 장의 지도는 풍경을 원근법으로 투시할 수 있는 역량을 준다. 즉, 지도 열독은 마치 비행기를 타고 앉아 한 국가의 상공을 날아서 지나가는 것과 같다. 악취를 없애고 기압을 일정하게 유지하고 온도를 조절하며 부감하는 측량 조사다.

그러나 지도는 지구의 표면 그 자체를 대체할 수 없다. 종종 지도 탐사 과정은 우리의 욕심이 지나쳐 우리가 씹을 수 있는 양보다 더 많이 씹도록 부추길 수 있다. 집에서는 지형을 가로지르는 좋은 노선을 짤 수 있지만 실제로는 그곳의 지형이 도리어 모든 것을 빨아들이는 늪이거나 무릎까지 높이 자란 헤더 야생화 관목림 또는 눈 속에 두텁게 파묻힌 거암 지대일 수 있다. 때로는 어떤 풍경이 우리의 지도 역량에 한계가 있다는 것을 경고할 수 있다. 한번은 바람이 지도를 내 손에서 낚아채 벼랑의 가장자리에서 빙빙 돌게 한 적이 있다. 또 한번은 비에 젖어 축축해진 지도를 판

118　옛날 동화 「엄지 동자」에 나오는 장화로, 한걸음에 7리그, 즉 34킬로미터가량을 갈 수 있다.

독하기 어려웠던 적도 있다. 나는 일찍이 산꼭대기에 선 채 화이트 아웃에 직면해 지도 위에 손가락을 올려놓고 "나 여기 있다"라고 말할 수 있었지만, 눈보라가 지날 때까지 설동을 피난처로 삼아 버텨야만 했던 적이 있다.

지도는 시간을 고려하지 않고 오로지 공간만 고려한다. 지도가 끊임없이 자신을 수정하는 풍경이 어떻게 변화하고 있는지를 보여줄 수는 없다. 수로는 항상 흙과 돌을 운송한다. 중력은 바위를 산허리에서 잡아당겨 더 낮은 곳으로 굴린다. 뇌조는 모이주머니에서 쓰기 위해 석영 조각들을 집어삼키고 다른 곳에서 배설한다. 물체와 돌은 부지불식간에 계속 운반되는 것이다. 다른 변화도 끊임없이 일어난다. 갑자기 내린 소나기는 작은 개울을 건널 수 없는 급류로 바꿀 수 있다. 빙하의 입에서 흘러나온 융빙수는 토사를 끊임없이 변화하는 추상적인 미의 무늬로 조각할 수 있다. 이것들은 모두 지도에 표시되지 않는 차원의 풍경들이다.

프랜시스 골턴(1822~1911)[119]은 오늘날 우생학을 명명한 '우생학의 아버지'로 가장 잘 알려져 있으나 빅토리아 시대의 많은 사람처럼 그 역시 다방면에 걸친 전문가였다. 탐험가, 등산가, 신비주의자, 기상학자, 범죄학자, 지문 채취 옹호자였던 골턴은 혁신적인 제도사이기도 했다. 그의 가장 빛나는 불후의 변혁은 기상 계

---

[119] 영국의 탐험가, 지리학자, 우생학자. 찰스 다윈의 사촌.

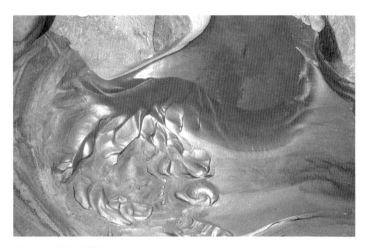

빙하 미사에 형성된 무늬.

통의 기호들과 지도를 결합해 TV 기상 지도의 원형을 만든 것이다. 골턴은 지도가 지형에 관한 공간적인 정보 그 이상을 전달해야 한다고 믿었다. 그는 여행자들이 방문한 땅에서 경이적인 인상을 받게 하고 싶었다. 그는 지도가 어떻게 해서든지 어떤 장소의 냄새, 향기, 소리를 복제해야만 한다고 생각했다.

연해변 마을의 해초, 생선, 아스팔트, 스코틀랜드 고지대의 토탄土炭 연기 냄새, 영국 도시의 막돼먹고 상스럽고 고약한 냄새가 나는 분위기…… 여처가 그칠 새 없이 떠드는 음표, 열대 새떼의 거칠고 귀에 거슬리는 울음소리, 외국어의 웅성거리는 억양…….

골턴의 멀티미디어 지도는 잘못된 착상이었다. 그가 제안한 것은 세계 그 자체를 복사한 거나 다름없었기 때문이다. 지도는 일종의 약어다. 이것이 지도의 정의고 장점이자 한계다. 어떤 곳의 풍경을 제대로 알기 위해서는 몸소 들어가봐야만 한다. 겨울에 나무가 어떻게 스스로 온기를 모으고, 어떻게 서 있는 곳의 눈을 녹이는지를 직접 볼 필요가 있다. 소총 소리가 나는 것처럼, 까마귀가 얼어붙은 땅을 탁탁거리며 우는 소리를 두 귀로 직접 들을 필요가 있다. 수천 피트 높이의 고봉에서 발아래 가장 가까운 마을의 깜박이는 불빛을 통해 여명 전의 어슴푸레한 알프스 하늘이 얼마나 아득히 멀고 끝이 없는지를 몸소 느낄 필요가 있다.

세계의 대다수 산악 지대는 19세기, 즉 제국주의 세기에 지도화되었다. 지도 제작은 처음부터 한결같이 제국주의 프로젝트의 선봉에서 발전해왔다. 한 나라의 지도를 그리는 과정을 통해 전략적으로써뿐만 아니라 지리적으로도 그 나라를 이해할 수 있었고 이에 따라 해당 국가에 맞설 병참 역량을 확보하는 방법을 모색할 수 있었다. 지구의 모든 미지의 공간을 일소하고 싶다는 영국인의 본능적 욕망은 대영제국의 정치적 야망에 완전히 부합했다.

19세기 초반부터 대외적으로 팽창하던 영국과 러시아 양 제국이 중앙아시아에서 서로 마찰을 일으키기 시작하자, 히말라야 횡단 지역에 대한 상세한 지도 제작 지식이 지극히 중요해졌다.

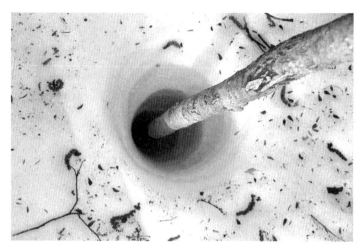

여러 해 묵은 적설 속에서 꼿꼿이 서 있는 나무 몸통.

동틀 무렵의 암석 요새.

1800년, 당시 벵골에 파견된 총측량사 로버트 콜브룩은 모든 영국 보병 장교에게 군령을 내려 그들이 임의로 선택한 어떤 국가나 지역에 들어가 지도를 제작하도록 했다. 안데스가 여전히 세계에서 가장 높은 산맥으로 여겨졌던 당시 이 불법 측량사들이 그보다 더 높은 히말라야산맥의 고봉에서 되돌아오기 시작했을 때, 가령 웹 중위는 네 곳의 평원 측량소에서 다울라기리봉을 측량해 그 높이가 8187미터라고 산정했다. 하지만 그래서 그들은 전문적인 지도 제작자들로부터 그들의 계산이 서툴고 엉망이라는 비난을 받았다(현재 공인된 다울라기리봉의 높이는 8168미터쯤 된다).

이렇듯 개성이 강하고 독자적 입장을 가진 지도 제작자들은 정보를 수집할 때 매우 많은 대가를 치렀다. 그들이 통과하는 지역의 객관적인 위험들 외에도 측량사들은 산적에게 공격당하거나 간첩으로 몰려 처벌당하는 위험을 무릅썼다. 특히 아프가니스탄의 에미르(족장)들은 자신들의 경내를 어슬렁거리는 주변 외세의 군관들에게 관용을 베풀지 않았다. 영국은 사고와 암살로 자국인을 너무 많이 잃게 되자 전형적인 '영국식'으로 반응했다. 현지 인도인 제도사들을 훈련시켜 순례자로 위장해 영국인 장교들이 안전하게 다닐 수 없는 지역을 정찰하고 지도를 작성하도록 파견하기로 한 것이다. 그들은 판디트[120]로 유명해졌는데 이 단어로 인해 지금의 영어에서는 '펀딧(박식한 사람, 전문가)'이라는 명사가 생겨났다. 그들은 1600미터에 2000보를 걷는다는 식으로 자신들의 보폭 수를 계산하고, 묵주 꿰미 안의 염주 알을 하나씩 움직여서 100보를 걸을 때마다 표식하는 방식을 배웠다. 그들은 노트를 전경기Prayer wheels[121]에 숨겨다니고 지팡이에 온도계를 은닉해 끓는점의 변화로 해발고도를 측정할 수 있었다. 이러한 초기 판디트 중 가장 유명한 사람은 싱Singh과 사촌 간인 나인과 키셴이었다. 키셴은 자신의 보폭을 세는 것은 물론이거니와 준마가 달리는 보폭까지 계산할 정도로 자신의 임무에 충실했다. 한번은 산적 떼의 공격을 당해 어쩔 수 없이 말을 타고 도망쳤지만 말이 달리는 보폭을 미리 측정해둔 덕분에 그가 도망친 지역의 지형을 계속 지도로 그려낼 수 있었다.

1817년 영국 육군 측량사 윌리엄 램턴의 지휘 아래, 인도의 '대삼각측량大三角測量, Great Trigonometrical Survey'이 살갗을 태워버릴 듯이 뜨거운 남인도 평원에서 진행되었다. 영국 대삼각측량의 목적은 영국령 인도 전체를 이른바 '석쇠 격자 모양의 시스템'으로 만드는 것이었다. 이는 인도 아亞대륙에 있는 임의의 두 지점의 상대적 거리와 높이를 추산할 수 있도록 지도 제작의 삼각형을 서로 맞물리게 하는 모형이다. 대삼각측량 캐러밴 행렬은 인도 최남단 타밀나두주의 케이프코모린곶에서 인도 북부로 이동하며 삼

---

120 인도식 영어로 힌두교 성직자나 교사, 지혜로운 사람이라는 뜻.
121 기도나 명상을 할 때 돌리는 바퀴 모양의 경전.

각형을 그리는 동시에 인구 통계와 지형 정보를 수집했다. 1830년 대 초반이 되자 대삼각측량의 선봉대는 히말라야산맥을 시야 안에 두게 되었다. 희미하고 머나먼 히말라야의 정상을 측량하기 위해 그들은 18미터 높이의 석탑을 세우고 그 위에서 경위의經緯儀[122]를 조준하면 금지된 네팔과 티베트의 깊숙한 곳까지 들여다 볼 수 있었다. 현지의 대기로 생겨나는 환시의 투명도와 히말라야산맥의 중력으로 인해 연직선鉛直線[중력의 방향을 나타내는 직선]에 가해지는 측면의 인장력을 고려한 후, 히말라야산맥의 최고봉 중 79좌를 '확정'했다. 이 산봉우리들이 모든 히말라야산맥의 퍼즐을 푸는 열쇠였다. 한 측량 조사 지휘관은 썼다. "이 봉우리들은 후속 측량 조사의 기초가 될 수 있고 이에 따라 강줄기와 호수의 위치를 확정할 수 있으며 봉우리들의 분포로 산맥의 추세와 형태, 규모를 추단할 수 있다." 1866년 사망할 때까지 이 모든 탐사를 감독한 측량사는 세계에서 가장 유명한 지질학적 지형에 자신의 이름이 붙게 된 조지 에베레스트였다.[123]

기왕 지도를 제작하게 된 이상 그에 걸맞은 이름을 명명해야만

---

122 고산이나 천체의 방위각과 앙각을 재는 기계. 망원경을 수평과 연직 방향으로 자유로이 회전할 수 있도록 만들어졌으며, 무게가 45킬로그램을 넘어설 정도로 무거운 정밀 기계.

123 티베트인과 네팔인은 왜 초모룽마Chomolungma(세계의 '어머니 여신'을 의미하는 에베레스트의 티베트어)나 사가르마타Sagarmatha('바다의 이마' 또는 '하늘의 여신'이라는 뜻의 네팔어)처럼 웅장한 산이 한 인간의 이름으로 명명되어야 하는지를 도저히 이해할 수 없었다(지금도 그렇다).

했다. 19세기는 다른 어느 때보다 세계의 황야들에 명확하고 특징적인 이름이 많이 붙여졌다. 지도상 공백—아래쪽은 남극권, 위쪽은 북극권, 그리고 세계 곳곳에 널리 퍼져 있는 산악 지역—은 처음으로 인간의 발이 닿은 후, 발견자의 이름을 필기체로 작게 새겼다. 물론 많은 산은 아주 오래전부터 명명되었지만—가령 융프라우봉과 아이거봉은 11세기와 12세기에 제각기 이름이 붙여졌다—세부적 명명이 제대로 시작된 것은 1800년대부터였다. 벽감, 산골짜기, 산마루, 안부, 산등성이, 빙하와 루트. 이곳들의 이름은 모두 등반가와 탐험가의 이름에서 따오기 시작했다. 현재 알프스의 대축척 지도에서는 아직도 그 이름들이 공간을 다투고 빼앗으며 마치 작고 검은 바큇살들처럼 각종 지질과 지모地貌가 방사되어 나오는 것을 볼 수 있다.

이 강박적이고 집착적인 명명은 일종의 기념 방식이었다. 일종의 식민화인 것이다. 고향 제국으로 그것을 데려가겠다는 빅토리아 시대의 시도가 좌절된 표현이기도 하다. 그러한 탐욕스러운 획득 본능—영국이 1851년 개최한 만국박람회 때 최대한으로 발현된—은 말하자면 식물군과 동물군의 경우처럼 산에서는 그 성과가 우수하지 않았다. 물론 빅토리아 시대 사람들은 본국에 그들이 발견한 산을 암석 표본의 형태로 상징적으로 운반했다. 하지만 그들이 어디를 탐험했는지를 철저하게 증명하기 위해, 자신의 이름은 현지에 남겨두었다. 그것은 제국주의적 그라피티였다.

1890년대에 촬영되었을 법한 북인도의 '노즐리 측량탑'

그렇지만 빅토리아 시대 탐험가들이 탐험 지역에 이름을 붙이는 습관은 제국주의적 본능 때문만은 아니었다. 탐험지의 풍경은 탐험가들 고향의 모습과는 극도로 달랐기에, 명명은 이런 풍경을 이해하기 위한 더 근본적인 메커니즘이기도 했다. 그러지 않았다면 당시 사람들은 그곳들을 알 길이 없었을 것이다. 풍경에 이름을 달아 각각의 장소를 표시하고 싶은 충동, 즉 시간과 공간 안에 존재와 사건을 고정시키려는 시도는 풍경에 대한 이야기가 전달되도록 하는 하나의 방법이다. 여기, 바로 내가 X라고 명명할 이곳에서 우리는 음식을 먹었고 풍토병에 걸렸으며 놀라운 경치를 봤고 그런 뒤 내가 Y라고 이름을 지은 곳을 향해 이동했다. 이런 식의 이야기를 들려주는 탐험가들에게는 이름이 풍경으로 하여금 의미와 구조를 갖게 했다. 이런 행위가 없었다면 풍경들은 반복적이고 무의미했을지 모른다. 명명은 공간이 형체를 이루게 했고, 서로 다른 여러 점들을 연결했다. 끊임없이 변화하는 얼음, 폭풍, 바위에 대한 명명은 언어와 서술, 줄거리에서 안정성을 제공했다. 명명은 공간을 더욱 넓은 '의미 기반' 위에 배치하는 방법이었고, 지금도 여전히 그렇게 남아 있게 한다. 간단하게 말하자면 본질적으로 미지를 이미 알고 있는 것으로 바꾸는 방식이다.

나는 이집트 사막에서 불과 수백 피트 높이의 금빛 암석과 모래로 덮인 작은 언덕에 올라간 적이 있다. 정오였고 사막은 금속처럼 반짝이는 빛 속에서 울고 있었다. 그런데 언덕 꼭대기 근처에서, 노출된 사암 기둥 아랫 부분에 어떤 글자가 쓰여 있는 것을 봤다. 나는 눈을 보호하기 위해 이마에 손을 올려 쨍한 햇빛을 가린 후 웅크리고 앉아 그것을 자세히 살펴봤다. '카터 중위 1828년'이라고 새겨져 있었다. 스펠링 주위의 사암은 사막에서 보낸 수십만 날들 동안 햇볕에 깊이 그을린 탓에 짙은 갈색을 띠었다. 그러나 스펠링들은 여전히 창백하게 빛났다. 겨우 180년가량 지났을 뿐, 시간은 아직 그들을 거뭇하게 만들기에는 충분하지 않았다.

나는 당시 무릎을 굽힌 카터 중위가 대검 끝으로 돌을 긁으며 시간 속에 자신을 새기는 모습을 상상해보려고 했다. 나는 그의 행동을 이해할 수 있었다. 집에서 멀리 떨어진 사람은 어떤 식으로든 이 무섭도록 냉담한 경관 속에 자신을 써넣고 싶었을 것이다. 나는 카터의 낙서를 남겨두고 10분 만에 언덕의 정상에 도착했다. 모래 언덕을 잠시 주시하다가 흐트러진 서너 개의 사암 덩어리를 쌓아 임시 이정표로 만든 뒤 몸을 돌려 원래의 길을 따라 내려왔다.

✳

빅토리아 시대 사람들에게는 여러모로 미지의 땅이 가장 화해하기 어려운 적이었다. 그러나 그들이 미지를 없애기 위해 힘껏 분투했음에도 접근하기 어려운 장소, 무궁무진한 상상력을 담을 수 있는 장소는 계속 존재할 필요가 있었다. 미지의 영역이 일으키는 공명의 힘과 쓸모없음이라는 특성 때문에 역설적으로 미지를 보존하려는 충동이 생겨난 것이다.

항상 국민 정서에 민감하게 반응한 조지 엘리엇[124]은 미지를 보존하자는 움직임이 처음으로 생겨난 단계부터 이런 정서를 감지했다. 그의 소설 『미들마치』에는 젊은 윌 레이디슬로가 이렇게 선언하는 대목이 있다. "그가 차라리 나일강의 발원지를 모를지언정 이 세상은 시적 상상력을 채집할 사냥터로 보존된 미지의 지역들이 얼마간은 남아 있어야만 한다." 19세기 말엽 많은 사람에게 레이디슬로의 이런 감정은 나날이 사리에 들어맞는 듯싶었을 것이다. 19세기는 지식의 경계를 부단히 넓히려고 고되게 노력하면서 흘러갔다. 하지만 이런 수고는 낯설고 잘 모르는 영역의 범위가 줄어들면서 도리어 밀실(폐소) 공포증을 불러일으켰다. 리얼리즘 시대는 그런 밀실 공포증이 미스터리를 갈망한다는 것을 발견했다.

이런 종류의 밀실 공포증은 시간과 공간을 압축해 먼 거리를 더 가깝고 빠르게 접근할 수 있도록 한 과학기술 근대화의 결과였다. 1900년 근대화의 절정기에 조지프 콘래드의 짐 경은(1900년에 출간된 소설 『로드 짐』의 주인공) "전신 케이블과 우편선 끝자락

---

124 영국의 소설가, 1819~1880년.

너머"의 어딘가를 찾기 위해 보르네오섬까지 가야만 했다. 19세기 말이 가까워질 무렵 영국과 북미주 양쪽에서는 산업 근대화의 침입을 받지 않고 이 세계에 남아 있는 황야를 보호하기 위해 (당시의 한 작가가 썼듯이) "꿈의 지역들을 엄격하게 보호해야 한다"는 호소가 빗발쳤다. 등산가 부르디옹은 썼다.

모든 영국인과 대부분의 유럽인은 자연의 아름다움을 보호해야 한다는 행동을 도덕적 삶의 주요 원동력으로 인식하고 있다. (…) 헤로도토스와 율리시스가 낭만적이고 알려지지 않은 미지의 세계를 온전히 방랑하던 시대보다 우리의 상상력을 맘껏 펼치게 해주는 곳을 찾기가 이미 더 어려워졌고, 심지어 위대한 여왕 엘리자베스 1세의 기나긴 치세보다 힘들어졌다.

제1차 세계대전이 끝나갈 때쯤 지도에 남극과 북극의 공백은 이미 채워졌거나 적어도 두 곳의 극지는 이미 누군가가 발을 들여 '접촉'한 상태였다. 당시 젊은 조지프 콘래드를 아프리카로 끌어들였던 지리상의 미스터리들은 모두 풀렸다. 유일하게 원래의 모습 그대로 분명하게 남아 있는 지역은 티베트 고원이었고, 그 남쪽 끝자락이 에베레스트산, 이른바 '제3극'으로 불리는 미지의 마지막 요새였다. 물론 에베레스트산을 숭배하면서도 오히려 등정할 생각을 전혀 하지 않았던 네팔인과 티베트인에게 이 산은 결코 미지가 아니었다.[125] 그러나 탐험의 역사가 흔히 그렇듯이 토착민이 존재한다는 사실이 이 지역에 처음으로 진입했다는 서양인 탐험가들의 특권적 선취 의식을 어떤 식으로든 약화시키지는 못했다.

1920년, 어느 원정대가 에베레스트산을 등반하기 위해 출발했다는 소식이 공포됐을 때 머지 않아 지구의 온 표면에 인간이 꽉 들어찰 것이라는 전망에 대한 강렬한 항의의 목소리가 거세게 일었다. 『데일리뉴스』의 한 사설은 한탄했다. "처음으로 지구의 꼭대기에 서게 된 사람에게는 자랑스러운 순간이겠지만 동시에 그는 후대의 자손들이 탐험할 기회를 엉망진창으로 망쳤다는 생각에 고통스러울 것이다. 이 지구상에서 얼마간의 오지는 영원히 침입을 받지 않고 보존되어야만 한다. 인류는 결코 경이로움이라는 감정을 잃지 않으면서 항상 그렇게 하려고 분투할 것이고 그러한 자연 보호 구역은 전 세계적으로 폭넓은 효능을 불러일으킬 것이다." 『이브닝뉴스』는 훨씬 더 강경한 어조로 단언했다. "지구상의 마지막 비밀 장소인 에베레스트의 벌거벗은 산봉우리가 침입자에게 짓밟힐 때, 이 세계의 마지막 미스터리 중 일부가 사라질 것이다."

---

125 흥미롭게도, 셰르파 사람들—에베레스트 근처의 네팔 쿰부 지역에 거주한다. 지금은 이미 탁월한 고지대 등반 능력과 동의어가 되었다—의 언어에는 '산꼭대기Top'라는 단어는 없고 오직 '산 고갯길Pass'과 '산허리Flank'만 있다. 네팔과 티베트는 여러 가지 풍경의 지모에 신이 깃들어 있다고 생각하는 범신론적인 종교를 숭배하고 있다. 20세기에 서양의 수입품에 불과한 히말라야 등정이 크게 성행하기 전에는 네팔인과 티베트인들에게 우뚝 솟은 이 설산의 정상에 오르려고 하는 생각은 철저하게 정신 나간 바보짓이 아니라면 노골적인 신성 모독이나 마찬가지였다—지은이.

미지의 영역이 줄어들고 있다는 데 대한 정확히 같은 우려가 우리의 현시대를 괴롭혀왔다. 탐험가 윌프리드 세시저는 그의 자서전인 『내가 선택한 삶The Life of My Choice』에서 썼다. "내연 기관 덕분에 이세 지구의 표년은 거의 철저하게 탐험이 되었고 모험 정신을 가진 개인에게 탐색할 만한 미지의 영역을 제공할 여지가 더는 없다." 물론 정보의 이동 역시 미답지를 훼손한다. 이제 갓 지나간, 지난 20세기 동안에 구축된 글로벌 정보 네트워크는 어떤 매체나 다른 미디어에서 표현되지 않은 상태로 남아 있는 것은 거의 없다는 사실을 의미한다. 우리는 마우스만 클릭하면 소환하고 싶은 거의 모든 이미지, 문자, 시각 영상을 찾을 수 있다. 미지 혹은 원주민을 위해 남아 있는 공간이 거의 없는 듯하다. 그래서 인류는 이전의 빅토리아 시대 사람들처럼 미지의 장소를 다시 배치하려는 조치를 강구해왔다. 우리는 미지의 영역이라는 개념을 위쪽과 바깥쪽으로, 최후의 미개척 영역인 우주로, 또한 안쪽과 아래쪽으로, 다시 말해 원자와 유전자라고 하는 가장 깊숙한 방으로, 혹은 인간 정신의 가장 깊숙한 내면으로, 조지 엘리엇이 "우리 안에 지도가 그려지지 않은 나라"라고 부른 곳으로 옮겼다.

＊

하지만 어떤 측면에서 이 세상에 미지와 같은 곳은 존재하지 않는다. 어디를 가든 우리는 우리의 세계를 가지고 다니기 때문이다. 1868년 당시에는 거의 알려지지 않았던 캅카스산맥을 탐험했던 신사 등반가 더글러스 프레시필드[126]를 생각해보라. 당시에 그는 한 장의 오래된 러시아 지도에 나타난 애매한 표시와 푸른 얼룩에만 의지한 채 루트를 탐색했다. 프레시필드는 탐험 일지에서 빅토리아 시대 영국인의 관점으로 이국적인 풍경을 즐기면서 자신에 대한 위로를 되풀이했다. 아무도 오른 적 없는 한 쌍의 산봉우리는 "가파른 책상 형태"이고, 빙하로 덮인 권곡은 "크리켓 운동장처럼 납작"했다. "폭우가 쏟아지고 미광이 번득 비치는 날"은 "영국 레이크 지구의 날씨" 같고, 기름기가 많은 캅카스 지방의 디저트는 "꽤 데번셔[데번주의 옛 명칭]의 크림 같았다." 그래서 19세기 탐험 기록은 많은 부분이 얼추 비슷했다. 무지개처럼 알록달록한 조류藻類가 가득 깔린 정글의 늪은 "마치 당구대의 초록색 모직 천처럼 매끈매끈하게" 보였으며 머나먼 대양의 번쩍이는 바닷물은 "맑은 날의 사문석"처럼 반짝였다.

우리는 이제 어떠한 경관도 신선하게 여기지 않는다. 미국 작가 수전 솔닛이 관찰한 바와 같다. "본래 일종의 상상 행위인 역사는 마음속으로 가장 먼 곳까지 옮겨져 심지어 그곳에서조차 어떤 사람의 행동이 무엇을 의미하는지를 판정한다." 그래서 설령 가장

---

126 영국의 탐험가·지리학자·작가. 캅카스산맥을 등반하던 중 유럽에서 가장 높은 엘브루스 산을 최초로 등정했고 『캅카스산맥 탐험』을 저술했다. 1845~1934년.

잘 알려지지 않은 미지의 경관을 가로지르더라도 우리는 또한 이미 알려진 지대를 관통하고 있다. 우리는 프레시필드가 그랬던 것처럼 내부에 이미 기대치를 품고 만나는 것이 어느 정도 그 기대에 부합하도록 만든다. 감지할 수 없는 대량의 가정과 선입견이 우리가 한 장소에서 지각하고 행동하는 방식에 영향을 미친다. 우리의 문화라는 보따리, 우리의 기억은 무중력이지만 뒤편에 남겨둔 채 갈 수는 없다.

그래서 혹여나 미지는 기대 혹은 상상 속에서 가장 완벽하게 존재하고 있을지 모른다. 여행, 등반, 탐험, 발견은 발길이 머물기 전에, 달리 말해 비교가 되기 전에 미래 시제라는 방식으로 가장 순수하게 경험된다. 내가 만약 톈산의 어느 미개척 협곡에 들어갔다면 거의 틀림없이 내가 방문해본 적이 있는 다른 눈 덮인 협곡들과 매우 닮은 점을 발견할 수 있을 것이다. 나는 그 익숙한 느낌에 실망할지 모른다.

하지만 우리는 여전히 낯섦에 놀랄 수 있고 새로움에 충격을 받을 수 있다. 좋은 기분으로 집 안의 한 방에서 다른 방으로 걸어가는 것은 가장 높은 차원의 탐험일 수 있다. 아이들에게 뒤뜰은 미지의 나라일 수 있다. 최고의 아동 도서 작가들은 이 점을 이해했다. 리처드 제프리스의 주목받지 못한 작품인 『베비스, 소년의 이야기Bevis, the Story of a Boy』(1882)는 마크와 베비스라는 두 소년의 모험을 따라간다. 그들은 집 근처에서 호수를 처음 '발견'했을 때 그것을 사방이 발을 들여놓을 수 없는 밀림으로 둘러싸인, 지도상에 없는 미지의 내해內海라고 상상한다. 그 후 그들은 이 바다의 해역을 탐색하기 위해 작은 배 한 척을 만들어 출항한다. 여행 중 그들은 뉴 포르모자, 뉴 나일, 중앙아프리카, 남극, 미지의 섬 그리고 인근의 더 넓은 지역들을 발견하고 그곳들에 이름을 지어주었다.

제프리스는 이 책을 풀잎들과 별들, 해님과 땅 위의 돌멩이들을 비롯해 모든 사물에 마법이 깃든 때인 유년 시절의 '경이로운 호기심'에 바치는 헌사라고 말했다. 수십 년 후 아서 랜섬은 『제비호와 아마존호』에서 똑같은 관점으로 더 많은 갈채를 받았다. 이 동화책에서 로저, 티티, 존과 수전은 윈더미어—그들이 '호수'라고만 알고 있는—를 횡단하는 항해 탐험에 돛을 올린다. 어린이들에게 호수의 남쪽과 북쪽의 끝은 북극과 남극이라는 미지의 세계였고, 동쪽과 서쪽은 미개척의 높은 산들로 둘러싸여 있었다. 동북쪽은 거대한 산맥이 버티고 있었다. 제프리스와 랜섬이 깨닫고 탐구한 것은 이 '상상력의 연금술'이 어떻게 하나의 호수를 전 세계로 바꿀 수 있는지, 완전히 알려진 영역을 전혀 알려지지 않은 영역으로 어떻게 바꿀 수 있는지였다. 비록 윈더미어는 현실에서 요트와 주거용 보트로 가득했더라도 아이들에게는 자신들이 탐험가로서 또 개척자로서 그곳을 최초로 횡단한 사람들이었다.

탐험가가 되려고 하는 사람에게 눈은 이상적인 지표다. 눈에는

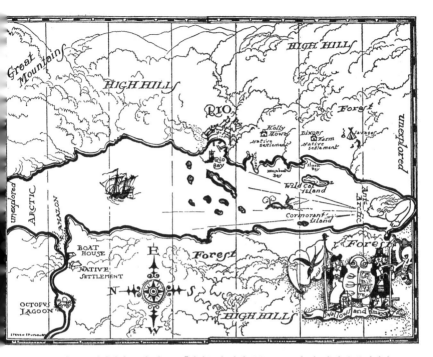

스티븐 스퍼리어가 그린 지도로『제비호와 아마존호』(1930)의 제1판에 수록되었다. 지도상의 높은 언덕, 큰 산 및 남극과 북극의 미개척 대척지를 주목해서 보라. 이는 스퍼리어 가족의 허락 하에 게재했다.

이전에 지나갔던 사람들의 흔적을 지우면서 스스로를 새로이 깨끗하게 단장하는 매력적인 성질이 있다. 새로 생긴 설원을 가로지르는 보행은 사실 그 길을 처음 밟아본 사람이 되는 것이다. 프리스틀리는『유인원과 천사Apes and Angels』에서 멋진 구절을 통해 눈이 가져다주는 신기함과 탐험의 특질을 몇 가지 포착해냈다. "평펑 내리는 첫눈은 하나의 자연현상일 뿐만 아니라 '마법 같은 사건'이다. 이 세상에서 잠자리에 들고 난 후 깨어나니 전혀 다른 세상에 있는 자신을 발견했는데, 이게 매혹적이지 않다면 어디서 그런 마법 같은 세상을 찾을 수 있겠는가?"

어느 새해 첫날, 나는 새벽녘에 일어나 케임브리지 중심부에 있는 풀이 무성한 파커스 피스 공원으로 걸어갔다. 주위에는 아무도 없었다. 그날 아침 일찍 눈이 내리다 이미 그친 상태였다. 해가 지붕 뒤로 떠오르고 있었다. 하늘에는 단 두 대의 백악질 빛깔의 비행운만이, 마치 선생님이 칠판에 친 커다란 X표처럼, 서로 빗금으로 교차하며 하늘의 푸르름에 흠을 남겼다. 나는 몇 분 동안 서서 비행운이 양 끝에서부터 안쪽을 향해 점차 흩어져 사라지는 광경을 지켜봤다. 그리고 공터를 가로질러 걷기 시작했다. 눈의 표면은 이미 얼어서 크러스트[쌓인 눈이 결빙된 표면]를 형성했다. 하지만 적설은 내 몸무게를 지탱할 수 있을 만큼 단단하진 않아 걸음을 내디딜 때마다 푹신하게 꽉 차 있는 눈들의 내부로 우두둑 우두둑 소리를 내며 밟혀 들어갔다. 먼 곳에 다다랐을 때 뒤를 돌아봤다. 발자국 행렬은 소인을 찍은 우표의 하얀 등에 난 구멍처럼 눈밭을 양분했다. 내가 이 눈밭이 생긴 이래 처음으로 횡단한 사람이 될 수 있었을 듯한데 그날 아침, 나는 정말로 그랬다.

제7장

새로운 천국이자 새로운 지구

Mountains of the Mind

알프스 산간의 수수한 시골에서 잠자고 있는 어떤 한 남자를 가장 높은 산봉우리에 옮겨놓았다고 가정해보라. 그가 깨어나 주위를 둘러봤을 때 그는 자신이 마법의 나라에 있거나 다른 세계로 옮겨졌다고 생각할 것이다. 게다가 모든 것이 그가 이전에 봤거나 상상했던 거와는 너무나 다르게 보일 것이다.

—토머스 버넷, 1684년

어느 겨울날 오후, 나는 둥그스름한 바위들로 이뤄진 둑이 있는 강을 따라 캐나다 로키산맥의 높은 계곡에 걸어 올라갔다. 계곡 입구 호숫물은 이미 얼어서 내가 서 있던 호수 가장자리의 붉은 갈대밭 둘레는 얼음에 꽁꽁 잠겨 있었다. 길 위에서 들었던 라디오의 기상 예보에 따르면 머지않아 큰 폭풍우가 닥칠 참이었다. 동쪽으로 멀리 떨어진 곳에서 적란운이 모여드는 광경을 볼 수 있었고, 먹구름을 뚫고 내리쬐는 폭풍우의 빛이 계곡을 가득 비추고 있었다. 이 '빛'은 일종의 집중적인 광선으로, 주변 경치에 투사되어 풍경을 정지시키고 움직이지 못하게 한다. 또 가장 평범한 물체들, 이를테면 호숫가 주위에서 홀로 서 있는 암석, 전나무 사이에 쌓인 눈 언덕, 얼어붙은 호수 위로 날아오는 컴퍼스 같은 솔잎을 비범하고 경이롭게 만든다.

강풍이 불고 폭풍우가 다가올수록 바람은 시시각각 강해지며 사나운 기류를 모았다. 야생동물을 잡고 싶었지만 어떤 생명체도 볼 수 없었기에 여기까지 족히 세 시간은 고생하며 걸어 올라왔다. 하얀 눈 위에 찍힌 자국들은 마지막 강설 이후 상당한 자연 교통량의 흔적을 보여주었다. 당연히 산토끼들은 검은 똥으로 마침표를 흩트려놓은 듯 순백 위에 문장부호들을 강조해두었고, 사슴도 흡사 페이스트리 반죽을 바삭바삭하게 오려낸 것처럼 발자국을 정연하게 남겨두었다. 새들도 쐐기문자를 눈밭 속에 꾹꾹 눌러 찍어두었다.

계곡을 가로질러, 곡벽을 형성하는 산들이 호숫가로 비스듬히 뻗어 들어간 서쪽에서는 본래 수십 개의 중형 폭포가 물을 연거푸 호수로 쏟아내고 있어야 했다. 하지만 그날 대다수 폭포는 빳빳하게 빛나는 얼음 커튼이 되어 있었다. 비록 더 큰 몇몇 폭포는 얼지 않았지만 도리어 가까운 호숫가 주변의 호숫물은 아무런 움직임이 없었다.

그런데 이 폭포들에는 훨씬 더 기괴한 점이 있었다. 나는 몇 초만에 그게 무엇인지 깨닫고 회심의 미소를 지었다. 아직 결빙되지 않은 폭포들이 벼랑 위쪽으로 떨어져 올라가고 있었다. 일시적으로 내 머리가 뒤집혔거나 단애면 전체가 거꾸로 뒤집힌 듯한 느낌이었다. 하지만 아니었다. 바람 때문이었다. 암벽을 때리는 폭풍이 어찌나 거센지 폭포들을 절벽 위로 밀어올리고 있었다. 폭포수가 화강암 절벽의 위쪽까지 쏟아져 오른 곳에서는 물이 하늘을 향해 수직으로 뿜어지고 있었다. 아래로 떨어지는 폭포가 아니라 위로 거슬러 올라가는 물기둥이었다.

호수의 먼 저편을 따라 산세를 주욱 살펴보니 수십 개의 은빛 폭포가 똑같은 상황을 연출하고 있는 기이한 모습을 볼 수 있었다. 그 폭포들은 은빛 연기를 드높은 허공으로 내뿜는 일련의 굴뚝같았다. 비록 폭풍우가 임박할 무렵이었지만 나는 한 시간 동안 그곳에 머물며 이 신기한 폭포들을 구경했다.

16세기에 취리히 학파라고 알려지는 획기적인 박물학자 집단이 형성되었다. 오늘날에는 자연계의 다양성과 구체성에 관심을 기울인 지식인들로 기억되고 있다. 취리히 학파의 가장 중요한 구성원은 콘라트 게스너인데, 그는 당시의 미신 사상에 전혀 관용을 베풀지 않았다.

게스너의 가장 유명한 합리적 행위는 루체른 부근에서 위쪽으로 솟아난 필라투스산에서 일어났다.[127] 당시에 루체른 시민들은 필라투스 호수에 잠복해 있다고 여긴 본디오 빌라도의 악령을 두려워했다. 1555년 8월 21일, 게스너는 한 친구와 필라투스 산에

---

[127] 필라투스산을 오르고 쓴 게스너의 글은 등산에 관한 최초의 기록 가운데 하나다.

올라가 그곳에 숨어 살지도 모르는 초자연적인 존재를 도발하기 위해 회색빛 호수에 돌멩이를 던졌다. 호숫물은 와락 솟아나지 않았고 빌라도의 사악한 유령도 낌새를 드러내지 않았다. 더욱이 루체른을 뒤덮은 대재앙도 일어나지 않았다. 시민들의 공포를 깨뜨린 게스너의 이 상징적인 엑소시즘은 오늘날 흔히 서방세계가 산악 미신을 추방하기 시작한 기원으로 여겨지고 있다.

게스너는 산의 세계를 열렬히 사랑했다. 하지만 그의 시대에는 그러한 '산악 열애'가 정신착란으로 취급됐다. 1541년 그는 친구 제임스 보겔에게 등산을 주제로 한 서신을 썼다. 그 편지는 기세등등하게 시작되었다. "마음이 무딘 사람들은 어디에서든 경이감을 느끼지 못한다. 그들은 세계라는 이 광대한 극장이 무엇을 상연하고 있는지를 관람하러 가는 대신 집에 퍼질러 앉아 빈둥거리고 있다." 이어서 단호한 어조로 글을 이어나갔다.

그러므로 나는 단언한다. 높은 산이 장기적으로 연구할 만한 가치가 없다고 간주하는 사람은 '자연의 적'이라고! 가장 우뚝 솟은 산봉우리들은 마치 다른 행성에 속한 듯 세계의 법칙을 초월하는 듯 보인다. 저 높은 곳에서는 전지전능한 태양도 다른 방식으로 활동하고 공기와 바람 역시 다르게 작용한다. 그곳에서 불후한 만년설은, 또한 우리의 손가락들 사이에서 녹아내리는 가장 부드러운 이 물질은, 태양과 그 타는 듯한 광선의 맹렬함에 전혀 개의치 않는다. 그토

록 아득히 먼 적설은 시간이 흘러도 사라지지 않고 도리어 점점 가
장 단단한 얼음과 결정체로 변해 그 어떤 물질도 녹일 수 없게 된다.

게스너는 '산의 세계'가 완진히 다른 별개의 세계라는, 즉 산이
라는 상층 영역에서는 자연의 물리적 법칙이 평지와는 다르게 작
동하고 시간과 공간에 대한 전통적인 저지대 관념이 뒤죽박죽으
로 바뀐다는 아이디어를 제안한 최초의 사상가 중 한 명이었다.
"저 높은 산"에서 대자연은 그 아래의 자신과는 전혀 닮지 않았
다. 자연력은 원래의 자연 상태와 상호작용을 고려하지 않고, 물질
과 인류의 관계를 복잡하게 만들면서 서로를 변성시킨다. 자연력
의 위계질서는 다시 정렬된다 — 작열하는 태양은 얼음에 힘을 발
휘할 수 없고, 태양 앞에서 얼음은 반항적으로 단단하게 굳은 채
남아 있다. "저 높은 산"에서는 투명한 바람이 유형화된다. 일단 얼
음 결정이나 눈송이가 가득 차면 바람의 너울과 윤곽이 극적으로
시각화되어 보이는 것이다. 공기도 더 맑고, 더 희박하다. "저 높은
산" 위 하늘에서 물든 푸르름은 저지대 하늘의 구름이 낀 듯한 모
직물의 남색과는 전혀 다른 색조와 결로, 흡사 유약을 얇게 바른
도자기 같다. "저 높은 산"의 폭포는 중력에 불복종하면서 위쪽을
향해 흐를 수 있다.

풍경을 온화하게 만드는 빛과 줄지어 늘어선 폭포를 계곡 너
머로 바라보면서 나는 게스너의 그 편지를 떠올렸다. 사실상 가

장 우뚝 솟은 산봉우리의 가장 높은 부분들은 마치 '다른 행성'에 속하는 것처럼 우리의 이 아래 세계를 지배하는 법칙들을 초월하는 듯 보인다. 그의 이 말이 옳았다. 산은 '또 하나의 다른 세계'다. 산상에서 머잖아 내리칠 번개가 데려온 공중전하空中電荷 때문에 나는 머리부터 발끝까지 얼얼한 따끔거림을 느낀 적이 있다. 여명 전의 미광 속에서 맞바람을 비스듬히 맞으며 산비탈을 갈지자로 오르는 도중에 나의 부츠는 일찍이 눈 속에서 청포도 빛깔의 인광燐光을 내는 불꽃을 튀긴 적이 있다. 나는 절미한 눈꽃 송이들이 하늘에서 떨어지는 풍경을 본 적이 있고, 수천 년 동안 서 있던 석탑이 와르르 무너지는 순간을 지켜본 적이 있다. 나는 아슬아슬한 암석 능선 위에서 다리 하나는 한 국가에, 다른 쪽 다리는 또 다른 한 국가에 걸친 채 앉아 있던 적이 있다. 나는 일찍이 크레바스에 떨어져 청록색 빙광으로 목욕한 적이 있다.

문학과 종교에는 또 다른 세계들―지도에 실려 있지 않은 미지의 바다, 비밀 왕국, 상상 속의 사막, 오를 수 없는 산봉우리, 아무도 찾아가지 않는 섬과 잃어버린 도시―에 대한 이야기들이 어수선하게 흩어져 있다. 우리는 자물쇠를 채운 방, 벽 뒤의 정원, 지평선 너머의 풍경, 지구 반대편에 있는 상상의 나라에 본능적으로 호기심과 매력을 느낀다. 이 모두가 '격리된 어딘가'와 '숨겨진 어떤 곳'을 알고 싶다는, 우리 안의 똑같은 열망을 표현한 것이다. 게스너가 산을 "또 하나의 다른 행성"이라고 불렀을 때, 그는 거대한 상상력이라는 아이디어를 발휘하고 있었거나 사로잡혀 있었다. 1684년 토머스 버넷이 "마법의 나라"라고 부른 곳을 탐험했던 초기 여행자들은 만년설, 아찔한 지질학적 구조들, 암석과 얼음의 무서운 대재앙에 대한 화들짝 놀랄 만한 보고서들과 함께 돌아왔다. 이제껏 이런 환경을 본 적이 없는 사람들에게는 상상은커녕 거의 믿기지 않는 소식들이었다.

내 생각에 모든 공상 세계 이야기 중 가장 훌륭한 내용은 C. S. 루이스의 『나니아 연대기』에서 펼쳐진다. 영국의 평범한 아이들인 피터, 수전, 에드먼드, 루시는 제2차 세계대전 당시 독일군의 런던 대공습을 피해 시골의 한 집으로 피신했다. 그들이 온 집안을 샅샅이 탐색하는 동안, 루시는 문에 거울이 붙어 있는 커다란 옷장 뒤쪽에서 몇 벌의 모피 코트를 비집고 들어가다, 영원한 겨울 나라의 세계에 발을 들여놓게 된다. 그곳에서 [반은 사람, 반은 양의 모습을 한] 목신牧神들은 우산을 들었고 하얀 마녀는 썰매를 타고 눈밭 위를 가로질렀다. 루이스의 이야기가 이토록 강한 전염력을 지닌 까닭은 이 상상의 세계와 실제 현실이 상당히 닮아 있기 때문이다. 비범함은 오래된 코트들이 걸려 있는 옷걸이 뒤에 숨어 있고 일상생활의 한 모퉁이에 움츠린 채 은폐되어 있다. 당신은 단지 어디를 주시해야 할지를 알고 그렇게 할 호기심만 갖고 있으면 된다.

19세기의 한 시인이 '저 기묘한 백색 왕국'이라고 부른 산에 오르는 마음은 모피 코트들을 밀치고 '나니아'로 들어가는 형국과 같다. 산악 세계에서는 사물들이 괴이하고도 예기치 않은 방식으로 작동한다. 시간 역시 휘어지고 변형된다. 눈앞에 펼쳐지는 지질학적 시간의 척도로 인해 마음도 시간의 표준적인 통제에서 해방된다. 산 너머 세계에 대한 흥미와 관심은 보온, 음식, 방향, 피난처, 생존법처럼 훨씬 더 즉물적이고 절박한 생존 욕구의 단계로 대체된다. 만약 산에서 무언가가 잘못되면 시간은 산산이 부서지고 그 순간과 그 사건만을 둘러싸고 자신을 재구성한다. 모든 사정은 그 새로운 시간으로 이끌리거나 새로운 시간을 선회하여 빠져나온다. 일시적으로 당신은 새로운 존재의 중심축을 갖게 된다.

산 위에 있다가 다시 지상으로 돌아오는 일은 옷장 밖으로 되돌아오기처럼 혼란스러운 경험이 될 수 있다. 피터, 에드먼드, 수전, 루시처럼 당신은 무엇이든 모조리 다 바뀌었을 거라고 예상한다. 맨 처음 마주친 사람이 당신의 팔꿈치를 잡고 몇 년 동안 집을 떠나 있었는지 말하며 당신이 안전하고 무사한지를 물어볼 거라고 기대한다. 하지만 보통 아무도 당신이 떠났었던 걸 전혀 눈치 채지 못한다. 그리고 당신이 겪었던 경험들은 그곳에 부재했던 사람들에게 전달되지 않는다. 등산 여행을 마치고 일상생활로 복귀한 나는, 몇 년 만의 귀국이었으나 아직 일상에 적응하지 못한 채 말로 표현할 수 없는 경험을 가득 품고 있는 이방인의 감정을 종종 느꼈다.

그러나 '산'이라는 '상층 세계'가 항상 별유천지비인간別有天地非
人間(인간 세상이 아닌 다른 세상)이나 원더랜드로 여겨긴 건 아니다.
물론 서양의 초기 역사에서 산은 초자연적인 존재들에게 뚜렷한
거주지를 제공했다. 마치 미지의 극지방이 아르카디아(얼음의 장벽
너머에 자리한 서풍과 영원한 대낮의 땅)나 악(순진하고 무고한 남방 종
족을 호시탐탐 노리면서 사탄에 미혹되어 하늘나라에 대항하는 곡Gog

과 마곡Magog이 이끄는 북방 대군)의 신화적 보고가 된 것처럼, 산이라는 상층 영역은 그래서 '고도'라는 단순한 사실 때문에 보통의 인간 세계를 초탈하는 곳으로 추상화되었고, 또한 신들과 괴수들의 거처로 여겨졌다. 자이언트 샤무아, 트롤(북유럽 신화에서 야산동굴에 사는 초자연적 괴물), 님프, 용, 밴시(아일랜드 민화 속 구슬픈 울음소리로 누군가 죽게 될 거라고 알려주는 여자 요정), 그리고 다른 사악한 존재들은 더 높은 산악 지대의 산비탈에서 무리 지어 출몰하고 또한 신은 산봉우리에 정주한다고 알려져 있다. 존 맨더빌은 몸집이 개만큼 큰 개미들이 갱도를 파 금을 채굴하는 실론의 금산을 묘사했다. 이탈리아 북부 도시 파르마의 프란치스코 수도회 작가 살림베네[128]는 아라곤(스페인 동북부의 옛 왕국)의 피터가 어떻게 높은 산의 정상에 올라 '무서운 벼락과 번개'와 맞닥뜨리고, 또한 깜짝 놀라 퍼득거리는 '한 마리의 서슬 퍼런 용'이 가죽 날개로 태양을 가려 컴컴하게 하는 광경을 차례대로 얘기했다.

　지역의 신화와 전설은 산마다 그 주위에 모여 있곤 하는데 높은 산의 현상은 이러한 전설의 패턴에 따라 해석되었다. 예컨대 1580~1630년 유럽의 마녀사냥이 절정에 달했을 때 산은 마녀의 은신처로 여겨졌고 폭풍우와 눈보라는 그들이 광란의 야단법석을 떨 때 따라오는 기상학적 파생물로 추정되었다. 17세기 초반

128　프란체스코 수도승이자 연대기 작가·신학자, 1221~1290년.

스위스 과학자 야콥 슈슈처는 알프스산맥에 생존하는 것으로 알려진 다양한 용의 종류에 대한 유명한 개요를 작성했다. 태양이 위에 있으면 새가 그 아래에서 어떻게 자신의 크기보다 몇 배나 더 큰 실루엣을 아래쪽 바위로 미끄러지듯 흘릴 수 있는지를 본 사람들에게 슈슈처의 용 안내서는 기상천외하게만은 보이지 않았을 듯하다.

유럽에서 산을 향한 이런 미신적 태도는 18세기까지 지속되었다. 1741년 윌리엄 윈덤과 포코크가 샤모니에 도착했을 때 마을 사람들은 두 사람에게 몽블랑 등정을 포기하라고 경고했다. 윈덤은 마을 사람들이 한 말에 대해 "마녀들이 빙하 위에서 못된 장난을 치고 악기 소리에 맞춰 춤을 춘다는 많은 괴이한 넋두리"라고 경멸하는 어조로 일기에 적어두었다. 윈덤의 조롱에서 성장하는 계몽주의가 미신 사상을 대하는 문화적 냉소주의를 엿볼 수 있다. 여하튼 상상의 용들이 산에서 쫓겨난 까닭은 유럽에 합리주의가 확산했기 때문이었다.

어떤 사람들은 또한 상층 세계인 산을 '신들의 집'이라고 믿었다. 유대-기독교 전통에서 선지자와 예언자는 신의 계시를 듣기 위해 습관적으로 산 위로 올라갔다. 가령 모세는 요단강 동쪽의 피스가산의 정상에서 약속의 땅을 바라보고 난 뒤 시나이산으로 올라가 십계명을 받았다. 성인들과 은자들은 산이라는 상층 세계가 저지대의 세속적인 떠들썩함보다 명상에 훨씬 더 도움이 된다는 것을 오랫동안 깨달아왔다. 내가 좋아하는 산속의 은둔자는 18세기 디센티안 수도원의 수도사 플라시두스 아 스페샤다. 그는 스위스 알프스에 자리한 수도원 근처의 산에 정기적으로 올라가 고깔이 달린 겉옷과 망토로 몸을 감싼 채 잠자며 하느님과 더 가까운 곳에서 밤을 보내려고 애썼다.

스페샤는 '위Up'가 천국과 가까움을 의미한다는 계몽주의 시대의 단순한 기하학적 신념에 따라, 산에 오르기를 좋아했던 닮은꼴 동료를 많이 알고 있었다. 그중 모리스 윌슨이라는 사람이 있었다. 영국 요크셔에서 태어난 윌슨은 무역업에 종사하는 판매원이었는데 서른 살에 정신적인 문제가 불거졌다. 젊은 시절부터 그는 금식과 기도를 병행하면 산을 오를 수 있고 그렇게 하면 하느님께 더 가까이 갈 수 있다는 생각에 사로잡혔다. 1930년대 초에 윌슨은 에베레스트산을 자신의 궁극적인 목표로 정했다. 그는 1934년 에버-레스트라고 불리는 개방형 복엽비행기를 타고, 런던으로부터 8046킬로미터 떨어진 푸르네아[129](영국, 네팔, 인도 당국의 바람과는 정반대로)까지 갔다. 윌슨은 당시 아무도 등정하지 못했던 에베레스트봉을 불법으로 등반하기 시작했다. 인도 경찰의 감시를 받고 있음에도 불구하고 추운 4월 아침의 이른 시각에 순례자로 가장한 채 다르질링을 슬그머니 빠

---

129 인도 동북부 비하르주에 위치했다.

져나와 거센 바람이 몰아치는 티베트 고원을 가로질러 걷거나 노새를 타고 에베레스트산에 접근하기 위해 길을 재촉했다. 비록 윌슨은 몸이 허약하고 등산 경험이 부족했지만 이 산의 상당히 높은 곳까지 올라갔다. 그가 고용한 셰르파들은 그를 6400미터 높이에 자리한 롱북 빙하의 상류 분지에 내버려두고 줄행랑을 쳐버렸다. 비록 전방에는 절망적인 날씨와 통과할 수 없는 장애물(빙하가 산과 만나는 곳에서 크게 갈라진 크레바스, 베르크슈룬트)이 가로막고 있었지만 윌슨은 계속 산을 오르다 결국 영양실조와 동상으로 사망했다. 한 해 뒤, 같은 경로로 올라간 영국 지형 조사 탐사대가 작은 혈암층 위에 누워 있는 그의 시신을 발견했다. 그들은 윌슨을 크레바스에 매장하고 돌출되어 있는 현암懸巖에 앉아 그의 일기를 읽었다. 그것은 거친 페이지가 있는 초록색 가죽으로 제본된 작은 책에 쓰여 있었다. 윌슨의 힘차고 안정된 필체는 막바지에 이르러 가늘어졌고 문법은 덜 엄격해졌다. 그러나 5월 31일, 마지막 기록이 똑똑히 쓰여 있었다. "다시 출발하자, 멋진 날이다."

✳

상층 세계에 대한 상상적 인식이 신과 괴수들에서 벗어나 '자연현상의 향연'으로 향하게 된 것은 1690년대와 1730년대 사이 유럽 전역을 풍미한 자연신학Natural theology(하느님의 존재를 계시나 기적에서 구하지 않고 자연현상에서 찾는 신학) 덕분이라는 게 게스너의 기쁜 깨달음이었다.

자연신학의 기본 전제는 이 세상의 모든 모습은 하느님이 인류에게 주신 형상, 즉 이미지라는 것이다. 토머스 브라운[130]의 말마따나 이 세계는 하느님의 위대함을 읽을 수 있는 "보편적이고 공개적인 원고"였다. 따라서 자연을 자세히 탐구하고 그것의 패턴과 특징을 이해하는 실천은 하느님을 숭배하는 한 형식이었다. 산은 하느님의 가장 빼어난 텍스트 중 하나이며 게스너의 말처럼 "세계의 위대한 극장"의 가장 좋은 좌석이었다. 자연신학의 주요 이론가 중 한 명인 플뤼슈 신부는 선언했다. "인류가 자연의 장관을 볼 수 있도록 하느님의 섭리는 공기를 보이지 않게 만들었다."

이런 까닭에 상층 세계를 둘러보고 그곳의 경이로움을 명상하는 활동은 신체를 단련시킬 뿐만 아니라 정신적으로도 고양되는 행위였다. 만약 산을 충분히 주의 깊게 살피고 하느님에 대한 신앙을 마음속에 굳게 새겼다면, 산으로 올라가 자신을 고무시키려는 많은 사람이 여전히 무의식적으로 느끼는 산악에 대한 공포와 두려움을 이겨낼 수 있다고 여겼다. 자연신학 운동은 유럽의 지식인층에게 물질세계를 더 구체적으로 경험하도록 추동했다. 이는

---

130 영국의 의사이자 작가, 1605~1682년.

산이 미학적으로 불쾌하다는 평판을 불식시키는 데 결정적인 역할을 했다. 산의 미시 현상에 대한 세심한 주의와 광범위한 경험을 결합하여 야생 풍경을 바라보는 새로운 방식이 확립되어 갔다.

18세기 막바지에 이르렀을 때 우주의 자연 물질에 대한 과학의 새로운 탐구뿐만 아니라 자연신학의 영향력 때문에 산이 "상층 세계"라는 개념은 당시 대중의 일반적인 상상으로 인정받았다. 풍경에 대한 그 시대의 기록을 보면 어디든지 간에 똑같은 이미지가 사용되고 있다. 18세기 스위스의 지질학자 오라스 베네딕트 드 소쉬르는 산을 "모종의 지상낙원"이라고 불렀다. 1777년 9월 알프스의 뷔에 빙하를 발견한 프랑스 탐험가 장 드 뤼크는 자신이 어떻게 "순수한 상층 대기권"으로 공중 부양된 느낌을 받았는지를 묘사했다. 마크 부리트는 『사부아 공국에서의 빙하 여행Journey to the Glaciers of the Duchy of Savoy』(1774)에서, 여행자가 산이라는 "또 하나의 다른 세계"에 있을 때 어떻게 "이토록 많은 경이로움을 관조하는 데 한껏 빠진 마음"을 알게됐는지를 서술했다. 상층 세계에 대한 가장 영향력 있는 이야기는 장 자크 루소의 『신엘로이즈』(1761)다. 이 소설은 세속적인 산악 숭배를 창조한 작품으로 널리 공인받고 있다. 루소는 알프스를 이렇게 묘사했다.

산은 마치 온 인류 사회를 초월한 듯 '위'를 향해 솟아 있고 우리는 저지대의 모든 세속적 감정을 뒤편에 남겨두고 떠났다. 그리고 우리가 '천상의 지역'으로 다가갈 때 영혼은 그곳의 영원한 순수함으로부터 무언가를 흡수한다. 상상해보라, 이 모든 통일된 인상을. 천 개의 놀라운 풍경이 보여주는 기막히는 다양성, 숭고함과 아름다움을. 완전히 새로운 사물들, 낯선 새들, 기이하고 알려지지 않은 식물들을 보는 즐거움을. 어떤 의미에서는 '또 하나의 다른 대자연' 속에 존재하는 것을 관찰하는 기쁨을, 그리고 신세계에 와 있는 자기 자신을 발견하는 희열을. (…) 산은 지구상의 더 높은 상층부에 외떨어져 있다. 한마디로 이러한 뭇 산의 경치에는 감각과 마음을 모두 매료시켜 자기 자신과 세상 만물을 잊게 하는 일종의 초자연적인 미美가 있다.

이 글은 산이라는 천상의 지역을 경이로운 풍경으로 충만한 새롭고도 매혹적인 세계라고 선포한 활기찬 산문체 선언서다.

산이라는 상층 세계를 열광적으로 숭배하는 무리마저 수적으로 확산되고, 더 많은 사람이 산에 매료되자 사상자도 늘기 시작했다. 1800년 한 젊은 프랑스인이 뷔에 빙하의 갈라진 틈인 크레바스에 떨어져 죽고 말았다. 심하게 훼손된 그의 유체가 발견되자 구조대원들은 그의 신원을 확인하기 위해 주머니를 뒤졌다. 그들은 78리브르 은화와 노트 한 권, 손때가 묻은 소쉬르의 『알프스 산상으로의 여정』 제3권을 발견했다. 또 소중하게 노트 사이에 끼워둔, 아버지에게 쓴 미완성의 편지도 발견됐다. 편지는 가슴 아프게 시작했다. "사랑하는 아버지, 제가 여행을 떠난 것을 알고 계시겠죠. 당신께서도 이 산악 여행이 사람들이 바랄 수 있는 가장 흥미롭고 가장 아름다운 여행 중 하나라는 사실을 인정하실 것입니다……." 이 젊은이의 죽음은 19세기가 도래하면서 산과 그 주변 지역이 경이로우면서도 치명적인 징벌이 될 수 있다는 것을 가혹하게 일깨워주었다.

＊

1800년대에 영국에서는 존 러스킨이, 북미에서는 랠프 월도 에머슨, 헨리 데이비드 소로, 존 뮤어로 대표되는 지적인 자연주의 유파가 산을 찬양하는 열광적인 산문을 줄기차게 썼다. 가령 "유동하는 대리석 포장도로 같은" 빙하, 또는 제각각의 눈송이들이 직조하는 독특하고 신기한 건축물 같은 산의 절미한 세부 항목들에 각별한 관심을 기울였다. 존 러스킨은 폭풍우를 실은 어두운 먹구름이 "울퉁불퉁한 암벽에 부딪히는 바다의 노도"처럼 산산이 부서지는 것을 어떻게 봤는지를 쓰고 그러한 광경이 "평원에 사는 거주자들의 지구가 아니라 '또 하나의 다른 행성'의 풍경처럼 상상이나 이해를 거의 할 수 없을 지경"이라고 결론 내렸다. 1859년 런던에서 『산봉우리, 고갯길, 빙하』 제1권이 출간되었을 때 이 책에는 '상층의 얼음 세계'를 열정적으로 서술한 대목이 곳곳에 산

재해 있었다. 19세기 중반부터는 사진이라는 매체가 새롭게 탄생하면서 산의 위상은 한층 더 견고해졌다. 한 히말라야 사진작가는 겸손한 어투로 썼다. "우리의 마음이 이토록 아름답고 활기찬 풍경을 보고 이 감미롭고 숭고한 느낌을 훨씬 더 영민하게 표현하는 방법을 가르쳐준 것은 사진술의 공로로 평가되어야만 한다."

대자연을 정밀하게 관찰하고 헛된 망상을 갖지 않도록 자연에 대한 상상력을 조절하는 활동을 전문적으로 하는 '야생 감식가 공동체'가 19세기에 출현했다. 그를 통해 각 산이 가진 다양한 매력을 감상하고 평가하는 방식이 제안되었고, 이 산에는 이집트의 작은 펠루카 돛의 윤곽을 닮은 능선이 있고, 저 산은 겨울철 섬세한 격자 무늬 구조의 얼음을 발달시킨다는 식의 논의들이 오고 갔다. 이렇듯 산의 아름다움에 대한 감상은 더는 일반화된 경외감의 형태가 아닌 '산의 경이로운 현상'에 대해 훨씬 더 구체적인 반응으로 나타났다. 1800년대부터 등산가들의 기록은 세부 사항을 풍부하게 서술하는 경향이 짙었으며, 산의 특별한 아름다움을 발견하는 새로운 감수성의 눈을 가진 여행가들에 의해 쓰였다. 특히 돌과 바위에 대한 애호가 두드러졌다. 여행 일지는 계속해서 호기심을 불러일으키는 지질학적인 노두에 주의를 기울였다. 예를 들면 활 모양의 산형, 산의 동굴, 종유석과 뾰족한 산봉우리, 사자, 가톨릭 주교, '무어인의 두상', 대포, 낙타 따위를 닮은 듯한 암석들이 주목을 받았다. 모로코의 아틀라스산, 달의 산맥, 남아프리카의 릭산맥, 중국의 메이링 산마루에서 돌아온 탐험가들은 이 산들의 엄청난 아름다움에 대한 이야기뿐만 아니라, 눈부신 광채가 나는 정밀한 돌들, 가령 몇 인치 너비로 갈라진 운모 또는 연수성煙水晶이 안에 박혀 있거나 표면이 에메랄드빛 이끼로 뒤덮인 큰 돌도 가지고 돌아왔다.

산의 덧없는 아름다움을 보충해주는 또 하나의 매혹이 있다. 즉, 바람, 강한 눈보라, 폭풍우, 눈 회오리, 총천연색 환일[131], 브로켄 유령[132], 코로나[133], 무홍[134] 등 이 무상한 자연현상은 손으로 만질 수 없고 눈에 보이지 않는 기상 효과의 경계 범위에서 맴돈다. 이런 종류의 매력은 일부분 '숭고미 학설'에서 비롯된 것이고 부분적으로는 18세기 후반의 예술과 건축을 특징짓는 로코코 양식에 대한 애착에 의해 촉진되었다. 로코코 미학은 비물질성, 덧없음과 연약함을 소중히 여겼다. 이러한 특징은 빛이나 구름의 몽롱한 광경, 찰나에 획획 지나가는 얼음의 엷은 푸른빛과 초록빛, 안개, 구름층, 눈, 거품, 눈보라, 고산에서 전개되는 모든 천변만화의 풍경에서 풍부하게 공급되었다. 화가들은 해넘이, 구름 형성, 안개, 산에서의 별다르고 기묘한 대기 현상을 그리는 방법에 진지하게

---

131 태양과 같은 고도의 양쪽 시거리 22도 지점에서 태양처럼 빛을 내는 점처럼 보이는 대기의 광학 현상. 구름을 형성하는 얼음 결정에 의한 햇빛의 반사와 굴절로 생긴다.
132 산꼭대기에 있는 자신의 모습이 아래쪽 구름에 크게 비치는 현상.
133 특히 일식이나 월식 때 해나 달 둘레에 생기는 광환光環.
134 안개 속에 나타나는 흐릿한 흰빛 무지개.

도전했다. 작가들은 구름이 어떻게 엘리자베스 1세 시대의 '하얗고 높은 주름 칼라'처럼 산봉우리의 정상 주변에서 형성되는지 혹은 산꼭대기에서 구름이 어떻게 밀가루 투성이의 가발처럼 생겨났는지를 장황하게 묘사하는 데 잉크를 아낌없이 할애했다.

괴테는 프랑스 동남부 사부아 지방의 알프스로 겨울 여행을 하는 동안, 냉랭한 안개의 특징을 상세하게 분석하는 에세이를 썼고, 해발고도가 어떻게 하늘의 푸르름에 영향을 미치는지 알아내려 노력했다. 몇 년 후, 셸리는 알프스의 낮은 산비탈에서 햇살이 따사롭게 데운 큰 바위에 나른하게 누워 표표히 떠내려가는 구름의 무리를 성경 속 동물들과 장면으로 형상화했다. 상층 세계에는 사람을 조마조마하게 하는 일종의 불안정함이 있는데, 그것은 바위처럼 튼튼한 산의 하부 구조와 너무나 흥미로운 대조를 이룬다.

추위가 만들어내기도 하는 이런 자연사적 기적을 읽은 수천 명의 사람들이 상층 세계의 진풍경을 찾아내는 활동에 매료되었다. 1859년 한 초보 등산가가 알프스의 아름다움과 고독함에 대한 소문이 그를 알프스로 유인했다고 글을 썼는데, 이는 많은 사람의 심정을 대변한 말이기도 했다. 그는 썼다. "나는 알프스 풍경의 장려한 아름다움과 숭고함에 대한 찬사를 늘 들어왔다. 이것이 오랫동안 나의 호기심을 자극했고, 이 거칠고 인적이 드문 산간 지대를 탐험하고 싶다는 열망을 부채질했다. (…) 길이 없는 눈과 얼음의 이 광막한 상층 세계를 오르고 싶은 마음을." 위를 향해 오르는, 곧 등산은 지금도 그러하듯이 완전히 새로운 존재 방식을 찾는 탐색 과정을 상징하게 되었다. 무릇 산에서의 경험은 예측할 수 없고 훨씬 즉각적인데다 사실적이었다. 산이라는 상층 세계는 도시나 평원에서는 결코 경험해본 적이 없는 방식으로 정신과 육체 모두에게 영향을 주는 환경이었고, 모름지기 산에서 한 개인은 이미 '다른 사람'이 되었다.

✻

산의 아름다움을 논할 때, 다른 어떤 측면보다 산의 빛이 언제나 더 많은 논평을 불러일으켰다. 초기 여행자들은 햇빛에 쬐인 눈 언덕이 방사하는 작고 무수한 "광휘의 불빛들"이나 태양이 얼음 덮인 바위에 비칠 때 어떻게 "하나가 아니라 수천 개의 태양이 반사"되는지 놀라움을 금치 못했다고 썼다. 많은 사람이 높은 산 꼭대기의 노을인 알펜글로의 장엄한 효과에 깜짝 놀랐다. 설원에서 뜨고 지는 태양의 반사로 인해 발생하는 알펜글로는 하늘을 마치 거대한 와트의 강렬한 분홍색이나 붉은색 조명 불빛처럼 보이게 하며 담자색, 암적색, 양홍색으로 함빡 물들인다. 아주 오랫동안 인류는 무엇이 알펜글로를 만드는지 알지 못했다. 동부 알프스에서는 햇빛이 얼음 밑에 매장되어 있는 광채 나는 금은 더미에 반사되어 발생한다는 소문이 나돌았다. 가장 강렬하고 가장 타듯이 붉은 알펜글로를 본 사람 중 일부는 지평선 가장자리 너머에서 틀림없이 큰 화재가 발생했고, 그곳이 어마어마한 불지옥일 거라고 짐작했다.

아무 데도 없다. 오직 산에서만 이토록 제멋대로 다변하는 빛의 복수성, 자신의 질감을 신속하고 완전하게 변경하는 빛의 능력을 의식할 수 있다. 심지어 사막의 빛조차 변화 속도 면에서는 산빛의 경쟁자가 되지 못한다. 산속의 빛은 거칠고 변덕스러울 수 있다. 예를 들어 날개 치는 칼날처럼 햇빛 속 눈보라의 눈부심과 깜박임, 뇌우의 여봐란 듯이 우쭐대는 화려함—사치스러운 송에뤼미에르[135]—이 펼쳐질 수 있다. 밝은 대낮에 눈과 빙원은 마그네슘처럼 강렬하게 백열광을 발산한다. 이 백색광은 매우 집중적으로 작열하여 각막에 화상을 입힐 수 있기에 육안으로는 오랫동안 볼 수 없다. 황혼 무렵의 산빛은 마치 크고 눈에 보이는 빛의 입자들로 구성된 것마냥 흐릿하고 은은한 안개 모양처럼 원자화되는 성질을 띨 수 있다.

산의 빛도 건축적인 아름다움을 가질 수 있다. 특정한 구름 형태가 만든 빛의 첨탑과 기둥 혹은 태양이 들쭉날쭉한 바위 능선을 아래와 뒤에서 비출 때 생기는 부채꼴 효과와 같은 모습 말이다. 만약 당신이 구름 위로 올라가면 산의 빛은 아래의 빙원을 시

---

[135] 사적지 등에서 밤에 특수 조명과 음향을 곁들여 역사를 설명하는 쇼.

야가 가장 멀리 닿는 곳까지 최대한 잘라내, 그곳에 찬란하게 빛나는 환상의 백색 왕국이 펼쳐진 듯 보이게 할 수 있다. 산을 가로질러 길고 풍성하게 흘러넘치는 황색 빛은 만지는 모든 것을 황금으로 바꾸는 미다스의 빛이라고 부를 만하다. 또 산간의 낮이 끝날 무렵에 찾아와서 온 풍경을 단일한 질감으로 통일시키는 빛이 있다. 이 산빛은 은은한 선명도를 띠며 평온함, 고결성과 〔신은 어디에나 편재한다는〕 내재성을 함축하고 있다.

1921년 조지 맬러리는 에베레스트로 가는 길에 티베트를 지나며 이러한 산빛을 경험했다. 낮에 그는 티베트가 거친 자갈 평원과 가파르고 들쑥날쑥한 산비탈로 이뤄진, 그래서 보기 흉한 나라라고 생각했다. 맬러리에게는 티베트 경관의 각도와 질감은 모두 이상했고 그의 시야에 들어오는 겉모양도 눈에 거슬렸다. 그러나 그는 아내 루스에게 보낸 답신에 이렇게 썼다. "저녁의 산빛 속에서 이 나라는 아름다워질 수 있어요. 설산과 온갖 험준함이 온화하게 가라앉고 그림자가 산허리를 부드럽게 만져준다오. 마지막 빛까지 산줄기와 습곡에서 한데 어우러지고, 그래서 이곳에는 순수한 형태의 아름다움과 일종의 궁극적인 조화로움이 존재하고 있음을 느끼고, 이 절대적 불모의 땅에 신의 가호가 함께 하기를 간절히 빌게 된다오."

햇빛뿐만 아니라 달빛도 산에 가장 기묘한 특징을 부여할 수 있다. 야간 마차를 타고 처음으로 샤모니로 여행을 간 괴테는 몽

블랑산의 은빛 지붕에 비치는 달빛을 보고 자신이 잠시 다른 행성에 온 것으로 착각했다. 그는 몹시 놀라며 썼다. "광대하며 빛살이 비치는 산체山體는 지구에 뿌리를 두고 있다는 걸 믿기 어려울 정도로 더 높은 곳의 천체에 속한 것 같았다." 맑은 날 밤에는 달빛이 더 세속적인 전기분해 마술을 펼쳐 보일 수 있어 산을 은빛으로 물들인다. 나는 어느 초여름에 알프스의 높은 곳에서 야영했다. 이튿날의 등반에 대한 긴장감 탓에 잠을 이루지 못하다 잠시 텐트 밖으로 기어나갔을 때 달빛에 온통 은빛으로 빛나는 내 주위의 고요한 경색을 바라봤던 것을 기억한다. 마치 텐트를 친 커다란 카라반세라이(사막 여행자의 숙박소)처럼 이곳에 우연히 왔다 하룻밤 묵고 이튿날 바로 길을 떠날 채비를 한 듯, 천지간은 이상하게 일시적이고 덧없어 보였다.

산빛은 볼만한 장관을 이루는 진풍경이다. 그것은 또한 산속의 다른 구성 요소들과 공모하여 사람의 이목을 현혹할 만큼 기만적일 수도 있다. 가령 빛의 환각은 신기루를 만들어낸다. 설원이나 빙하 위에서 보통의 공간 감각은 순백과 경관의 균일한 질감에 의해 왜곡된다. 거리는 판단하기 어려워진다. 1830~1840년대에 알프스의 설원을 방랑하던 제임스 포브스는 "그림자가 거의 없는 눈 덮인 산비탈 전망으로 끝나면서 수 마일에 걸쳐 지루할 정도로 넓게 뻗어 나간 빙원의 광대한 풍경"에 놀라며 자신은 그 어떤 사물에도 집중할 수 없다는 것을 깨달았다. 햇빛과 높은 산상에 쌓

인 적설의 조합이 뷔에 빙하 위에 부드러운 신기루를 너무나 핍진하게 조성했기 때문에 장 드 뤼크는 자신이 "이 구름층 중 어떤 한 구름 위 공중에 매달려 있다"고 믿게 되었다.

일부 여행자는 더 별나고 구체적인 환각을 갖고 있었다. 이를테면 1930년대에 한 영국인 등반가는 에베레스트산 정상 하늘에서 거대한 찻주전자들이 진동하고 있었다고 이야기했다. 다른 여행자들은 더 섬뜩한 환각을 경험했다. 에드워드 휨퍼가 1865년 마터호른에서 매우 조심스럽게 내려가고 있을 때 동료 세 명이 추락해서 사망한 지 불과 몇 시간 만에 그는 안개가 자욱한 공중에서 표류하는 세 개의 십자가를 봤다. 세 친구의 죽음을 표식한 눈물 어린 골고다인 듯, 그중 하나는 다른 두 개의 십자가보다 더 높이 떠다녔다. 휨퍼가 환영을 본 이야기는 현재 그의 과장된 윤색— 그는 진상에 대해 매우 탄력적인 감각을 가진 것으로 알려져 있다—이거나, 이른바 브로켄 유령의 특이하고 복잡한 형태라고 여겨지고 있다. 1737년 페루에서 프랑스 과학자 부게르가 처음 보고 기술한 브로켄 현상은 관측자가 태양과 안개층 또는 구름층 사이에 서 있는 맑은 날에 발생하는 '산빛의 묘기'다. 관측자의 그림자는 안개에 드리워지고 햇빛은 대기 중에 떠 있는 수분의 영향으로 굴절되어 그림자 주위에 후광을 만들어 채색한다. 나는 스코틀랜드 서부의 스카이섬에서 브로켄 유령을 단 한 번 본 적이 있다. 당시 나는 남북으로 길게 뻗어 있는 우아한 능선의 등줄기를 따라 걷고 있었다. 아침 햇살이 동쪽에서 나를 비추고 있는데 그림자가 아래쪽의 눅눅한 안개에 투영되어 형형색색의 후광과 함께 있는 현상을 갑작스레 보게 되었다. 그것은 늘 나와 일정한 거리를 유지하면서 운무로 짠 마법의 양탄자를 타고 날아가는 아라비안나이트의 상냥한 요정처럼 보였다.

초기의 여행가들은 산에서 대자연을 조각하는 또 하나의 매개체가 있다는 것을 발견했다. 바로 눈이다. 18세기와 19세기 산악인들의 여행 일지와 편지를 꼼꼼히 읽어본다는 건 눈과 얼음에 대한 새로운 미학의 진화, 즉 겨울의 정밀한 아름다움에 대한 새로운 반응을 관찰하는 과정이다. 언뜻 보기에 눈은 경치를 단순화하고 들쭉날쭉한 복잡성을 부드럽게 어루만져주는 듯하다. 바위는 구체로, 나무는 첨탑으로, 산꼭대기는 원뿔로 변한다. 이러한 풍경은 간결한 유클리드기하학의 아름다움과 일치성을 드러내 보인다.

추위도 복잡성과 다양성을 가져온다. 1820년대에 어떤 여행객이 깜짝 놀란 낯빛으로 물었다. "누가 눈이 이토록 많은 방식으로 녹을 수 있다고 생각할 수 있었겠는가?" 눈은 산을 변장시키는 화가다. 때로는 오리털처럼 크고 부드러운 눈송이들이 하늘에서 공기를 타고 상서롭게 펄펄 내려올 수 있고, 때로는 구름 속에서 산탄총의 탄알이 빗발치듯 우박이 날아올 수 있다. 눈은 말쑥하게 줄지어놓은 보릿단이나 기복이 불규칙한 파도처럼 내려올 수

도 있다. 눈보라는 설산의 가장 카리스마 있는 모습 중 하나다. 큰 바람을 맞으며 산비탈을 오르다 고개를 들면, 눈보라가 능선 너머로 너울지며 퍼지거나 설산의 부드러운 두 번째 피부처럼 단단한 눈 표면을 따라 물결처럼 굽이치는 모습을 볼 수 있다. 눈이 얼음이 되면 반짝거리는 셸락〔천연수지의 일종〕처럼 사물들을 덮을 수 있고, 혹은 암벽을 가로질러 뻗어 나와 있는 고드름은 트레이서리〔격자 장식〕 무늬를 꾸밀 수 있다. 한번은 히말라야산맥에서 4600미터 높이의 빙하를 등반할 때 무겁고 느린 보폭으로 터벅터벅 올라가다가 위쪽을 흘긋 올려다본 적이 있었다. 그때 나는 마치 도자기처럼 매끄럽고 단단하고 밝게 얼어붙은 드넓은 얼음 언덕이 나의 양쪽으로 뻗어 있는 경관을 봤다.

눈이 늘 하얄 리 없다. 해묵은 눈은 얼핏 보기에 두껍고 매끄럽고 보드라워 누르스름한 버터 같다. 한바탕 내린 신선한 눈이 밤새 단단하게 얼어 새파랗게 반짝인다. 얼음덩어리는 발광하는 공처럼 빛을 반사하여 모든 방향으로 다채로운 색깔을 가진 빛의 사각형을 쏘아 올린다. 그다음으로 기묘한 조류 같은 눈이 눈밭을 수박색이나 민트색 혹은 레몬색으로 엷게 물들이며 크게 증식한다. 히말라야의 어느 지역에서는 북풍이 인도 서북부 펀자브 지방으로부터 수 톤의 겨자색 모래를 쓸어 올려 설원에 퍼붓자, 그곳이 온통 누런 모래투성이로 변했다.

추위의 가장 연약하고 미려한 효과 중 하나는 무빙霧氷 즉, 서리다. 서리는 액상 물방울을 운반하는 과냉각 대기(온도가 섭씨 0도 미만인 공기) 속 작은 물방울이 얼기에 적합한 표면으로 바람에 날려 닿을 때 형성된다. 서리는 섬세한 깃털 같은 구조로 형성되는 경향이 있다. 별난 점은 서리가 바람을 타고 바람 속에서 자란다는 것이다. 각각의 새로운 서리층이 형성될 때, 그것은 다음 층이 결정Crystallize될 표면이 된다. 따라서 바위 위에 가지런히 정렬한 서릿발을 통해 바람이 주로 어느 쪽으로 불고 있는지 판별할 수 있다. 대지가 어떻게 자체의 기상 자료실을 보유하고 있는지를 보여주는 예다. 어느 겨울 나는 스코틀랜드의 케언곰산 정상에서 우연히 툭 튀어나오고 울퉁불퉁한 한 쌍의 화강암 바위를 발견했다. 며칠 동안 몹시 추웠고 이 검은 돌출 바위는 두꺼운 서리층 밑에 숨겨져 있어 눈에 잘 띄지 않았다. 장갑 낀 손을 내밀어 서리의 깃털을 조심스레 만졌고, 그 얼개가 마치 불에 타다 남은 재처럼 가루로 부스러지자 나는 깜짝 놀라고 말았다.

많은 산악 여행자는 얼음 그 자체가 만들어내는 모양과 구조의 다양성에 경탄했다고 기록했다. 1774년 마크 부리트가 사부아 빙하 사이에서 우연히 마주친 '얼음 건축물'을 보고 경이로워했다는 증언을 보자.

우리는 성 베드로 대성당의 정면보다 스무 배나 더 큰 거대한 얼음덩어리를 바로 앞에서 봤다. 이 얼음덩어리의 짜임새는 매우 오묘하여 단지 '위치'만 바꾸면 우리를 즐겁게 해주는 그 어떤 건축물로든 변신했다. 그것은 가장 순수한 수정으로 뒤덮인 웅장한 궁전이며, 여러 가지 모양과 색상의 주랑과 기둥으로 장식된 장엄한 사원이기도 했다. 그것은 또한 좌우로 탑과 보루가 지키고 있는 성채의 모습을 하고 있으며 아래쪽에는 하나의 대담한 돔 건축물로 마무리된 동굴이 있었다. 이 요정의 거주지, 이 마법 같은 저택, 또는 환상의 동굴은 (…) 매우 극적인 장관, 화폭처럼 완벽하게 아름다운 풍경, 상상을 초월하는 거대함과 미려함으로 보는 눈을 흥겹게 해주었고, 인간의 기술이 이토록 장려한 꼴과 다양한 장식을 만들어낸 적이 없었으며 앞으로도 창조해낼 수 없을 거라는 걸 쉽게 믿도록 했다.

얼음덩어리가 지금은 사원이고, 이제부터는 요새일 것이며, 바야흐로 요정의 거주지가 되어버리는 부리트의 불규칙적인 비유는 얼음 그 자체의 미끄러움, 즉 파악하기 힘든 성질이 작용한 거라고 할 수 있다. 얼음은 정형화된 묘사를 하기 어렵다는 의미다. 얼음과 눈은 언제나 언어가 주르르 미끄러지고 나뒹굴어 제대로 묘사하기 어려운 물질들이다. 그런데 부리트는 그의 뒤를 이은 많은 사람과 마찬가지로 이 '시각적 변덕스러움'에서 뭔가 매력적인 요소를 발견했다. 왜냐하면 얼음의 미적인 면모는 보는 사람의 시각에 따라 맞춤형으로 객관화할 수 있기 때문이었다. 이렇듯 시각이 결정적인 작용을 하는 '얼음 구경의 세계'에서 여행자는 자신이 보기로 선택한 것을 골라서 봤다. "단지 '위치'만 바꾸면, 우리를 즐겁게 해주는 그 어떤 건축물로든 변신했다." 얼음은 태양이나 마음에 따라 상상할 수 있는 거의 모든 모양, 가령 탑, 코끼리, 성채 따위로 조각될 수 있다. 역으로 이 과정은 다른 사물들도 흡사 얼음처럼 보이게 하는 것도 가능하다. 워즈워스[136]는 1820년 어느 안식일에 샤모니 협곡을 지날 때, 짙고 뾰족한 첨탑 모양의 소나무숲 사이로 길고 헐렁한 흰 겉옷을 입은 신자들이 천천히 걸어가는 행진을 보고 마치 느릿느릿 골짜기를 내려가는 창백한 빙하 기둥으로 이뤄진 장례 행렬 같다고 느꼈다. 빛이 얼음을 가지고 유희하는 예측 불가능성과 불일치성이 얼음을 화가들이 그토록 묘사하기 어려워하는 소재로 만들었다. 빅토리아 왕조 시대의 화가 실바누스 톰슨은 "얼음을 그릴 때보다 더 행복한 때는 없다"고 선언했지만 얼음의 미묘한 광도를 제대로 그릴 능력이 없어 평생 낙담한 채 살았다. 얼음은 물보다 더 광택이 나는 물질이고, 완전한 고체임에도 더 일시적이고 변덕스럽다. 오로지 사진―문자 그대로 '빛을 쓴다Light-writing'는 뜻―만이 얼음의 우발적인 광채인 수백만 개의 빛의 미립자를 비슷하게 재현할 수 있을 뿐이다.

부리트를 깜짝 놀라게 한 얼음 건축은 축소형으로 더 자주 만나볼 수 있다. 어느 더운 날 오후, 무릎을 꿇고 빙하나 얼어붙은

136　영국의 자연파 계관시인, 1770~1850년.

호수의 표면에 얼굴을 가까이 갖다 대면 작은 궁전, 시청, 대성당이 있는 건축의 신세계가 펼쳐진다. 그것들은 태양이 얼음 표면에 불균일한 용해 에너지를 내리쬐기에 형성되며, 더욱이 부질없이 정교한 창조물이다. 하룻밤 사이에 사라지며, 이튿날 일출과 함께 더 많은 바로크 양식의 건축물로 변화무쌍하게 재창조될 운명인 것이다. 한번은 눈 속에서 15분간 무릎을 꿇고 옹기종기 모여 있는 이 작은 얼음 건축물들을 자세히 살펴본 뒤 고개를 들어 거기 있는 산을 올려다본 적이 있다. 나는 산이 겨울 하늘 아래에서 얼마나 놀랍도록 커다란지를 보고 몇 초 동안 충격을 받았다.

여행자들은 높은 산의 한랭함이 자아내는 아름다운 시각 효과 외에 또 다른 주목할 만한 특성, 즉 '시간을 붙잡아두는' 속성을 발견했다. 추위는 생명체를 죽일 수 있지만 시체의 유기적인 분해 과정을 늦추며 보존시킬 수도 있다. 나는 얼음 위에 누워 있는 나비들을 마주친 적이 있는데, 양 날개 속 각각의 색깔 모자이크 조각은 마치 에테르(마취제)를 갓 뿌린 것처럼 여전히 제자리에 생생하게 놓여 있었다. 1833년 칠레의 포르티요 설원에서 빙하의 원기둥 미로를 통과하는 짐바리 노새 행렬을 이끌던 찰스 다윈은 "이 얼음 기둥 중 하나에 꽁꽁 얼어붙은 말 한 마리가 드러났고, 마치 주춧대 위에 달라붙어 있는 듯했지만 뒷다리가 허공에 곧게 뻗어 나와 있는" 상황을 구경하기 위해 고개를 들었다. 그 말은 실족하는 바람에 크레바스로 미끄러져 떨어졌고 그 후 빙하의 오묘한 계략에 의해 빙하의 몸통 밖으로 밀리고 또 들어올려졌을 것이다. 말의 사체는 아직 살아 있는 것처럼 완벽하게 본래 모습 그대로였다. 빙하가 노련하게 방부 처리를 한 것이다. 그 빙주 위에서 말은 흡사 비스듬히 도는 회전목마의 조랑말처럼 보였다.

인간의 시신도 추위가 보존해준다. 산악문학에는 으스스하게 '살아 있는' 것처럼 보이는 시체들이 발견되었다는 이야기가 많다. 시체가 부풀어 오르고 조금씩 뜯어 먹히는 바다나 정글과는 다르게, 산에서의 시간은 종종 추위에 의해 멈춰 선다. 찰스 디킨스는 높은 고도의 극저온에 겁을 먹기도 하고 매료되기도 했다. 그의 소설 『작은 도릿』에는 한 무리의 여행자가 그레이트 생베르나르 고갯길을 넘는 장면이 있다. 어느 여관에 가까워질 무렵 그들은 소용돌이 치는 눈보라에 갇혀버렸다. 그들은 여관에 무사히 도착해 몸을 따스하게 데우면서도 다음과 같은 사실을 눈치채지 못했다.

산 위에서 죽은 채 발견되었던 여행자들에게도 똑같은 구름이 에워싸고 똑같은 눈송이들이 찬 바람에 날려서 푹푹 쌓이는 가운데, 아직 살아 있는 그들은 대여섯 걸음 떨어진, 문짝이 삐걱거리는 여관에 잠자로 모여들었다. 여러 해 전 겨울, 폭풍설에 갇혀버린 엄마는 아이를 가슴에 안은 채 여전히 모퉁이에 서 있었고 두려웠거나 굶주려서 팔을 들어 입에 댄 채 얼어붙은 남자는 수십 년의 세월이 흐른 지금도 마른 입술을 여태 팔에 대고 있었다. 이토록 소름 끼치는 시체 무리가, 산 자와 죽은 자가 불가사의하게도 한 자리에 모이다니! 그 엄마가 예견한 듯한 이 불길한 죽음의 운명이라니!

소름 끼치도록 음산하게 동사한 저승길 시체 길벗들이 함께 모여 있는 디킨스의 "삐걱거리는 여관"은 나에게 『나니아 연대기』 속 겨울의 여왕인 '백발 마녀의 정원'을 떠오르게 했다. 그녀는 순종하지 않는 '산 자'들을 죽을 때의 바로 그 자세로 꽁꽁 얼린 뒤 정원에 시체 장식품으로 배치했다.

산의 하늘과 공기도 평지의 그것과 엄청나게 다른 것으로 밝혀졌다. 높은 고도에서 맑은 날의 하늘은 더 이상 저지대의 평평한 천장이 아닌 풍요롭고 짙은 청록색 바다가 된다. 그리고 그것은 너무나 감각적으로 깊어서 일부 여행자는 마치 그 속으로 빨려들 듯한 느낌을 받는다. 고산에서 하늘을 보면, 한 여행자가 "이루 다 형용할 수 없을 정도로 무한하고 광대한 느낌"이라고 묘사한 대로 몹시 놀라 어안이 벙벙할 수도 있다. 독일인 레오나르도 마이스터는 1782년 알프스의 한 고갯길에 이르렀을 때 완전히 새로운 공간감에 압도당했다. "영감에 고취된 듯 나는 얼굴을 들어 태양을 바라보고 내 눈은 끝없이 무한한 공간에 흠뻑 취했다. 나는 신성한 전율에 온몸을 떨었고 깊은 경외감에 맥없이 주저앉고 말았다."

산속에서는 밤하늘도 예사롭지 않다. 도시의 스모그와 빛 공해로부터 멀리 떨어져 있으면 별의 수가 불어나고 은하수는 더 깊고 더 맑고 투명하게 보인다. 1827년 존 머리는 1600미터 높이의 알프스 산상에서 한뎃잠을 자면서 "헤아릴 수 없는 별이 보석처럼 빛나는 밤, 해수면 위나 영국의 농무濃霧 자욱한 대기 속에서 목격되는 풍경과는 비교할 수 없을 만큼 생생한 빛으로 반짝이는 밤"을 즐겼다. 무아경에 빠진 그는 실제로 산을 "하나의 새로운 천국이자 하나의 새로운 지구"라고 썼다.

제8장

에베레스트산

Mountains of the Mind

위로는 더 높은 산이 보이지 않고,

거대하고 가장 우뚝 솟은 산봉우리를 향한

불처럼 강렬한 갈망이 나를 이끄네.

— 프란체스코 페트라르카, 1345년

내가 마음속으로 에베레스트산을 상상하려고 하면 그것은 하나의 단일한 형상이 아니라 세 폭의 대조적인 그림으로 나타난다.

내가 64킬로미터 떨어진 산비탈에서 처음 본 에베레스트산 그 자체는 외형적으로 검은 암석 구조였다. 산꼭대기에서부터 펄럭이는 것은 이 산의 카타Kata[137] 혹은 축복의 스카프로, 1년 중 8개월 동안 이 산을 휩쓰는 제트 기류에 의해 나부끼는 하얀 빙정들의 궤적이었다.

또 하나의 그림은 에베레스트산 사우스 콜의 현재 모습이다. 텅

---

[137] 티베트족·몽골족이 경의나 축하의 뜻으로 쓰는 흰색·황색·남색의 수건.

빈 산소통들이 반짝반짝 빛나는 폭탄처럼 무더기로 쌓여 있고 텐트 폴들이 서로 겹쳐진 채 앙상하게 무너져 내려 있고 색채가 속되게 화려한 텐트 천은 갈가리 찢겨 흡사 티베트의 오색 깃발들처럼 바람에 펄럭이고 있다. 마치 전쟁터를 방불케 한다.

그리고 세 번째 그림에는 1924년 6월 에베레스트산 정상의 산비탈 위에서 사망한 조지 맬러리가 있다. 맬러리에 대한 기억은 그가 사라진 이 산과 떼려야 뗄 수 없을 만큼 깊다. 내 머릿속에 깊이 박혀 있는 그의 이미지는, 그가 1922년 에베레스트산으로 가는 여정 동안 티베트에서 찍은 사진에서 비롯되었다. 맬러리는 강을 건너기 위해 짙은 펠트 모자와 배낭을 제외하고는 벌거벗었다. 그는 카메라를 옆으로 바라보고 있고, 왼쪽 다리는 허벅지가 사타구니를 가리도록 앞을 향해 밀려 있다. 피부는 눈부시게 창백하고 몸은 놀라울 정도의 곡선미를 갖고 있다. 엉덩이와 배는 활처럼 둥글다. 그의 새하얀 얼굴은 모자챙에 의해 티베트의 햇빛으로부터 가려져 있다. 그는 카메라를 정면으로 바라보며 장난기 가득하게 해변에서 휴가를 보내고 있는 듯 능글맞은 미소를 짓고 있다. 그는 따뜻하고 낙관적인 유머를 발산한다. 이 사진을 찍고 두 해가 지난 뒤, 지질학자이자 등산가인 노엘 오델은 구름이 소용돌이치듯 몰려와 그들을 영원히 숨길 때까지 두 개의 흑점—하나는 맬러리이고, 다른 하나는 앤드루 어빈—이 에베레스트산의 마지막 비탈을 천천히 올라가는 광경을 지켜봤다.

에베레스트산은 인류 마음속의 모든 산 중 가장 위대하다. 인류의 상상력에 이 산보다 더 강렬한 영향력을 발휘하는 산은 없다고 해도 과언이 아닐 터다. 그리고 아무도 조지 맬러리만큼 그에 매료되지 않았다. 그것은 집착으로 빠르게 무르익었다가 3년 뒤 비극으로 절정에 달했던 유혹이었다. 맬러리는 그 산을 등반하려고 1921년, 1922년, 1924년 세 차례나 분투했으며 세 번째에는 영영 돌아오지 못했다. 맬러리는 에베레스트산이 그를 지배하고 있는 마력을 확연하게 감지했다. 1921년 그는 아내 루스에게 보낸 편지에 썼다. "이 산이 나의 마음을 어떻게 빼앗는지 모르겠소." 그는 오랜 등반 동료이자 멘토인 제프리 윈스럽 영에게는 이렇게 썼다. "제프리, 나는 어느 지점에서나〔에베레스트산 정상 등극의 길을〕멈출 수 있을까?"

맬러리는 의심할 여지 없이 산에 오르고 싶은 마음이 진심으로 솟아나 죽음을 무릅쓰며 등반을 한 비범한 인물이었다. 하지만 그 또한 300년 동안 차츰차츰 변화한 산에 대한 인류의 태도에 영향을 받으며 등산할 수밖에 없었다. 나는 일찍이 기록보관소에 앉아서, 맬러리가 아내에게 보낸 편지들뿐만 아니라 친구와 가족과 왕래한 서신을 읽었고 탐험 일기도 꺼내봤다. 이 모든 자료는 고도, 풍경, 얼음, 빙하, 오지, 미지의 장소, 산봉우리, 모험과 공포에 대한 맬러리의 '사랑'으로 충만했다. 맬러리가 산을 느끼는 방식은 내가 이 책의 앞장에서 추적해 묘사하려고 했던 것과 강력하게 일치했다.

어떤 의미에서는 우리가 이 책에서 만났던 거의 모든 사람, 가령 1741년 사부아 빙하로의 첫 여행을 축하하기 위해 포도주를 병 채로 꿀꺽꿀꺽 마신 윈덤과 포코크, 1773년 버컨의 불러 암동을 따라 앞으로 성큼성큼 활보했던 존슨 박사, 1818년에 「안개 바다 위의 여행자」를 그린 프리드리히, 1853년 온 정신이 팔린 청중에게 몽블랑에서의 영웅담을 떠들썩하게 늘어놓은 스미스, 인류가 산을 상상하는 방식에 세밀한 변화를 가져다준 수백 명의 다른 인사들이 맬러리의 죽음과 관련이 있었다. 맬러리는 그가 태어나기 전에 오랫동안 형성되어온 산악 풍경에 대한 복합적인 감정과 태도의 계승자였으며, 이는 산의 위험, 아름다움, 의미에 대한 그의 반응을 대부분 미리 결정했다.

맬러리는 윈체스터칼리지 학생일 때 산을 처음 접했고 점점 더 산에 대한 낭만적인 애착을 심화시켰다. 그리고 그가 케임브리지대학 재학 당시와 그 이후에 사귄 친구들이 산에 대한 그의 열정을 강화했으며, 표고가 높은 곳에 홀린 그의 황홀경을 훨씬 더 민감하게 만들었다. 그는 이상주의, 모험 그리고 특출난 개인을 찬양하는 문화 환경을 조성한 블룸즈버리그룹[138]의 외곽—그는 재능 있는 젊은 시인 브룩과 덩컨 그랜트 등과 왕래하며 지냈다—

에서 활약했다. 맬러리와 브룩은 똑같이 산을 매우 사랑했다. 브룩이 한번은 북웨일스 등산 초대를 유감스럽게 거절하는 엽서를 맬러리에게 보낸 적이 있다. 그 엽서에는 로댕의 「생각하는 사람」이 찍혀 있었다. 브룩은 썼다. "나의 영혼은 산을 갈망하고 내 가슴 깊은 곳에서부터 산을 숭배한다네. 하지만 무기력한 신들이 산에 오르는 내 마음을 금지하고 말았다네." 맬러리의 산신들은 브룩의 핼쑥한 신들보다 덜 무기력해 마치 토르 같았지만, 전설과 신화에 대한 두 사람의 생각은 별반 다르지 않았다.

결국 그리고 끔찍하게도, 산에 오르는 맬러리의 마음속 갈망은 그의 아내와 가족에 대한 사랑보다 더 강한 것으로 판명되었다. 만약 맬러리가 3세기 전에 살았더라면 그는 에베레스트산에 대한 집착 때문에 정신병원에 버려졌을지도 모른다. 1924년 그가 산에서 죽자 온 나라(영국)가 슬픔에 잠겼고 시나브로 그는 '신화'가 되어갔다.

✳

세계에서 가장 높은 산은 한때 해저였다. 1억 8000만 년 전, 지구의 윤곽은 지금과는 거의 다른 대륙들이 형성하고 있었다. 먼저

138　20세기 초에 버지니아 울프, 버트런드 러셀, 존 메이너드 케인스 등을 중심으로 블룸즈버리에 모인 문학가·지식인 집단.

오늘날 삼각형 모양인 인도가 더 이상 존재하지 않는 대양인 테티스해에 의해 본체인 아시아 대륙에서 분리되어 있었다고 상상해 보라[139]. 곤드와나 대륙이 쪼개지고 해저 확산이라는 과정을 통해, 이 인도판은 빠른 속도로 아시아를 향해 북쪽으로 이동(1년에 약 6인치)했다. 이는 2000만 년 전 초대륙인 '판게아'에서 인도를 아주 깔끔하게 잘라낸 지질 활동—맨틀에서 분출하는 액체 암석의 대류—에 의해 추진되었다.

인도판의 가장 앞쪽 가장자리와 움직이지 않는 티베트 지괴가 접합한 곳에는 침입대[섭입 수역]가 형성되었다. 이때도 인도라는 거대한 땅덩어리는 여전히 테티스해에 의해 유라시아와 티베트로부터 분리되어 있었다. 테티스해의 바다 밑바닥에 쌓인 두꺼운 해양 침전층은 모래, 산호 잔해, 무수한 수중 생물체들의 시체로 형성되었다. 이 대량의 퇴적물은 이 침입대의 깊은 해구에 축적되었다.

수백만 년 동안 인도판의 북부 가장자리는 티베트 지괴의 남측 가장자리를 향해 이동했다. 마침내 두 가장자리가 양탄자를 벽에 밀어붙인 것처럼 만나 으깨져 두툼해지고, 아래에 축적되었던 대량의 퇴적물이 함께 압착되었다. 이것들은 열과 압력의 결합 작용

---

139 판게아는 지구의 절반을 덮는 거대한 대륙이며, 나머지 바다는 '판탈라사'라고 한다. 판게아의 북쪽 절반은 로라시아 대륙, 남쪽 절반은 곤드와나 대륙이라고 불린다. 이 두 대륙 사이에 있던 큰 내해가 테티스해다. 당시 인도는 곤드와나 대륙의 일부로 남반구에 있었다.

으로 화석으로 변화했다. 이 암석의 일부는 판 사이에서 압입壓入되어 아래쪽 맨틀로 밀려 내려갔고 그곳에서 마그마로 용해됐다. 하지만 대부분의 수십억 톤 암석은 위쪽으로 밀려 올라갔다.

히말라야는 이런 지각 변농 방식으로 생성되었다. 인도가 티베트와 맹렬하게 부딪히며 광대한 대륙형 지괴 사이에 가득했던 해양 퇴적물이 밀려 올라가 히말라야산맥 네 개의 곡선 능선을 형성하게 되었고, 그중 가장 높은 지점이 에베레스트산이다. 이 산의 원래 모양은 현재 우리가 보고 있는 복잡한 형태보다 훨씬 더 평평하고 매끈매끈하게 휘어져 있었다. 요즘처럼 복잡한 지형은 지진, 몬순, 빙하의 계속된 침식에 의해 조성된 것이다. 현재 에베레스트는 거대한 삼각형 모양이다. 세 개의 능선이 정상을 향해 달리고 있다. 그 밑으로 널찍한 세 개의 벽 곧 북벽, 남서벽, 동벽이 있다. 이 세 벽을 나누는 세 개의 능선 즉 동북 능선, 서능선, 남동 능선이 정상 등정에 가장 자주 이용되는 루트다.

따라서 오늘날 지구 표면의 최고점은 지구에서 가장 깊은 곳들이었다. 에베레스트의 정상 부근을 형성하고 있는 줄무늬 모양의 황색 암석대(등산가들은 '노란 띠'라고 부르기도 한다)에 수억 년 전 테티스해에 살았던 생명체의 화석화된 시체가 있는 까닭이다. 그 많은 사람이 올라가려고 열망했던 이 암석대는 테티스해의 어두운 해구에서부터 히말라야 상공의 햇살에 이르기까지 수직으로 수만 미터를 등반한 것이다. 등반가들이 세계에서 가장 높은 산의 꼭대기에 올라섰을 때 그들은 사실 아주 먼 옛날 해양 생물들의 화석 위에 서 있는 셈이다.

✳

인도판과 티베트의 충돌은 지질학적으로 히말라야산맥을 형성했다. 그리고 19세기에 북쪽으로 팽창하려는 대영제국과 동쪽으로 팽창하려는 러시아제국의 충돌은 '서양인의 상상 속 히말라야'를 고안했다.

그전까지 서양은 '환 히말라야지대'에 대해 아는 것이 별로 없었다. 실제로 17세기까지 대부분의 유럽인은 히말라야가 존재한다는 것을 알지 못했다. 헤로도토스는 인도를 묘사했지만 그 북쪽의 산들은 언급하지 않았다. 프톨레마이오스[140]는 히말라야와 카라코룸을 하나의 산맥으로 축소하고 중앙아시아의 고원을 완전히 생략했다. 16세기 중엽의 지도 제작자들은 세계 각국의 경계선을 잇는 데는 성공했지만 유럽 이외 대륙의 내부는 여전히 미지의 영역에 속해 있었다.

그러나 19세기 초엽 러시아의 팽창 위협을 발단으로, 영국은 환 히말라야지대에 대한 정보를 입수하는 데 절박해졌다. 대삼각측

---

[140] 2세기경 알렉산드리아의 천문학자·수학자·지리학자.

량을 통해 1840~1850년대에 방위를 확정한 79좌 히말라야 고봉 중에는 B봉이 있었는데 그는 얼마 지나지 않아 '제15봉'으로 개명되었다. 존 니컬슨이라고 불리는 측량사가 이 산으로부터 283킬로미터 떨어진 비하르 평원에 있는 측량소에서 행한 관측이었다. 현장의 대삼각측량을 통해 선별된 정보는 계산과 재확인을 위해 지역측량본부로 전달되었다. 제15봉에 대한 계산을 입증하는 데 장장 7년이라는 세월이 걸렸고, 고려된 가변 요소는 온도, 압력, 굴절률, 히말라야산맥 자체의 중력이었다.[141] 마침내 1856년, 측량국의 총감독 앤드루 워가 제15봉의 해발고도를 확인했다. 그는 제15봉의 고도가 8839미터로 "인도에서 여태까지 측정한 그 어떤 봉우리보다 높고 아마도 세계에서 가장 높은 봉우리"라고 자신만만하게 선언했다. 우리가 지금은 에베레스트산이라고 부르지만 수세기 동안 히말라야 산상의 원주민들에게 알려져 있었던 그 산은 마침내 서구에 의해 '발견'되었다.

발견했지만 접근하지는 못한 까닭은 '제15봉'이 외부인 출입이 금지된 네팔과 티베트 사이의 국경 지대에 있었기 때문이다. 대삼각측량의 망원경으로 이 봉우리가 관측되긴 했지만 정치와 지리적 이유로 걸어서 접근할 수 없었다. 영국은 오랫동안 네팔 왕국

---

[141] 에베레스트산이 강력한 인력을 발휘하는 것은 인류의 상상력만이 아니다. 히말라야산맥과 티베트 고원의 질량은 주변의 모든 액체를 끌어당길 수 있을 만큼 중력이 강하다. 따라서 히말라야의 산기슭 아래에 고인 물웅덩이의 표면은 불규칙한 형태를 띤다 ─ 지은이.

의 독립 주권을 존중하는 데 동의했고, 그 결과 측량사와 탐험가가 남벽을 통해 그에 접근할 수 없게 된 것이다. 아울러 극지방 이후 티베트는 19세기 후반에 가장 광대한 미지의 땅이었다. 소설가 라이더 해거드는 그곳을 "인적미답의 땅"으로 묘사하면서 많은 이의 동경을 대변했다. 당시 티베트에 가본 서양인은 거의 없었기 때문에 그곳은 사실상 보고서에 의해 더럽혀지지 않은 타블라 라사Tabula rasa[142]로 남아 있었다. 그렇게 아무런 것도 쓰여 있지 않은 이 '백지'는 지구상에서 가장 높은 고원 위로 빈틈없이 펼쳐져 있었고, 그 위에 서양의 상상력이 동양에 대한 판타지를 제멋대로 끼적거릴 수 있었다.

이런 판타지들 가운데 가장 주된 것은 티베트의 정신적 순수함에 대한 환상이었다. 많은 서양인에게 이 나라는 마치 빙설의 에덴동산처럼 아시아의 심장부에 높이 솟아 있는 성소聖所와 같았다. 그곳에서 티베트인들은 눈부신 주변 경관의 리듬과 조화를 이루며 외부 세계로부터 간섭받지 않고 아름다운 경치와 희박한 공기에 의해 도덕적으로 정화된 삶을 영위하고 있었다. 러스킨이 말한 "19세기의 폭풍 구름"—산업, 무신론, 합리주의라는 삼중 독기—은 아직 여기에서 난장판을 벌이지 않았다. 1903년 티베트에 간 한 영국 관광객은 그곳의 산악 중 하나를 '거대한 성당'에

142　백지 상태. 라틴어로 '깨끗한 석판'이라는 뜻.

윌리엄 오르메의 『힌두스탄의 24경Twenty-Four Views in Hindostan』(1805)에 나오는 「티베트 산악」. 믿기지 않을 정도로 뾰쭉뾰쭉하고 뾰족한 산은 인류의 진입을 막을 뿐만 아니라 인류의 상상력도 막는 장벽과 비슷하다.

비유했다. 그리고 거의 동시에 한 프랑스 탐험가가 마침내 티베트의 고지에 다다랐을 때 마치 "인류의 비참함을 이토록 심각하게 증가시킨 과학기술 세계를 뒤로한 채 구름층을 뚫고 지옥에서 천당으로" 등반한 것 같다고 묘사했다. 19세기의 티베트는 마치 스위스의 18세기와 같았다. 유럽과 영국, 미국의 음울한 도시 풍경과는 정반대로 매혹적인 고지의 아르카디아였다.

티베트와 '금단의' 네팔 왕국 사이에 바짝 끼워져 있는 에베레스트산은 에드워드 휨퍼가 1894년 명명한 대로 '제3의 극지'였다. 그것을 측량할 때부터 1921년 지형조사 탐사대가 산기슭에 도달한 70년 동안 그 어떤 서양인도 이 산의 64킬로미터 이내에 도달하지 못했다. 에베레스트산은 점점 희망과 두려움, 추측이 분분히 밀려 드는 정보의 진공상태가 되어갔다. 접근하기 어렵다는 사실이 그 산에 대한 사람들의 상상 속 매력을 조장하고 배가시켰음은 두말할 나위 없었다. 1899년 당시 인도 총독이었던 조지 커즌 경은 인도 북부의 심라에 자리한 시원하고 그늘진 대저택 창문을 통해 히말라야 '순백의 방벽'을 올려다봤다. 에베레스트산은 그를 매혹적으로 끌어당겼다. "날마다 방에 앉아 눈 덮인 성가퀴들이 의기양양한 모습으로 하늘을 향해 줄지어 솟아오른 풍경을 본다. 그 거대한 울타리가 인도와 다른 세계를 차단하고 있어 만약 누군가 정상에 오르려 한다면 그것은 '영국인이 책임질 임무'여야만 한다고 생각했다."

✳

커즌이 이런 말을 쓰고 다섯 해가 흐른 뒤, 티베트의 신비는 프랜시스 영허즈번드가 인도에서 영국군을 이끌고 티베트에 진입했을 때 영원히 깨졌다. 티베트'군'이 국경을 넘어와 네팔의 야크를 끌고 갔다는 보도에 따르면 개전의 원인은 영토 침범이었지만, 사실 커즌은 티베트에 대한 러시아의 영향력을 우려했고 이 나라에서 영국의 영향력이 공고해지기를 원했다. 늘 행동파였던 영허즈번드는 "티베트와 인근 영국 통치 지역의 번영이 더 이상 제멋대로 방해받지 않으려면 라마승의 힘을 쇠약하게 해야 한다"고 제안했다.

티베트인들은 초청하지도 않은 영허즈번드와 그의 군대가 순순히 걸어들어오는 형국을 좌시하지 않았다. 첫 번째 충돌은 간체 마을의 근처에서 벌어졌다. 화승총과 검, 창으로 무장한 2000명의 티베트인은 대포와 맥심 기관총을 운반해온 비교적 규모가 작은 영국군 부대를 상대했다. 티베트의 한 생존자에 따르면 영국인은 "여섯 잔의 차를 잇달아 뜨겁게 타고 그것들이 식을 때까지" 발포했다. 기관총이 발사를 멈췄을 때 12명의 영국인이 다쳤고 628명의 티베트인이 사살되었다. 영허즈번드가 라사에 다다랐을 때에는 2000명의 티베트인이 죽은 것에 반해 영국 병사는 40명만이 전사했다.

라사의 유혈 함락은 또 하나의 미지의 영역이 외부 세계에 의해 침투당했다는 사실을 의미했다. 존 버컨은 『최후의 비밀: 탐험의 마지막 신비들The Last Secrets』에서 이 도시에 대한 침략을 이렇게 평했다. "설령 감정이 가장 메마른 사람이라도 인류의 상상력에 중대한 의미를 지닌 이 장막이 열리는 꼴을 보고 일종의 복받치는 슬픔을 피하기는 불가능했다. (…) 라사의 베일이 벗겨지면서 오래된 낭만의 마지막 요새가 함락되었다."

비록 오래된 낭만은 점령당했을지 모르지만 하나의 새로운, 어쩌면 더 강력한 마법인 에베레스트산 그 자체의 마법이 티베트 내부에서 얼굴을 드러냈다. 그리고 이 마법은 산악인, 탐험가, 신비주의자, 낭만주의 작가와 애국자의 눈앞에 펼쳐졌고 영허즈번드는 아마도 가장 높은 산의 꼭대기까지 등정한다는 아이디어를 이 세상 누구보다 흔쾌히 받아들일 사람 중 한 명이었을 것이다. 영허즈번드의 시선은 영국군 숙영지의 가시철조망과 모래주머니를 넘어 '창공 높이 매달려 마치 이 속세의 티끌 한 점이 없을 듯한 뾰족한 산봉우리'인 에베레스트산을 바라보다 넋을 잃곤 했다. 저 요원한 산에 대한 환상은 영허즈번드의 상상에 씨앗을 뿌렸고 시간이 흐르면서 '야망의 나무'로 자라났다.

1904년 티베트 침공이 간접적으로 1907년 영·러 협정―쌍방은 향후 티베트에 진입하는 탐험을 하지 않겠다고 합의했다―을 이끌었기에 씨앗의 싹이 트고 자라 우거질 시간은 충분했다. 이때 에베레스트산의 남벽과 연결된 네팔도 여전히 금단의 땅이었기 때문에 1907년의 협정으로 사실상 그에 접근할 수 없게 되었다. 1913년 젊은 영국군 장교 존 노엘이 '인도의 이슬람교 신도'로 가장해 티베트로 불법 월경하여 에베레스트산을 64킬로미터 앞둔 곳까지 다가갔으나 티베트 병사에게 들켜 돌아와야만 했다. 그는 에베레스트산이 마치 "적설이 뒤덮은 눈부신 암석 첨탑" 같았다고

보고했다.[143]

노엘의 글은 왕립지리학회 회원뿐만 아니라 많은 영국인의 호기심을 자극했다. 에베레스트산 등정 계획이 세워졌지만 제1차 세계대전이 발발하여 연기되고 말았다. 그러나 정전 협정 직후 학회 시스템이 움직이기 시작했다. 그리하여 1921년 1월 10일 프랜시스 영허즈번드가 새로 학회장을 맡은 왕립지리학회가 등반 원정대를 파견하겠다는 계획을 발표했다. 영허즈번드는 『에베레스트를 향한 도전Everest: the Challenge』에서 "이 에베레스트 모험을 나의 3년 임기의 주요 업적으로 만들겠다"는 다짐을 상기했다. 그는 이미 '성배〔예수가 최후의 만찬에 사용했다고 알려진 잔〕'를 선정했다. 이제 그에게 필요한 것은 원정대를 지휘할 모험적인 기사였다.

"갤러해드〔성배를 발견한 아서 왕의 원탁의 기사〕!" 제프리 윈스럽 영은 조지 맬러리를 이렇게 부르곤 했다. 1921년 2월 9일 영허즈번드는 맬러리를 점심 식사에 초대해 그해 4월 출발 예정인 제1차 에베레스트 지형 답사 원정대에 참가할 용의가 있는지 물었다. 비록 맬러리는 이미 아내 및 세 자녀와 오랫동안 떨어져 있었던데다 생계를 이어 가기 위해 유지해야 할 직업과 관리해야 할 집이 있었지만, 눈처럼 하얀 리넨 식탁보가 깔린 식탁에 앉아 조용하고

---

143 노엘의 묘사는 에베레스트산이 '중력'에 의해서만이 아니라 '감각'에 의해서도 변형되는 힘을 갖고 있다는 것을 보여주는 한 예다. 어떤 측면에서든 에베레스트산은 '뾰족한 첨탑'과 닮지 않았다. 그것은 거대하고, 건장하고, 육중하지 우아한 고딕 양식 건물은 아니다 ─지은이.

재빠르게 이 제의를 수용했다. 영허즈번드는 그의 행동을 "눈에 띄는 감정의 동요가 없었다"고 회상했다.

그것은 경력의 일대 전환이나 마찬가지였다. 35세의 나이로 맬러리가 에베레스트산의 정상 등정에 성공해 돌아온다면 그 성취에 따라올 명망이 그에게 평생의 경제적 안정을 가져다줄 게 분명했다. 그러나 그에게는 위험하지 않은 다른 직업에 대한 전망도 열려 있었다. 그는 차터하우스[144]의 역사 교사로서 안정된 일자리를 가지고 있었을 뿐만 아니라, 저널리즘과 소설에 대한 저술 야망과 국제 정치에 대한 진보적 관심을 추구하고 싶어했다. 무엇보다 맬러리는 아내 루스와 어린 세 자녀인 클레어(여섯 살), 베리지(네 살), 존(생후 6개월)과 함께 생활하기를 원했다. 1914년 결혼한 후 맬러리는 제1차 세계대전 후반에 16개월 동안 루스와 떨어진 채 유럽 대륙의 서부 전선에서 포병 장교로 복무한 바 있었다. 전쟁통의 강제 분리는 두 사람을 무척 힘들게 했고 정전 협정이 맺어졌을 때 그들은 그제야 달콤한 결혼생활이 시작될 거라고 짐작했다. 프랑스에서 영국으로 돌아오기 직전 맬러리는 루스에게 "앞으로 우리가 함께 누릴 멋진 인생"에 대한 편지를 미친 듯이 기뻐하며 썼고, 두 사람 모두가 "하늘이 준 이 멋진 선물을 반드시 즐겁게 누려야만 한다"는 것을 깨닫자고 재촉했다.

144　영국 서리주에 있는 유서 깊은 명문 사립학교.

1914년에 촬영한 맬러리와 루스. © Audrey Salkeld.

하지만 일은 뜻대로 되지 않았다. 어떤 힘, 맬러리 내부에 깊숙이 뿌리박혀 있던 어떤 힘은 등반 기회를 받아들였다. 그는 원정에서 두 차례나 무사히 귀환했을 때 두 번이나 다시 모험을 감행하는 쪽을 선택했다. 맬러리가 세 차례의 원정 중 쓴 편지와 일기를 읽다보면 마치 내가 그랬던 것처럼 마른 땔감에 불이 붙듯 급속도로 번지는 '외도' 즉, '산봉우리와의 연애 사건'을 엿보는 것 같다. 그것은 맬러리가 절연할 수 있었고 끊어야만 했던 철저하게 이기적인 연애였으며, 그의 아내와 자녀들의 삶, 그 자신의 생명을 소멸시켰다. 우리는 원정 동안 맬러리에게 쓴 루스의 편지를 가지고 있지 않다. 루스는 그에게 정기적으로 편지를 썼지만 그중 단 한 통만 살아남았다.

그래서 우리는 루스가 남편의 행동을 어떻게 생각했는지 제대로 알 수 없다. 이 삼자 관계, 이 '애정의 삼각관계'에서 그녀의 목소리는 사실상 들리지 않는다. 우리가 정확하게 아는 바는 맬러리가 에베레스트산과 사랑에 빠졌고 그로 인해 결국 죽었다는 사실이다. 이해하기 난망한 것은, 그리고 이 책이 부분적으로나마 설명하고자 하는 것은 그가 자신의 피와 살 같은 아내를 그토록 깊이 사랑하면서도 어떻게 〔지질학적으로〕 암석과 얼음의 덩어리에 불과한 산과 사랑에 빠질 수 있었냐는 점이다.

맬러리는 1921년 지형 조사 답사인 제1차 원정에 대한 공식 기술을 끝맺으며 이렇게 썼다. "산중에서 최고봉은 가혹함을 보여줄 수 있고, 그 가혹함은 너무나 두렵고 또한 너무나 치명적이어서 설령 영특한 부류의 사람일지라도 숭고한 등반 대업이 처음 시작되는 기점에서는 심사숙고하고 전전긍긍해야만 한다." 지금 읽어보면 이것은 결국 방심하고 말았던 맬러리가 지기 자신에게 한 경고처럼 들린다.

✱

1921년 4월 8일. 맬러리는 틸버리에서 증기선 사르디니아호에 홀로 승선했다. 원정대의 다른 대원들은 이미 앞서 출발했으며 그는 다르질링에서 그들과 합류할 참이었다. 사르디니아호는 작았고 함께 탄 승객들은 무감각할 정도로 따분했다. 그의 선실은 밀실 공포증을 부르는데다 주물 공장처럼 시끄러웠다. 배가 먼 남쪽으로 항해해 대기의 온도가 허락하자, 맬러리는 닻이 쇠사슬에 매여 있는 곳 근처 뱃머리에 앉아 대부분의 아침 시간을 보냈다. 위쪽 뱃머리 전망대에는 범포 바람막이 뒤에 앉아 있는 경비원의 검은 그림자만 보였다. 그 외에 뱃머리에는 인적이 아예 없었는데 이 점이 맬러리에게는 더할 나위 없이 만족스러웠다. 왜냐하면 그는 사르디니아호 선상에서 눈에 띄는 다른 인간을 견딜 수 없어 했기 때문이다. 그는 사실 얼굴을 향해 불어오는 바람의 느낌과 광활한 바다, 지나가는 육지를 바라보는 것을 좋아했다.

배는 통상적인 해로를 따라 곧장 포르투갈의 서남쪽 끝인 세인트 빈센트곶으로 내려갔다가 동쪽으로 방향을 틀어 지브롤터 해협을 지나 따뜻한 지중해로 향했다. 심지어 바다에서조차 맬러리의 마음은 산에 오르는 마음으로, 산과 함께였다. 어느 날 아침일찍 일어난 그는 지브롤터의 암벽이 미끄러지듯 지나가는 풍경을 선실 안의 둥근 창문을 통해 바라보고 서둘러 갑판으로 올라갔다. 배는 푸른 빛 속의 거대한 회색 덩어리인 지브롤터 암벽을 미끄러지듯 지나갔고 맬러리는 본능적으로 그 깎아지른 곳의 가장 좋은 등반 루트를 찾아내고자 했다. 영국을 떠난 지 닷새 만인 4월 13일, 그는 쌍안경으로 스페인 안쪽을 깊숙이 들여다봤다. 거기서 그는 산 중턱까지 눈이 덮인 가지런하고 빛나는 시에라네바다(스페인 남부의 산맥)를 볼 수 있었다. "저곳에 신의 축복이 깃들기를!" 그가 일기에 썼다. 그는 또 남쪽 아프리카의 집, 교회와 요새, 작은 절벽과 샛강, 그리고 쭉 뻗어 있는 하얀 색의 알제(알제리의 수도)를 바라봤다. 배가 지중해의 경계 수역을 넘어 포트사이드와 수에즈 운하를 향해 미끄러질 때, 마치 아름답고 감광도가 낮은 뉴스영화처럼 모든 풍광이 배의 좌현과 우현을 평온하게 통과하며 그의 곁을 살포시 지나갔다.

맬러리의 마음은 자주 집으로, 그가 남겨둔 가족에게로, 그의 집 앞 로지아(한 쪽에 벽이 없는 복도)를 통해 햇살이 흘러드는 길로, 정원의 삼나무 뒤 기슭에 만개했을 라일락이 잔디밭에 하얀 꽃잎을 흩뿌리는 곳으로 흘러갔다.

수에즈 운하는 그가 상상했던 것보다 훨씬 덜 인상적이었다. 또한 양쪽 해안에는 전쟁의 잔해로 내부 부속품이 죽은 동물의 내장처럼 꺼내어진 트럭들과 벌거벗겨진 탱크들이 울적하게 흩어져 있었고 녹물은 주변의 모래 속으로 선혈처럼 스며들어 있었다. 운하 양편의 낮은 사막에서 증기선이 빠져나가는 모습을 보고 있는 구경꾼들에게 맬러리는 배가 마치 사막의 쇄빙선처럼 단단한 모래 언덕을 쟁기질해 길을 뚫고 있는 것처럼 보이리라 생각했다.

운하를 통과한 후에는 홍해에 도착했고 홍해를 지나자 인도양이었다. 거기에서는 해안선은 볼 수 없고 오로지 활처럼 굽은 지평선만 펼쳐져 있었으며 간혹 먼 곳에서 기선이 마치 깃털 같은 연기 아래로 지나갔다. 이토록 끝이 없을 정도로 드넓은 해양의 하늘은 맬러리가 예전에 봤었던 그 어떤 천공보다 더 광대했고, 그 면적도 고향의 늪지대 하늘보다 훨씬 더 넓었다. 구름은 정렬한 비행선 함대처럼 대형을 유지하며 휙 달리는 게 아니라 난운과 권운의 파편이 뒤엉킨 잔해로 만들어진 적란운으로 쌓였다. 다시 말해 기상학적이기보다는 지질학적 창조물에 가까웠다. 맬러리는 구름의 돌출부, 구름의 언덕, 구름의 비탈을 통과하는 루트를 강제로라도 열어 구름층의 가장 높고 둥그스름한 꼭대기로 올라가면 기분이 어떨지 궁금했다. 그리고 그는 그가 볼 수 있는 가장 높은 구름이 에베레스트산 정상보다 수천 피트나 더 낮다는 점을 깨달았다. 이것은 그가 시도하려는 일이 얼마나 대담무쌍한지를 거듭 일깨워주었다.

하늘은 그의 기운을 활달하게 돋웠지만 바다는 그를 불길한 심경으로 몰아넣었다. "왜 그런지 도무지 알 수 없다. 내가 재난과 위험에 그 얼마나 가까운지를 강렬하게 예감하는 느낌이 밀려오는 것은 (…) 바다는 강렬한 매력만큼이나 깊디깊은 악의를 품고 있다." 그 순간, 그는 뱃전에 서서 외투를 갑판에 벗어 던지고 배에서 자유롭게 뛰어내려 청동색 바닷물로 잠수하고 싶었다.

그후 실론이 나타나고 빛나는 녹색 줄무늬로 덮인 붉은색과 노란색의 얼룩이 보였는데, 증기선이 그곳에 가까이 다가간 후에야 맬러리는 그 혼잡한 색깔이 열대우림 속의 도색된 집들이란 걸 알아챘다. 환영을 받은 이곳에서 그는 이틀간 머물렀다. 그리고 푹푹 찌는 듯이 더운 여정의 마지막이 시작됐다. 맬러리는 갑판에서 운동할 때, 객실에 누워 있을 때, 흡연실에서 글을 쓸 때마다 구슬땀을 흘렸다. 공기는 물과 같은 성질을 띠며 절반은 기체이고 절반은 액체인 물질로 변했다. 맬러리는 뱃머리에 앉아 인도 동북부의 항구 캘커타가 지평선에 빨리 나타나기를 바라며 자신의 몸이 젤라틴 같은 물질을 통해 앞으로 떠밀려 가는 것처럼 느꼈다. 맬러리는 말레이어로 '물'이 '공기'를 의미하며, 열대기후인 이곳에서 두 단어를 혼용하는 언어 문화는 무척 당연하다고 생각했다.

1921년 5월 10일 그는 캘커타 부두에 정박한 뒤 하룻밤을 묵었고 그곳에서 18시간 동안 평원을 통과하는 열차를 타고 다르질링으로 향했다. 기차선로는 산허리 위의 계단식 차나무밭 사이를 가로질러 뻗어 있었고 가파른 협곡으로 진입하면 양쪽에 수직으로 우거진 숲이 그에게 중국의 두루마리 그림을 떠올리게 했다. '바다 평원'에서 한 달을 보내고 다시 산악 국가에 오니 기분이 전환되어 정말로 유쾌했다.

다르질링에서 그는 다른 에베레스터—그들은 이미 자신들을 이렇게 부르기 시작했다—를 만났고 드디어 모험이 시작될 것만 같았다. 하지만 그렇지 않았다. 그 전에 공적인 격식을 지켜야만 했다. 다르질링에 머문 첫날밤 맬러리는 벵골 총독이 마련한 연회에서 참을성 있게 꾹 앉아 있어야 했다. 겉만 번지르르하고 사치스러운 행사였다. 식전에 엄숙한 악수를 나눈 뒤 여러 가지 만찬 코스가 이어졌다. 식사하는 각 손님의 의자 뒤에는 왈라(인도식 영어로 노동자)가 어리둥절하게 서 있었는데, 그들은 꼭 유령이나 꼭두각시처럼 보였다. 그 자리는 맬러리의 취향에 비해 너무 많은 허세와 요란함이 있었지만 이번 에베레스트산 여행은 여러 측면에서 '대영제국의 임무'였기 때문에 허례허식은 용인되어야 했다. 그도 그 기회에 함께 탐험할 동료 대원들을 만날 수 있었다.

그날 밤 그는 루스에게 보낸 편지에 정곡을 찌르는 날카로운 품평을 쏟아냈다. 휠러는 캐나다인("당신은 캐나다인들에 대한 나의 복잡한 감정을 알고 있지 않소. 나는 그를 좋아하기 전에 먼저 인내를 배우지 않으면 안 된다고 생각했다오. 하느님이 지금 나를 시험하고 계신 거겠죠")이었다. 그리고 맬러리가 본능적으로 싫어하는 원정 대장 하워드-버리는 왕당파로서, 보수적인 부류의 노둔하고 독단적인 기운을 온몸으로 잔뜩 풍겼다. 나중에 맬러리의 등반 파트너가 된 불럭은 윈체스터에서 알게 된 사이였다. 하지만 당황스럽게도 그는 여행 가방인 슈트케이스를 가지고 왔다. 그 안에 보온을 위한 한 벌의 코트와 두 벌의 스웨터를 챙겼다. 또 눈보라와 햇빛으로부터 그를 보호하고 풍경 속의 그를 "그림처럼 아름답게" 보이게 할지 모를 분홍색 우산도 챙겨왔다. 맬러리에게 깊은 인상을 준 등산 측량사 모스헤드는 강인해 보였다. 그리고 스코틀랜드인 의사이자 등산가인 켈러스가 중부 티베트에 있는 세 곳의 고산을 오른 뒤 다르질링으로 급히 돌아왔다. 켈러스는 총독의 만찬에 10분 늦게 도착했는데, 맬러리는 그가 다다른 순간부터 그에 대한 호감이 생겨났다. 켈러스는 머리카락이 부스스하게 헝클어지고 "마치 연극에 등장하는 우스꽝스러운 연금술사처럼" 강한 스코틀랜드 억양으로 사과의 말을 무성의하게 중얼거렸다.

한참을 지체한 끝에 원정대는 다르질링을 떠났다. 50마리의 노새와 몰이꾼, 다수의 짐꾼, 요리사, 통역사와 사다Sirdar[145], 그리고 에베러스터. 그들은 시킴(네팔과 부탄 사이에 있는 인도의 한 주) 정

---

[145] 셰르파 중에서 가장 우수한 자들은 인도어로 우두머리를 뜻하는 사다가 된다. 사다는 짐꾼을 선별해 교육을 시키고 등반 작업을 조직한다.

글의 온실을 며칠 동안이나 누비고 다녔다. 장대비가 멈추지 않아 문제를 일으켰다. 맬러리는 검은 사이클링 망토를 썼고 불럭은 분홍색 우산을 쓰고 있었지만 이토록 엄청나게 쏟아지는 호우에서는 그 어떤 것도 지면을 건조하게 만들지 못했다. 모든 것이 흠뻑 젖었고 빗물은 온 나뭇잎과 돌 위에 떨어지고 졸졸 미끄러졌다. 그들이 다르질링에서 조달한 노새들은 살찐 탓에 정글의 좁은 길에 익숙하지 않았다. 오래지 않아 아홉 마리의 노새가 병이 나고 한 마리는 쓰러져 죽었다. 그들은 어쩔 수 없이 노새와 몰이꾼들을 다르질링으로 되돌려 보내기로 하고 일단 티베트로 들어가면 야크와 조랑말로 임시변통하기로 했다. 비가 와서 거머리도 극성을 부렸다. 군청색의 가는 거머리와 황갈색 줄무늬가 있는 결절성結節性 호랑이거머리였다. 사방팔방에서 느닷없이 다가와서 수백 마리가 무리를 이루었다. 놀라운 속도로 땅 위에 물결 모양으로 기우뚱거리거나 나뭇잎과 나뭇가지 위에 똑바로 서서 마치 훈계하는 손가락처럼 허공으로 몸을 나부꼈다. 짐꾼들은 다리에 붙은 거머리를 비틀고 당겨가며 겨우 떼어냈고 작은 혈환血環이 남아 몇 시간 동안 피를 흘리기도 했다. 서양인들도 재빨리 거머리 떼어내는 방법을 배웠다.

이처럼 습하고 소란스럽고 빽빽한 열대 정글에도 아름다움은 있었다. 빗물은 두툼한 나뭇잎에 윤기를 주고 꽃봉오리에 불룩한 은빛 물웅덩이를 만들었다. 잠자리는 작은 네온 봉처럼 연못 위를 갑자기 획 날아가거나 맴돌았다. 맬러리는 특히 장미색 난초와 레몬색 철쭉꽃에 빠져들었다. 물론 불럭의 분홍 우산은, 마치 듣도 보도 못한 화려한 꽃처럼, 땅바닥을 향해 거꾸로 놓여 있었다.

그리고 갑자기 정글 숲이 끝났다. 모두가 4420미터의 표고로 인해 약간의 불편함을 느끼고 있었다. 일행은 제렙 라[146]라는 분수령을 가로지르다 이 높은 지점에서 북쪽을 응시했다. 이곳에서 공기 냄새를 맡으면 더 깨끗하고 더 차가운 듯해 거의 순수한 산소의 풍미를 느낄 수 있었다. 지평선의 가장자리 너머로 도약한 설산을 보기 위해 그토록 멀리서 온 맬러리는 처음으로 연산을 뚜렷하게 볼 수 있었다. 그늘 앞에는 티베트가 있고 이 나라의 어딘가에 에베레스트산이 있다. "잘 있거라! 나무로 빽빽한 아름다운 시킴이여." 흥분에 겨운 맬러리가 썼다. "그리고 무엇이 우리를 환영할지? 오로지 하느님만이 아시겠지!" 지형이 완전히 탈바꿈했다. 파리를 향해 내려갈수록 공기는 더욱 건조해지고 초목이 달라졌다. 이곳에는 키가 큰 은빛 전나무가 서 있고 발 주위에는 짙은 색의 철쭉이 자라고 있었다.

이후 수백 마일이나 눈부시게 이어진 티베트 남부 고원의 자갈 사막에 도착했다. 파리에서 캄파 종[147]까지는 엿새 동안 행군해야 했다. 캄파 종은 영허즈번드의 군대가 라사로 진군하는 루트로 통

146　라La는 안부鞍部나 산 고갯길을 뜻하는 티베트어.
147　'종'은 요새라는 뜻의 티베트어.

과했던 티베트의 산상 요새였다. 엿새 동안 그들은 흑갈색 고원 사막을 건넜다. 모든 사막과 마찬가지로 그곳 역시 이른 아침 잠에서 깨어났을 때 몹시 춥고 고요했다. 점심 무렵에는 더위가 기승을 부리고 앞쪽으로 아지랑이가 가물거렸으며 돌무더기 표면이 이글거리면서 뺨의 피부를 벗겨낼 만큼 뜨거운 화로를 만들었다. 오후에는 바람이 바람 그 자체를 휘저으면서 땅 위에 느슨하게 쌓인 수 톤의 먼지도 함께 휘저었다. 밤에는 꼬리가 없는 쥐들이 텐트의 방수깔개 위를 허둥지둥 불안하게 뛰어다녔고 온도도 급격하게 떨어졌다. 사막의 끝자락에서는 이미 오래전에 사라진 빙하와 강의 협곡에 의해 쪼개진 듯 갈라선 채 줄무늬처럼 수평으로 뻗어 있는 혈암 구조의 눈 덮인 고산이 윤곽을 불룩하게 드러내고 있었다.

사람들은 전부 위에 탈이 나 고생했다. 켈러스가 가장 심각했다. 그는 이질에 시달리다 너무 허약해져 들것에 실려 이동할 수밖에 없었다. 지금까지 기진맥진하는 등반 탐험을 세 번이나 마쳤었던 그였지만, 그 이후로는 좀처럼 체력을 회복할 수 없었다. 그러나 그는 돌아가기를 거부했다. 6월 5일, 높은 고갯길을 넘은 후 캄파 종을 코앞에 둔 상황에서 그는 피를 토하고 대변을 보다가 캑캑거리는 소리를 내며 유명을 달리했다.

갑자기 이 당당한 '대영제국의 행차'가 장례 행렬로 바뀌었다. 에베레스트산이 저 멀리서 기다리고 있는 상황에서 이미 죽음이 원정대를 방문하고 말았으니 괴이하고 불공평한 것만 같았다. 맬러리는 켈러스의 사망이 하워드-버리가 거의 매일 『타임스』에 보내는 보도자료에 들어갈 것임을 알고, 루스에게 자신의 건강을 걱정하지 말라는 편지를 썼다. 맬러리의 편지는 영국에 도착하는 데 한 달 이상 걸렸다.

원정대는 텐트를 치고 켈러스의 시신을 밤새 지켰다. 이튿날 그들은 돌이 많은 비탈의 무른 땅에 무덤을 파서 그를 묻었다. 켈러스는 그를 간접적으로 죽인, 이 원정을 시작하기 전에 등반했었던 세 개의 산봉우리를 마주 보고 누운 셈이었다. 하워드-버리가 텅 빈 허공을 향해 「고린도전서」에서 널리 알려진 표준단락을 암송하고, 켈러스를 잘 아는 네 명의 짐꾼은 무덤가의 평평한 거석 꼭대기에 앉아 이 영국인의 장송 발언을 들었다. 모든 장례 절차가 끝난 후 그들은 묘지 위에 케언을 세운 뒤 계속 전진했다.

캄파 종은 좁은 계곡의 입구를 지키는 티베트의 요새다. 그곳에 이르자 모두의 정신이 호전되었다. 하워드-버리는 가젤과 지방꼬리양을 총으로 쏘아 죽였고 불럭은 거위를 사냥하고 한 주발의 작은 물고기를 잡았다. 켈러스의 죽음과 가혹한 지형에도 불구하고 맬러리는 점점 가까워지는 에베레스트산을 바라보며 아무도 가지 않은 미지로 향한다는 전망에 들떴다. 그는 루스에게 썼다. "우리는 이제 어떠한 유럽인도 방문한 적 없는 나라에 와 있어요. 이틀만 더 전진하면 라사 원정 기간에 제작된 '지도 밖'에 있을 듯해요." 이때에는 에베레스트산이 서방인의 상상 속에서만 존재했기 때문에 지도 밖에 있었다. 그곳은 오랜 세월 동안 단지 어렴풋이 보이는 먼 곳의 풍경에 지나지 않았으며 삼각측량으로 고도와 좌표가 정해진 피라미드 모양의 산봉우리에 불과했다. 그곳은 단지 사람들의 기대 속에만 존재했던 것이다.

이튿날 아침 식사 전, 맬러리와 불럭은 요새 위의 척박한 자갈 산비탈을 두 걸음 올라갔다 한 걸음 물러서는 식으로 등반했다. 그들은 대략 3048킬로미터 지점까지 올라가서야 황금빛 햇살의 은택을 입었다.

우리는 그곳에 멈춰섰다 돌아서서 우리가 특별히 보러 온 고지를 쳐다봤다. 분명히 이곳은 서양인의 마음속에 자리한 두 개의 거대한 산봉우리였다. 왼쪽은 확실히 마칼루[148]로 회색빛을 띠며 험준하게 솟은 데다 정말로 우아했다. 오른쪽은 멀리 떨어져 있었는데 누가 그곳의 정체를 의심할 수 있으랴? 그것은 이 세계의 아래턱에서 자라난 '거대한 흰색 어금니'였다. 우리는 그 방향에서는 약간 희뿌연 안개 탓에 에베레스트산의 윤곽이 뚜렷하지 않다는 것을 깨달았다. 이러한 정황은 약간의 미스터리와 장관을 더해주었다. 우리는 지구상에서 가장 높은 산이 우리를 낙담시키지 않을 거라는 데

---

148 네팔 동북부의 히말라야산맥에 있는 고봉, 해발 8463미터.

만족했다.

맬러리는 마침내 이 세계를 수천 마일이나 가로질러 오게 한산을 보게 되었다. 그리고 그는 당분간은 "윤곽이 뚜렷한" 에베레스트산을 보고 싶지 않았다. 그것이 신비로움을 간직하고, 상상력과 지질학의 묵계를 지키고, 반쯤은 '상상'되고 반쯤은 '진실한' 산봉우리로 남기를 원했기 때문이다. 이것은 숭고함이 맬러리의 내부에서 작동하도록 하여 암시, 어렴풋함, 신비에 대한 그의 희구를 자극함으로써 반쯤 보이는 게 더 강렬하게 보이는 것임을 확신시켰다. 맬러리는 톨킨(『반지의 제왕』 작가)이 훗날 마력—"가물거리는 연상의 미광微光은 결코 선명한 풍경으로 변한 적이 없지만 항상 무언가 더 깊은 의미가 있다고 암시한다"—이라고 부르는 것에 매료됐다.

그들은 며칠간 휴식을 취한 후 캄파 종을 떠나 서쪽으로 움직였다. 이제 그들은 고동색 햇빛이 내리쬐는 모래 언덕과 진흙탕 황야인 티베트의 진정한 악지를 빠져나가야만 했다. 여기서 바람은 거의 축복이었다. 게걸스러운 모래파리 떼를 땅바닥에 달라붙어 있게 해주었기 때문이었다. 동물 무리는 진창에서 버둥거렸고 그들을 달래가며 가파른 모래 절벽을 오르게 해야 했다. 불럭에게 이곳은 세계에서 가장 외지고 척박한 지역인 것 같았다. 그러나 맬러리의 기민한 눈에는 그것이 매력이나 색채를 완전히 잃은 것은 아니었다. 그는 자갈로 이뤄진 사력층에서 잎 없이 피는 작고 푸른 아이리스와 분홍색과 노란색 꽃잎 그리고 작은 녹색 잎을 가진 선명한 한련 같은 식물들을 예의주시했다. 마치 사막의 표면 바로 밑에 묻혀 있는 색채의 보고에 고개를 들이밀고 여기저기를 살짝 들여다보는 것 같았다.

어느 날 아침 맬러리와 불럭은 평소와 다름없이 주요 대오보다 앞서 나아갔다. 이때 그들은 말 등에 앉아 깊은 하천을 건너고 곡저를 따라 수 마일을 느릿느릿 전진했다. 그들은 갑자기 산협의 양측을 벗어나 모래 평원에 다다랐다. 그리고 그들 앞에, 넓디넓은 하늘 아래 구름을 가르며 반짝이는, 그들이 보기 위해 멀리서부터 온 산맥이 버티고 있었다. 맬러리는 다시 아무도 가지 않은 미지의 장소로 향하는 떨림과 전율을 강하게 느꼈다.

나는 여하튼 여행가가 된 것 같았다. 어떤 유럽인도 우리보다 앞서서 이곳에 와본 적 없을 뿐만 아니라, 우리는 하나의 수수께끼도 통과하고 있었다. 우리는 캄파 종에서 서쪽으로 눈을 돌린 이후 줄곧 우리 앞을 가리고 있던, 남북을 가로지르는 거대한 장벽의 뒤쪽을 바라보고 있었다.

바로 이와 같은 순간을 위해 그는 "위대한 모험"이라고 부른 이 여정에 참여한 것이었다.

다른 대오가 따라오는 동안 소일할 시간이 있었던 맬러리와 불럭은 조랑말을 묶어둔 채 협곡의 북쪽 모퉁이에 있는 작은 혈암 봉우리에 기어가듯 올랐다. 그들은 정상에서 서쪽으로 몸을 돌렸다. 그들이 협곡으로 들어선 후부터 구름층이 몰려와 산을 가린 탓에 쌍안경으로 봐도 아무것도 볼 수 없을 것 같았다. 하지만 바로 그때,

갑자기 우리 눈에 구름층 사이로 빛을 반사하는 적설이 들어왔다. 게다가 서서히, 매우 천천히 두 시간 동안 거대한 산허리와 빙하, 산마루가 지금 여기, 지금 거기에 있었고, 육안에 보이지 않거나 구름과 구분할 수 없는 외형이 구름의 갈라진 틈을 통해 우리에게 보이기 시작했다. 이 편린들이 온전하고 선명한 그림으로 연결되어 우리는 하나의 완전한 산맥을 보게 되었다. 서서히 더 작은 것에서 더 큰 것이, 공중에 믿기 어려울 정도로 높이 떠 있었고, 꿈속에서 대담하게 상상했던 것보다 훨씬 더 높은 에베레스트산의 꼭대기가 드디어 모습을 보였다!

그들이 산 정상에 머물러 있는 동안 불어온 바람이 평원의 모래를 휘날리기 시작하니, 하산하며 내려다본 평원은 마치 비단의 잔물결처럼 보였다.

머지않아 그들은 '하얀 유리 요새'인 시가 종에서 야영했다. 건

물들의 흰 석회벽이 햇빛에 반짝거렸다. 맬러리에게 캠프 생활의 모든 세부 품목, 섬유질의 가이 로프, 걸상으로도 쓰는 찻잔 상자, 식당 텐트의 묵직한 범포, 쩽그랑거리는 조리용 그릇 등은 이곳의 낭랑하고 밝은 빛 아래에서 매우 아름답게 변했으며 이런 분위기는 모든 물체의 모든 각도와 모든 면의 결을 범상치 않게 돋보이도록 했다. 젖먹이를 강보에 싸 품고 있는 엄마들, 걸음마를 배우는 꾀죄죄한 아기들, 깡마른 아빠들, 이 호기심 많은 티베트 사람들이 에베레스터의 주위를 어슬렁거렸다.

그들은 시가 종에서 이틀 밤을 보냈다. 우편물이 도착하자 맬러리는 루스가 쓴 한 뭉치의 편지를 받았다. 그는 곧장 답장을 써서 티베트의 작은 꽃송이들을 편지 사이에 눌러놓았다. 그는 그녀에게 구름 사이로 에베레스트산을 본 이날이 "하여튼 대단한 이정표"였다고 말했다. 그것은 이제 "기상천외한 환상을 뛰어넘는 그 무언가가 되었다." 확실히 그것은 이정표이거나 어쩌면 전환점이라고 말하는 게 더 나을지도 몰랐다. 이날부터 에베레스트산은 맬러리의 편지에서 루스보다 더 중심이 되었기 때문이다. 에베레스트산이 한 명의 연인처럼 그의 머릿속을 파고들기 시작한 것이다. 맬러리와 루스를 모두 훼손할 애정의 삼각관계에서 세 번째 지점이 입지를 공고히 굳힌 셈이었다. 그는 루스에게 보낸 편지에서 물었다. "이 위대한 신비를 조금 더 드러내는 또 다른 풍경을 어디로 가야 찾을 수 있겠소? 이날부터 이 질문은 영원히 존재할 거라오."

다르질링을 떠난 지 약 4주 후인 6월 19일, 원정대는 출렁이는 강물 위의 황폐한 기차선로처럼 매달린 다리를 건너 에베레스트산으로부터 64킬로미터 떨어진 팅그리 종을 향해 나아갔다. 팅그리 종은 소금기를 함유한 평원 중앙에 있는 작은 언덕 위 교역 마을로, 하워드-버리는 이곳에 영구적인 암실을 차리고 식당 텐트를 쳤다. 이곳은 원정대의 작전 기지이자 신경 중추를 이루는 본부가 되었다.

맬러리는 계속 나아가고 싶었다. 그와 불럭은 짧은 휴식을 취한 뒤 에베레스트산에서 24킬로미터가량 떨어진 곳에 전진 캠프를 세우기 위해 롱북 협곡까지 줄곧 나아갔다. 이곳에선 "놀랍도록 담박한" 에베레스트산이 그들 머리 위에서 아련히도 보일 듯 말 듯 했다. 주위의 환경이 그 산을 돋보이게 했다. 불교도 은자들이 거주하는 동굴이 뚫려 있는 높은 절벽인 롱북 협곡의 긴 팔은 산 위에서 아래를 향해 뻗어 나가 마치 "단순하고, 엄준하고, 강대한 거인의 사지"를 방불케 했다. 그리고 그 안에 자리한 롱북 빙하는 산기슭에서 "경기병의 돌격"처럼 위로 치고 올라갔다.

대영제국의 임무는 여기서부터 진짜 시작되었다. 그해 그들은 여기에서 어떻게 해서든지 에베레스트산에 오르는 최상의 경로를 찾아야만 했다. 그러려면 산과 그 주위의 위성 봉우리들의 미스터리를 풀어야만 했고 지형을 해독해야만 했다.

이 대산괴의 중심부에서 방사상으로 뻗어 있는 능선을 넘어 지

롱북 빙하의 얼음 봉우리 앞에 서 있는 한 명의 '에베레스터'.
존 노엘 촬영. © Sandra R. C. Noel.

도를 제작하고 지형을 조사하고 사진을 촬영하는 데 며칠, 몇 주
가 소요되었다. 산에 대한 모든 정보는 고된 노동을 통해서만 얻
을 수 있었다. 그들은 날씨가 좋은 날에는 일찍 일어나—새벽의
햇살은 야영지를 가로질러 마치 한쪽은 검붉고 한쪽은 황금빛인
조류처럼 흘러간다—종종 무거운 사진 촬영 장비를 들고 10시간
이나 12시간을 걸었다. 결코 수월한 작업이 아니었다. 먼저 고도
와 온도라는 문제가 있었다. 그리고 롱북 빙하는 먼 곳에서 보면

있을 법한 산기슭까지의 통로를 마련해주지 않았다. 맬러리가 재빨리 알아챘듯이 이곳은 알프스 빙하처럼 보행자 친화적이지 않았다. 빙판은 상공의 태양에 의해 뾰족한 빙탑으로 이뤄진 빽빽한 숲으로 변하는데, 그중 어떤 빙탑은 높이가 15미터에 달하고 그들 아래의 빙판은 갈라지고 쪼개진 크레바스와 가파른 암릉의 미궁으로 변한다. 맬러리는 "이곳에선 흰 토끼마저 어리둥절한 채 길을 잃는다"고 썼다. 그는 곧 전진하기 위해서는 이 괴이한 얼음 종유석 숲을 벗어나 롱북 빙하 측면의 빙퇴석층으로 올라가는 게 좋다는 것을 깨달았다. 비록 이 루트도 절벽에서 떨어지는 암석과 빙괴의 위협을 받을 수 있다는 위험이 있었지만 그것만이 최선이었다.

맬러리는 산의 풍경에 자주 반했다. 화창한 저녁 무렵, 그는 에베레스트산 너머의 붉은 낙조를 바라보며, 어떻게 황혼이 마분지를 자른 것처럼 산을 평평한 2차원으로 만드는지 그리고 반짝이는 산 정상은 "키츠가 쓴 외톨이 별"처럼 그의 위에 걸려 있는지에 주목했다. 아침에 에베레스트산이 몸에 드리운 구름을 벗어 던졌을 때는 그를 거의 관능적으로 주시했다.

어제 아침 우리는 자주 되풀이해서 상연하는 그 연극을 다시 보러 갔다. 언제 가든 그곳은 언제나 첫날의 무대처럼 신선함과 경이로움으로 가득했다. 매달린 커튼이 찢어지고 옆으로 휘어졌다가 다시 닫히고, 위아래로 들썩들썩하다가 마침내 활짝 펴졌다. 햇빛은 구름을 찢고 나타나 산뜻한 그림자를 드리우고 능선의 가지런한 가장자리가 나타났다. 그리고 우리는 이 놀라운 광경을 두눈으로 목격하기 위해 그곳에 버티고 있었디.

이곳에서의 등산은 스트립쇼 같았다. 맬러리는 홀딱 반했다. 무진장한 에너지에 빠져 있는 듯했는데, 그는 이를 "구동력"이라고 불렀다. 루스에게 보낸 편지에서는 에베레스트산이 그를 위해 창조되었고 "신명 나는 인생"을 선사해주었다고 썼다.

하지만 아주 가끔 맬러리는 되풀이되는 음식, 고도로 인해 괴로운 몸, 악천후, 작고 비좁은 텐트 따위의 모든 것이 정말로 지겨워졌다. 7월 12일이 되자 그들은 이미 5800미터에 두 번째 캠프를 마련했는데, 이 고도에서 프라이머스(최초의 가압식 휴대용 난로)가 전혀 작동하지 않았고 얼음은 돌처럼 굳었다. 악천후 탓에 맬러리는 캠프에서 꼼짝 못한 채 텐트의 측면으로 끊임없이 날리는 미세한 눈송이의 소리를 들으며 친구에게 이런 편지를 보냈다.

나는 가끔 이 원정이 처음부터 끝까지 영허즈번드라는 한 남자의 거친 열광으로 꾸며진 (…) 그리고 비천한 하인의 충직한 열성을 이용한 사기극이라고 생각한다네. 확실히 현실은 그들의 환상과 이상하리만큼 다를 듯하네. 부드럽고 매혹적인 각도로 이뤄진 에베레스트산 북벽의 눈비탈을 오랫동안 상상해본 결과, 거의 3048미터 높이로 가장 섬뜩하게 무서운 벼랑일 터이니…….

맬러리는 그가 오랫동안 마음속으로 동경하던 산을 오르고 있다는 사실을 완전히 부정한 건 아니었으나, 그 자신의 마음이 아닌 전적으로 영허즈번드의 계획을 따른 게 더 크다고 생각했다. 당시 영국에서 산악회와 조깅할 때의 대화는 쉽게 오를 수 있는 눈비탈에 관한 것이었다. 물론 맬러리 이전에는 에베레스트산의 북벽을 볼 수 있을 만큼 가까이 접근한 사람은 없었다. 모두가 에베레스트 북벽은 수많은 고산의 허다한 측면처럼 오르기 쉬운 눈비탈일 뿐이라고 생각했다. 그러나 현실은 맬러리가 지적한 바와 같이, 도리어 "이상할 만큼 다르게" "거의 3048미터 높이로 이뤄진 섬뜩하게 무서운 벼랑"이었다.

맬러리가 "우리의 갈망의 콜"이라고 부른 노스 콜이 애초부터 에베레스트산 정상 등반의 관건인 게 분명했다. 그곳은 분명 오를 수 있는 얼음과 암석 능선이 정상까지 비스듬하게 솟아 있는 에베레스트산 북면의 어깨였다. 만약 제때 콜 위에 캠프를 차릴 수 있다면 이 산의 정상을 정복할 수 있을 것 같았다.

하지만 문제는 콜 그 자체에 어떻게 도달하느냐였다. 원정대는 주요 롱북 빙하에서부터 루트 개척을 시도하는 데 첫 달을 썼다. 하지만 그것은 너무 위험했고 짐꾼들에게조차 어림없었다. 그들은 보급품과 장비를 운반할 수 있는 루트가 필요했다. 그래서 7월 중순 맬러리와 동료들은 주요 롱북 협곡을 포기하고 동면東面으로 걸어 돌아가 그곳에서 노스 콜로 올라가는 길이 있는지 찾아보기로 했다.

확실히 있었다. 8월 18일 그들은 바로 그곳에서 지리적 수수께끼의 실마리를 풀었다. 해답은 랍카 라라고 알려진 높은 고갯길을 넘어 노스 콜에 도달한 뒤 그들이 동롱북 빙하라고 명명한 어수선한 빙폭氷瀑을 통해 올라가는 것이었다. 거기서부터 분명히 오를 수 있는 눈과 얼음의 비탈이 노스 콜까지 이어질 가능성이 컸다.

하지만 정말 화나게도 그들이 이 사실을 깨닫는 순간 악천후가 닥쳤다. 몬순이 마을에 불어와 장마가 시작되었다. 날씨 때문에 그들은 거의 한 달 동안 휴식했다. 여러모로 전체 원정에서 가장 어려운 시기였다. 고산지대를 누비던 이들의 건강이 나빠지기 시작했다. 맬러리는 건강에 대해 항상 자신감이 있었고 환경이 열악해도 자신의 몸은 최적의 능력으로 대처할 수 있다고 생각했다. 그래서인지 몸이 약해지는 징후에 조금 놀랐다. 밤에 그들은 산소 결핍으로 얼굴과 손이 푸르스름한 빛을 띤다는 것을 알아차렸고, 맬러리는 몇 분 동안 숨을 멈추는 불력 때문에 잠에서 종종 깨어났다. 불력은 맬러리도 마찬가지라고 말했다. 낮은 점점 더 짧아지고 밤도 점점 추워졌다.

부득이한 휴식은 맬러리에게 루스를 그리워할 시간을 너무 많이 가져다주었다. "우편물이 와서 우리 사이에 사랑이 날아들고 텐트마다 둥지를 틀 때"라는 멋진 순간들이 지나갔다. 어둠 속에서 그는 자기 곁에 누워 있는 사람이 불럭이 아니라 루스인 꿈을 꾸었다. 또 그녀 곁으로 빠르게 돌아가며 갈매기가 딱딱한 울음소리로 대기를 채우고, 햇볕에 흠뻑 젖은 지중해 항구로 향하는 증기선의 뱃머리가 휘저은 푸른 바다를 향해 날아가는 꿈을 꿨고 "부둣가의 햇살 속에서 웃고 있는 당신을 볼 수 있을 것"이라고 생각했다.

그러나 그는 늘 불럭 옆에서 깨어났다. 불럭은 자신의 이름에 걸맞게 자란 사람 중 한 명이었다. 그는 '황소' 같은 힘과 부지런함을 지녔고, 맬러리는 그의 황소 같은 완력과 성실함을 은근히 흠모했다. 그는 그를 "믿음직한 동료"라고 불렀다.

여기까지만 오르자고 누군가가 제안했다. 하지만 맬러리는 다른 그 누구보다 이 산에 남아 "평생 얻기 힘든 기회"를 기다리고 싶은 "견인력"에 빨려들었다. 9월 17일 날씨가 개었다. 해도 뜨고 눈도 내리지 않았다. 그들은 재빠르게 6700미터 높이의 더 높은 캠프를 향해 이동하기 시작했고 9월 23일 그곳에 도착했다. 그곳에서는 날씨가 또 매우 나빠졌다. 밤사이 텐트의 양측에 거센 눈이 윙윙거리며 휘몰아쳤다. 등반가들은 심지어 오리털 침낭 속에서도 오들오들 떨었다. 그들이 저녁으로 먹기로 한 정어리는 작은 돌덩이처럼 얼어버려 맬러리와 불럭이 양손에 쥐고 녹여야 할 판이었다. 물을 얻기 위해 눈을 녹이는 동안 두 사람이 번갈아 냄비 쪽을 향해 살짝 몸을 기울이면 수증기의 줄기가 모락모락 올라와 두 눈을 따뜻하게 데웠다. 광풍은 끊임없이 격노하며 온 텐트를 사정없이 팼고 심지어 산허리의 구조물을 통째로 뜯어내려고 광분했다. 텐트가 없었다면, 이 몇 밀리미터 두께의 귀중한 범포가 없었다면 그들은 희망을 품을 수 없었다.

맬러리는 그가 여태까지 겪었던 최악의 밤 중 하나를 보낸 후 맞은 24일 아침, 텐트의 지붕이 불길하게 안쪽으로 부풀어 오른 것을 발견했다. 눈은 이미 그쳤지만 바람의 세기는 거의 꺾이지 않았다. 가망이 없는데도 그들은 출발을 강행했고 콜을 향해 가파른 눈비탈을 가까스로 오르려 했다. 그들은 눈사태가 남긴 오래된 얼음덩어리 위를 기어올랐다. 성긴 눈 결정체가 바람에 휘날리며 시야를 가렸다. 그들의 발걸음 때문에 작은 눈사태가 그들 뒤쪽의 산비탈에 부드럽게 떨어졌다.

아래에서 보면 등산대원 모두가 차갑고 작은 후광인 눈보라의 원광圓光을 갖고 있었다. 그들 위의 수백 피트 상공에서는 눈보라가 마치 불타는 눈의 홑이불처럼 노스 콜의 가장자리에서 끊임없이 벗겨지고 있었다. 바람이 불어오는 쪽의 비탈 위인 이곳에서는 아래로 부는 바람을 거의 견딜 수 없었다. 저 위는 치명적일 것이다. 그러나 맬러리는 다시 열심히 "모험을 조금 더 진전시키려고" 분투했고, 그와 불럭과 휠러는 한 걸음 한 걸음씩 천천히 콜의 가장자리까지 올라갔다. 그들은 오직 정상 공격을 위하여 그곳 노스 콜 위에서 몇 분 간 거센 바람의 전면전을 견뎌냈다. 그들은 고개를 들어 위쪽을 응시했고 능선은 정상까지 수천 피트나 기울어져 있었다. 사이클론처럼 종말론적이었던 그 바람을 맬러리는 훗날 "아무도 그 바람 속에서 한 시간 동안 살 수 없었다"라고 회상했다. 하지만 그들이 콜에 도착했다는 것이 중요했다. 맬러리가 훗날 루스에게 보낸 편지에서 말했듯이 정상으로 올라가는 길은 "가장 높은 곳을 모험해보고 싶은 누군가에게……" 이미 만들어져 있다는 것을 의미했기 때문이다.

첫 번째 원정은 바로 이렇게 해서 끝을 맺었다. 그들은 긴 여정을 마치고 다르질링으로 되돌아온 후 이어서 봄베이(뭄바이의 옛 이름)로 가 증기선 말와호에 승선해 귀향길에 올랐다. 맬러리는 이제 깊은 피로감을 느꼈다. 그는 지칠 대로 지친 채로 이렇게 썼다.

머나먼 나라들과 낯설고 세련되지 않은 사람들, 기차와 배들, 그리고 아른하게 빛나는 능묘들, 외국의 항구들, 까만 피부의 얼굴과 현기증이 나도록 이글거리는 태양. 내가 정말로 보고 싶은 것은 익숙한 얼굴들과 나의 달콤한 집이다. 그리고 펠멜가의 장중한 파사드(건축물의 정면부), 아마도 안개 속의 블룸즈버리, 영국의 강, 서쪽의 목초지에서 풀을 뜯고 있는 가축이 보고 싶다.

배가 마르세유에 가까워졌을 때 맬러리는 선상에서 누이동생 에이비에게 보낸 편지에 썼다. "그들은 다음 해에도 원정대를 조직할 생각인가 봐. (…) 나는 내년엔 다시는 에베레스트산에 돌아가지 않을 거라고 가슴에 두 손을 얹고 맹세했어. 시쳇말로 '아라비아의 황금을 모조리 내게 준다고 해도!'

✼

1922년 3월 2일, 런던 동쪽의 동인도 항구 주위에서 울어대는 갈매기들이 날갯짓하며 선회할 때 맬러리는 증기선 칼레도니아호 난간의 건널 판자 위를 성큼 걸어 올라가 봄베이로 출발했다. 다른 에베레스터들은 이미 배에 타 있었다. 새로운 대오와 새로운 승부였다. 칼레도니아호는 영국 해협의 회색빛 바다와 해무를 미끄러지듯 지나 이베리아반도를 둘러 갔고, 지브롤터 암벽을 돌아 지중해로 들어갔다. 저녁에는 실이 바늘구멍을 통과하듯 수에즈 운하를 지나갔다. 운하의 물줄기는 너무 고요하고 컴컴해서 겹겹의 사막 사이에 끼워진 한 가닥 흑연층 같은 지질학적 특성을 보였다. 그런 뒤 증기선은 운하를 빠져나와 홍해의 뜨거운 공기층으로 들어섰고 바다는 저수탱크처럼 잔잔해 배는 거의 파문을 일으키지 않고 움직였다.

낮의 하늘은 유리 돔처럼 흠잡을 데 없이 맑았지만, 매일 저녁에는 중동 지역 일몰의 녹색, 푸른색, 노란색이 공중에 모여 배가 지나가는 수면과 함께 만화경 같은 자태를 이루었다. 날치들이 해면으로부터 휙 뛰어오르는 작은 도약을 마치고 간간이 둔탁한 소리를 내며 뱃전에 떨어졌다. 증기선을 보호라도 하듯 따라다니는 돌고래들은 좌현과 우현으로 이동하며 바닷물 안팎으로 뛰어들었다.

선상에서의 생활은 모자람 없이 즐거웠다. 오전에는 뉴질랜드인 핀치가 원정대원들에게 그들이 가져온 가져온 산소 장비를 설명하면서 산소 밸브와 운반 프레임 조작, 유량 조절을 시범적으로 보여줬다. 맬러리는 총중량이 400킬로그램 정도인 이 철물들에 회의적인 태도를 갖고 있었다. 그에게 그것들은 마치 에베레스트산에 대한 기만이나 다름없었다.[149] 흡사 자기 자신의 대기를 운반해오는 오는 것 같았기 때문이다. 하지만 약간 과장된 표현일지라도 핀치가 설명하는 이 철제 물건의 강점은 설득력이 있었다. 무더위가 기승을 부리며 담요처럼 그들의 몸을 덮는 오후에는 갑판에서 테니스, 때로는 크리켓이 펼쳐졌고, 오후 7시 정각에는 저녁 식사 나팔이 울렸다. 날이 어두워진 후 맬러리는 선미에서 배가 수면 위에 남기는 인광성 물길을 보는 걸 좋아했다. 물론 그의 마음은 루스에게 돌아가기도 했지만 대부분 "앞으로의 위대한 과업"을 학수고대하는 경우가 많았다.

149　맬러리는 '영국의 공기'를 이용하는 것은 산을 향한 인간의 도전이라는 순수성을 훼손하는 일이라고 주장했다.

이번 2차 원정대는 인도 서부의 항구도시 봄베이에 정박했다. 그리고는 샴페인 상자, 메추라기 아스픽〔육수로 만든 젤리〕통조림, 수백 개의 생강 견과를 포함한 2톤의 짐과 함께 푹푹 찌는 데다 자주 연착되는 기차를 타고 서쪽에서 동쪽으로 인도를 가로질러 캘커타까지 이동했다. 기차는 이글거리는 황갈색 평원을 지나 어두운 무화과나무 숲을 통과했는데, 마치 산골짜기처럼 오래된 나무들이 양쪽에 무진장 솟아올라 있었다. 기차는 칙칙폭폭 소리를 내며 그들을 짐 싸느라 북새통이 되는 다르질링까지 태워다주었다. 원정대의 조합은 이미 상당히 좋았다. 지난 1차 원정 때보다 훨씬 더 유쾌한 구성인 듯싶었다. 새로운 원정 대장인 브루스 장군은 항상 무언가에 쾌활한 웃음을 터뜨렸다. 그는 거의 언제나 나비넥타이를 매고 트위드 재킷을 입고 피스 헬멧을 쓰고 야전 지팡이를 들고 다녔다. 트위드 옷 밑에는 갈리폴리[150]와 다른 곳에서 생긴 총탄 상처들이 있었고, 몸은 여전히 말라리아로 극심한 고통을 받고 있었다. 맬러리는 참기 어려울 정도로 밉상인 하워드-버리보다 브루스를 더 좋아했다. 그리고 스트럿은 물방울무늬 양말과 끊임없이 투덜거리는 습관에도 불구하고 참을만했다. 이 여행의 사진작가이자 영화 촬영기사인 존 노엘은 도움이 되는 능숙한 등반가였다. 그리고 맬러리의 등반 파트너이자 이번 원정대

---

150 다르다넬스해협과 에게해의 사로스 만 사이에 있는 반도로 제1차 세계대전 때 연합군과 터키군의 싸움터였다.

의 꾀주머니인 서머벨은 비범한 두뇌와 이상하게 불쑥 튀어나온 큰 귀를 갖고 있었다.

그들은 두 대오로 나뉘어 다르질링을 떠나 파리Phari에서 회합하고 그곳에서 짐바리를 운반할 300여 마리의 가축을 모을 계획이었다. 연초의 시킴 정글은 지난번 맬러리가 모험했을 때처럼 울창하거나 아름답지 않았다. 꽃도 저번보다 줄었고 "터질 듯한 성장감이 없었다". 그럼에도 이동 중 폐에서 느껴지는 고지의 공기가 기분을 좋게 했고 맬러리가 이제 습관적으로 "그 산"이라고 부르는 곳과 더 가까워져 갔다.

맬러리는 첫 번째 대오로 4월 6일 파리에 도착했다. 비록 땅에는 눈이 조금씩 쌓여 있고 어둠이 깔린 후에는 추위 탓에 침낭에 몸을 웅크리고 앉아 있어야 했지만 그는 루스에게 티베트로 다시 돌아와 뜻밖의 감격에 가슴이 부풀었으며 냉혹한 경관에 예상치 못한 애정을 품게 되었다고 썼다. 파리에서 캄파 종으로 가는 새로운 루트가 생겼다. 지세는 더 가파르지만 1921년의 경로보다 시간이 이틀이나 단축되었다. 이 루트는 그들을 돈카 라로 데려갔다. 그들이 이 고갯길에 가까워졌을 때 공기는 극도로 차가워졌고 눈이 내리기 시작했다. 4월 8일에는 밤새 폭설이 내렸다. 맬러리는 동물들이 극한을 견디지 못할까봐 어둠 속에서 텐트를 빠져나와 부드럽고 끈적한 눈 위를 지나 야크와 노새가 묶여 있는 곳까지 갔다. 동물들은 어수선하게 줄지어 서 있고, 눈은 융단처럼 그들의 등을 덮고 있었다. 불만족스럽단 듯이 발을 바꾸는 그들은 거칠게 숨을 쉬며 축축하고 하얀 날숨을 어두운 공기 속으로 내뱉었다. 노새 몰이꾼들은 큰 바위를 가림막 삼아 동그란 원을 형성한 채 웅크리고 앉아 있었다. 혹독한 추위에도 불구하고 그들은 충분히 행복해 보였고, 그들이 짐승에 대한 걱정을 크게 하지 않았기 때문에 맬러리도 텐트로 돌아와 야크의 워낭 소리가 평온하게 울리는 가운데 잠을 청했다.

이튿날은 너무 추워서 동물을 탈 수 없었고 심지어 장염을 앓고 있는 맬러리도 따뜻함을 유지하기 위해 동물들 곁에서 바투 걸었다.

고달팠던 이날은 35킬로미터나 거친 길을 걸으며 해발고도 4876미터 이상에서 간단하게 끼니를 해결하느라고 두 번 잠시 멈췄을 뿐이었다. 해가 지기 바로 직전에 그들은 암석 노두 아래쪽에 "괴상하게 작은 야영지"를 마련했다. 그곳으로부터 자갈 평원이 저 멀리 펼쳐져 있었고 동쪽 가장자리 위로 켈러스가 등반했던 세 개의 산봉우리가 보였다.

이튿날은 쉬는 날이었다. 맬러리는 밖에 앉아서 몇 시간 동안 발자크를 읽었다. 밖이 제법 따뜻해 책을 읽는 데 큰 문제가 없었다. 갖가지 어려움에도 그는 여전히 이러한 풍경에서 찾을 수 있는 미감, 곧 평원을 흐리게 뒤덮은 구름장의 그림자, 푸르른 원경, 가까운 산비탈을 감싼 빨강, 노랑, 갈색의 은은한 색조가 아름답다고 생각했다.

그러다 바람이 세게 분 탓에 그는 어쩔 수 없이 텐트로 돌아가 몸을 따뜻하게 데웠다. 잉크가 통 속에서 계속 얼어 있었지만 그는 루스에게 편지를 쓰려고 애썼다. "우리는 티베트의 극악무도한 맛을 봤다오." 그가 썼다. "즐거움을 주는 환경이 전혀 없다는 사실에 나는 기분이 시들고 말았지요." 그는 다섯 겹의 옷을 입고 있어서 "종이에 닿는 손끝을 제외하고는 넉넉히 따뜻했다". 그러나 이 편지로 루스와 연결되는 것 같았기에 손가락이 시려도 편지를 쓸 가치가 있었다. "나는 당신이 지구 반대편에 있다는 사실을 깨달았소. 그리고 매우 자주 당신의 모습을 떠올리려고 노력하고 가끔 내 옆에 당신이 있는 듯한 기분에 젖어 든다오."

며칠 동안 원정대는 같은 리듬으로 전진하고 야영하고 또 전진하고 야영했다. 텐트의 말뚝용 쇠못을 얼어붙은 땅에 박는 일은 어지간히도 까다로웠다. 아침 식사 때 가대架臺식 탁자를 둘러싼 그들은 거꾸로 뒤집은 차茶 궤짝에 앉아 오늬무늬 트위드 옷과 낚시꾼 점퍼를 입고 두 손을 겨드랑이에 꽂은 채 머리를 자신의 몸속에 움츠리고 등을 구부려 바람을 맞고 있었다. 캄파 종 부근의 황무지에서는 눈보라가 불어닥쳐 부지불식간에 원정대를 압도했고, 부지런한 집사처럼 눈밭에 가득 남은 족적을 깡그리 치우며 원정대의 존재와 그들이 전진하는 모든 표시를 소멸시켰다. 이 고원은 극지의 동토로 변했다. 차가운 눈이 그들의 수염에 착 달라붙었다. 그들 뒤에는 하얀 평원을 가로질러 야크와 노새의 검은 대오가 몇 마일에 걸쳐 늘어서 있었다.

추위가 사기를 떨어뜨리고 체력을 고갈시켰다. 한때는 궁극적 목표도 잊은 채 아침에 캠프를 출발해 밤에 캠프를 짓는 데만 집중했다. 그러나 마침내 '하얀 유리 요새'인 시가 종에 도착했다. "당연히 나의 소유욕을 자극하는 평원 너머의 에베레스트산을 우리는 뚜렷하게 봤다. 내가 기억하는 것보다 더 멋있고 또한 모든 일행의 얼굴에 기쁨이 가득 찼다." 어떤 측면에서 에베레스트는 '맬러리의 산'이었다. 그는 재도전하기 위해 돌아온 1921년 원정대의 유일한 대원이지 않은가.

시가 종을 떠난 그들은 남면을 향해 전진했다. 동롱북 빙하로 들어간 이후에는 거기서부터가 노스 콜로 가는 더 빠른 지름길이었다. 5월 첫날이 되자 그들은 빙하 말단의 빙퇴석 위에 베이스캠프를 세웠다. 멀리서 보면 엷은 색의 텐트는, 빙하가 우격다짐으로 협곡으로 밀어버린 작고 창백한 암석과 구별할 수 없었다.

원정 대장 브루스의 계획은 에베레스트산을 '포위 공격'[151]하는 것이었다. 그의 등반 대원들은 차츰 높은 데에 일련의 캠프를 세울 참이었다. 제3캠프는 맬러리가 지난번에 상당히 불편한 밤을

---

[151] 고산에서 우선 베이스캠프를 설정하고 차차로 일련의 전진 기지를 세워가며 등반하는 방식으로, 밑의 캠프는 위의 캠프에 물자를 공급하며 맨 꼭대기 캠프는 정상 등정을 시도한다. 히말라야 방식, 극지법極地法 등으로 부르기도 한다.

보냈던 노스 콜 바로 아래, 제4캠프는 노스 콜 바로 위일 것이었다. 이를 통해 정상 등정에 필요한 지원 망이 마련될 수 있기를 기대했다. 날씨는 전혀 따뜻해지지 않았지만 세 곳의 캠프가 골짜기에 성공적으로 구축되었고 5월 13일, 맬러리가 제3캠프에서 노스 콜까지 이어지는 루트를 개척하는 데 도움을 줬다. 긴 빙사면 구간에서 그는 가파르고 단단하고 푸르스름하게 반짝이는 얼음 속에다 스텝들을 깎아내야만 했다. 휘둘러 치고 깎고 부수어 깨고 잘라내 한 스텝, 휘둘러 치고 깎고 부수어 깨고 잘라내 한 스텝. 높은 고도에서의 이 스텝 커팅Step cutting은 온몸이 산산이 부서지는 느낌이 들 정도로 노동 강도가 셌다. 피켈을 한 번 내리칠 때마다 날카로운 얼음 조각이, 마치 포탄 파편처럼 위태롭게 날아갔다. 잠시 후 맬러리는 콜의 왼편으로 이동하면서 일을 훨씬 쉽게 진행할 수 있는 두껍고 안정적인 적설이 있다는 것을 알게 되었다. 그는 단 하루 만에 나중에 올라올 사람들을 위해 122미터의 자일을 확보 지점에 고정시켰다. 또한 노스 콜에도 다다랐다. 바람은 지난해만큼 맹렬하지 않았다. 그는 쪼개진 입방형의 푸른 얼음을 넘고 갈라진 북쪽 능선의 위험하게 부서진 경사면에 길을 낸 뒤 능선이 시작되는 곳 근처의 안전한 지면에 도달했다. 걸음을 옮길 때마다 남면의 전망이 점점 열렸고 그는 앉아서 "내가 여태껏 본 가장 놀라운 광경"을 경외심 가득한 눈으로 주시했다. 이렇게 제4캠프가 약 7000미터 고도의 노스 콜에 마련되었다.

5월 17일, 맬러리는 "올라갈 수 있는 가장 높은 곳으로 출발하기 전날 밤"에 루스에게 편지를 보냈고 이튿날 모스헤드, 노턴, 소머벨과 함께 베이스캠프에서 제4캠프를 향해 출발했다. 그들은 노스 콜을 떠나 농북면 능선으로 올라가 하룻밤 야영한 뒤, 이튿날 에베레스트산 정상을 공격할 기회가 있는지를 엿볼 참이었다.

제4캠프에서 몹시 추운 밤을 보낸 뒤 그들은 늦게 산등성이로 올라갔다. 아침 식사인 하인즈 스파게티 통조림을 침낭 밖에 놔둬 얼어버린 탓에 출발 시간이 지체됐기 때문이다. 스파게티는 화력이 약한 난로 위 물에 담가 천천히 녹여야만 했고 결정처럼 생긴 면발을 강제로 풀어 먹고 나서야 출발할 수 있었다. 금세 바람이 거세게 불고 공기도 매우 차가워졌다. 아무도 제대로 옷을 갖춰 입지 않았다. 추위 속에서 장갑과 가죽 각반의 울은 합판처럼 뻣뻣하게 변했고 펠트 모자에 있는 섬유는 한데 엉켜 열을 유지할 수가 없었다. 그들은 아주 가까스로 느릿느릿 능선으로 올라갔다. 그리고 기대했던 목적지보다 훨씬 더 떨어진, 7600미터 고도의 바람을 피할 수 있는 얼음과 바위의 좁은 가장자리에서 야영을 해야만 했다. 한쪽 귀와 두 발이 동상에 걸린 노턴은 도무지 잠을 청할 수 없었다. 동상에 걸린 모스헤드의 한쪽 손가락들도 이미 불길한 자홍색과 크림색으로 변했다. 두 사람은 밤새 잠을 이루지 못한 채 침낭 한 개를 함께 쓰며 텐트 위에 "가녀리고 미세한 입자 모양의 눈송이가 떨어지는 소리"를 귀 기울여 들었다. 그들은 텐트가 눈의 무게에 눌려 축 늘어지기 시작할 때 평평한 손으로 텐트의 양옆을 세게 쳐서 눈이 지면 위로 흘러내리도록 했다.

여명이 텐트의 범포 덮개를 비추자 그들은 더 이상 올라갈 수 없다고 선언한 모스헤드를 제외하고 텐트 밖으로 몸을 질질 끌고 나왔다. 에베레스트산의 꼭대기는 너무나 멀어서 정상 정복은 그들의 능력 밖이라는 사실이 명확했다. 그들은 귀환하기 전 상징적으로 600미터 위로 안간힘을 다해 전진했다. 결국 텐트를 캠프에 남겨둔 채 모스헤드를 데리고 노스 콜로 후퇴하기 시작했다. 필사적인 후퇴였다. 모스헤드는 거의 걸을 수 없었고 눈밭에 풀썩 주저앉아 죽기만을 바랐다. 노턴은 그를 달래며 한쪽 팔로 허리를 감싸고 부드럽게 귓속말을 속삭였다. 가파른 능선에서 모스헤드가 미끄러지면서 다른 두 등산 대원도 끌고 내려갔다. 다행히 맬러리가 빠르게 피켈을 눈 속으로 찍어 넣고 자일의 고리를 그 위에 던져 네 사람의 목숨을 구했다. 그들은 제4캠프에 비틀거리며 되돌아와서 먼 서쪽의 종말론적인 날씨를 바라봤다. 시커먼 구름 더미, 머나먼 계곡에서 마치 전쟁이라도 벌어지는 것처럼 하늘을 밝게 비추는 번갯불의 섬광이 보였다.

맬러리와 다른 세 사람은 베이스캠프로 하산했고 그곳에서 회복하는 데 한 달을 소요했다. 맬러리의 네 손가락은 추위로 인해 부상을 입었다. 그가 회복하는 동안 핀치와 젊은 제프리 브루스(찰스 브루스 원정대장의 사촌)는 산소 장비를 메고 에베레스트산 정상 공격을 감행했다. 그들은 맬러리의 팀보다 더 높은 곳에 도착했지만 역시 추위에 굴복했다. 브루스는 절뚝거리며 베이스캠프로 돌아왔다. 그의 두 발은 몇 주일이 지나야 동상으로부터 완쾌될 듯싶었다.

계절이 흐르자 몬순을 따라 눈이 내리기 시작했다. 다시 한번 여기서 멈출 것인가하는 토론이 벌어졌다. 이미 두 차례의 좋은 시도가 있었다. 하지만 두 번 모두 실패했다. 맬러리는 누구보다 훨씬 더, 다시 한번 "전면적인 정상 공격"을 시도하고 싶었다. 그는 손가락이 다 회복되지 않은 상태로 루스에게 편지를 썼다. "더욱이 나는 다시 정상 등정을 시도할 요량이기 때문에 더 심한 동상에 걸릴 위험을 감수할 거요. 하지만 그 승부는 손가락 하나를 바칠 만큼의 값어치가 있고 최대한 조심스럽게 나의 손가락과 발가락을 돌볼 거요. 뱀에게 한 번 물리고 나면 두 번째는 조심하기 마련이잖소!" 6월 3일, 맬러리와 다른 두 명의 등반 대원은 일군의 셰르파와 함께 "노스 콜 위의 거대한 얼음 성"을 향해 출발했다. 지난 이틀 동안 엄청나게 많은 눈이 내렸고 단단한 얼음 위에는 설각雪殼이 두껍게 쌓여 있었다. 이것은 전형적인 눈사태 지형이었다. 맬러리는 그 비탈길을 오르면서 눈을 시험했다. 거의 안전한 듯싶었다. 그는 모두를 이끌고 계속 전진했다.

오후 1시 50분, 콜의 가장자리로부터 멀지 않은 곳에서 우두둑 갈라지는 소리, 잘 다져지지 않은 탄약의 폭발음 같은 소리가 나면서 맬러리의 발아래 눈이 움찔거리기 시작했다. 그는 발을 헛디 디며 짧은 내리막길로 휩쓸리다 적설의 표면 위로 내던져졌다. 정신을 가다듬자 아래쪽에서 곡성이 들려왔다. 9명의 셰르파가 180미터 높이의 빙벽 위를 매우 빠르게 지나는 눈사태에 휩쓸려 결국 크레바스로 떨어졌다. 구조된 2명은 놀랍게도 다치지 않았다. 나머지 7명은 결국 발견되지 않았다. 그들은 크레바스에 떨어져 죽었거나 그 균열된 빙하의 틈바구니에서 수 톤의 눈에 깔린 채 생매장되었을 것이다.

제3캠프에는 비명횡사한 셰르파들을 위한 초라한 추모 돌무덤이 세워졌다. 브루스는 이 사고에 대해 낙관적인 태도를 유지하고 있었다. 그는 "누구의 잘못도 아니다"라고 힘주어 말했다. 망자의 유족들도 모두가 죽을 운명이었을 뿐이라고 여기며 누군가에게 책임을 지울 생각은 없는 듯했다. 하지만 맬러리는 위안이 되지 않았다. 그는 그들의 죽음을 자기 책임으로 여겼다. 그는 루스에게 썼다. "우리가 계획을 능란하게 잘 세웠기 때문에 나는 무모한 행동이 아니라고 생각했어요. 아마도 특정 종류의 위험에 대처할 때 사람들은 습관적으로 일부 위험을 조사하지 않고 또한 확인되지 않은 상태로 놔두는 것이 가장 좋은 측정이라고 생각하는 데 익숙해져 (…) 그랬을지 모르겠소. 하지만 우리 세 사람 모두가 무언가에 현혹되었고 당시에 우리는 위험을 전혀 눈치채지 못했다오." 맬러리도 그가 죽음과 얼마나 가까이 있었는지를 알고 있었다.

"나에게는 정말이지 사지로부터의 불가사의한 탈출이었소. 당신과 나는 함께 그것을 정말로 감사해야 할 듯하오. 사랑하는 당신, 당신의 슬픔이 어떠했을지를 생각해보면 겸손하게 신께 감사드려야만 해요. 난 살아 있잖아요……."

원정대는 풀이 죽고 기가 꺾인 채로 티베트를 통과해 다르질링으로 돌아갔다. 몸은 부상을 입었고 마음은 피폐해져 더 이상 "처음의 유쾌한 대오가 아니었다." 모스헤드와 맬러리는 손가락 때문에 고통을 받았고 브루스는 발가락이 아직 아물지 않은 상태였다. 노턴의 발바닥은 동상에 걸려 흑회색으로 변했다. 하지만 맬러리는 이 살기등등한 산에서 멀어질수록 오히려 더욱 깊은 사랑에 빠졌다. 다르질링에 이르러 죽은 셰르파에 대한 화제는 이미 그의 편지 속에서 사라졌다. 그의 뇌리에는 오직 아내만 가득 찼다. 그는 루스 그리고 다음 에베레스트산 여행의 가능성만 생각했다.

✻

1924년 2월 29일의 세 번째 원정은 리버풀 부두에서 출발했다. 불길한 출발이었다. 루스가 맬러리를 배웅하러 온 것은 이번이 마지막이 될 게 분명했다. 짙은 색 트릴비를 쓰고 천연색 모피 코트를 입고 있던 맬러리는 갑판 난간의 빛나는 손잡이에 몸을 기댄 채서 있었다. 그녀는 증기선 캘리포니아호가 출항할 때 손을 흔들며 부두지대에 서 있었고 그 역시 돌아서서 손을 흔들었다. 두 사람은 서로 몇 분간 손을 계속 흔들며 배웅 인사를 했지만 배는 움직이지 않았다. 확성기 시스템을 통해 안내 방송이 흘러나왔다. 항구의 둑 너머 서쪽으로부터 폭풍우가 집결해 있었고 바람 탓에 배가 정박장에 고정되어 있었다. 지저분하고 작은 예인선 두 척이 뱃머리를 조심스럽게 돌며 캘리포니아호를 바다로 끌고 갈 준비를 했다. 부두를 떠나지 못하고 있던 루스는 정지된 기선과 맬러리를 향해 손을 흔들다 어느덧 짜증이 났다. 얼마 후 그녀는 그냥 돌아가버렸다.

왜 그는 또 떠나려 할까? 일이 이 지경에 이르자 이제 모든 게 어쩔 수 없다는 무력감에 빠진 루스는 어떤 힘이 그녀의 통제권 밖에, 또한 맬러리의 통제권 밖에 있다는 것을 깨달았다. 이보다 더 나쁜 건 맬러리가 이 원정을 불길하게 예감하고 있다는 것이었다. 그가 인도로 떠나기 전 마지막으로 매듭지은 일 중 하나는 영국의 가장 영웅적인 실패자였던 극지 탐험가 로버트 스콧[152]의 미망인인 캐슬린 스콧을 방문한 것이었다. 그녀의 집안 곳곳은 액자 속 사진, 편지 등 스콧의 기념품이 차지하고 있었다. 이 세상을 떠난 남편, 아버지가 부재한 아이…… 이 모든 것이 언제 닥칠지 모를 미래를 암시했다. 맬러리는 제프리 윈스럽 영과 함께 그녀를 방

152　1912년 1월 18일 남극점에 도착했으나 노르웨이의 아문센이 1911년 12월 14일에 먼저 도달했기 때문에 첫발을 내딛지 못했다. 귀환 도중 악천후로 조난을 당해 식량 부족과 동상으로 최후를 마쳤다. 1868~1912년.

문했다. 돌아오는 택시 안에서 맬러리는 영에게, 올해의 에베레스트 등반은 모험이라기보다 전쟁에 더 가까울 걸로 믿고 있으며 이번에는 살아서 돌아올 거라고는 생각하지 않는다고 말했다.

기나긴 항해가 다시 시작됐다. 이번 증기선에는 이집트로 향하는 스코틀랜드 관광단, 군인들과 그 아내들로 몹시 붐볐다. 처음 이틀은 서풍에 시달렸고 프랑스 서해안 비스케이만의 쇳빛 회색 바다에서는 악천후를 겪었다. 맬러리는 선내 체육관에서 운동하면서 샌디 어빈의 근사한 몸을 부러워했다. 앤드루 샌디 어빈은 옥스퍼드대학 2학년으로, 노르웨이령의 북극권 탐험 동안 견인불발의 회복력으로 에베레스트 원정대 선발자들에게 깊은 인상을 남겼었다. 그는 대학 조정 선수였으나 이번 원정에 참여하기 위해 올해 경기는 결장했다. 맬러리는 어빈을 무척 좋아했다. 그는 어빈이 "아마 대화를 제외하고 모든 면에서 의지할 만한 사람"이라고 생각했다. 맬러리는 이제 습관적으로 루스에게 편지를 쓰면서 처음에는 선상에서의 생활 리듬과 동료들에 대한 이야기를 들려주었다. 에베레스트산 등정 이후의 단란한 인생을 전망하며 그녀를 안심시키기도 했다. 일단 이 산을 정복하고 나면 그들의 모든 상황이 좋아질 거라는 확신을 심어주고자 한 것이다. 지금까지 3년 동안 쭉 그래왔듯이 모든 사정이 흡사 에베레스트 전과 후로 쪼개지는 것 같았다.

당신이 어떤 기분인지, 행여 집에 외톨이처럼 불쌍하게 남겨진 느낌은 아닌지 모르겠소. (…) 사랑하는 여보, 나는 당신이 늘 그리울 거라오. 최근에 우리는 아주 친밀하게 지냈고 나는 지금 당신과 아주 가깝다고 느끼고 있소. 내가 알고 있는 당신은 외적으로 쾌활한 사람이고, 내가 떠나 있는 동안에도 당신이 내적으로 행복하기를 바라오. 영원히 사랑하는 당신에게.

이번 항해는 대체로 평범했다. 맬러리는 이미 영국에서 유명 인사였다. 스코틀랜드 관광객은 그에게 사진 촬영과 사인, 에베레스트에 대한 기지 넘치는 이야기를 해달라고 귀찮을 정도로 졸랐다. 그는 뱃머리로 도망가 앙드레 모루아의 셸리 전기를 읽거나 선실에 머물렀다. 하지만 온몸에 전율을 느낀 순간이 딱 한 번 있었다. 어느 날 동트기 전 지브롤터 해협에 접근했을 때 맬러리는 갑판으로 나아가 3년 전처럼 배가 두 대륙 사이의 좁은 입구를 지나가는 풍경을 지켜봤다.

우리는 동쪽으로 항해 중이었고 바로 앞에는 주황색 미광이 하늘에 넓게 퍼져가고 있었다. 길고 가느다란 양쪽(유럽과 아프리카) 대지의 선이 중심을 향하여 수렴되어가고 하나의 틈 즉, 두 땅덩어리 사이에 꽤 작은 틈새를 남겼다. 지브롤터 해협의 양측이 32킬로미터 혹은 그 이상이나 떨어져 있었기 때문이다. 우리는 스카이라인에서

빛이 가장 밝은 이 작은 구멍을 향해 곧장 나아가고 있었고, 더욱이 나는 이 낭만적인 세계에서 가장 억누를 수 없는 감정을 느꼈다. 우리는 단지 이상한 나라의 앨리스처럼 화원의 문을 통과해 구멍 속으로 쑥 들이가 낙하하다가 새로운 광경이나 완전한 모험의 왕국에 이르러야만 했다.

장애물을 가로지르고 구멍 속으로 뛰어들고 미스터리를 풀어낸다! 이러한 생각은 한마디로 맬러리에게 가장 심오한 매력을 발휘하는 미지 탐험이었다. 물론 그에게는 에베레스트산이야말로 가장 위대한 '미지'이자 가장 의미심장한 '미스터리'였다.

포트사이드항에서 다른 승객들이 배에서 내린 것이 맬러리에게는 구원이었다. 이제 그들은 수에즈 운하와 홍해를 거쳐 이상하게 평온한 인도양의 수면 위로 진입했다. 맬러리의 마음은 다시 루스에게로 향했다. 그는 그들이 비단옷 가운을 입고 신선한 새벽 공기를 마시러 갑판으로 올라가는 모습을 상상했다. "사랑하는 나의 여인이여 우리는 '옳은 일'을 하려고 분투하기 위해 대단히 많은 것을 포기하고 게다가 잃어버리기까지 했지만 우리는 우리가 그리 많이 잃지는 않았다는 것을 알아야만 한다오." 루스는 이른바 '옳은 일'이란 바로 맬러리가 처자식과 함께 집에 머물면서 덜 매력적이지만 훨씬 더 안전하게, 대학 강사나 교사로 살아가는 것이라고 대답했을지도 모른다. 하지만 여기에는 맬러리의 내면 깊숙이 가라앉아 있어 그 자신도 깨닫지 못한 큰 '권리'가 작동하고 있는데 그것은 바로 맬러리가 한 개인으로서 에베레스트산 정상에 설 수 있는 권리, 유일무이한 그 산의 초등자가 될 권리를 갖고 있다는 것이었다.

인도를 가로지르는 기차 여행은 이전보다 더 뜨거웠고 그래서 미지근한 공기로 뒤덮인 다르질링으로 진입하자 모두가 한시름을 놓았다. 3차 원정대도 다시 이끌게 된 브루스는 네팔과의 국경 근처에서 성공적으로 호랑이 사냥을 마치고 그들과 갓 합류했다. 올해에는 마운트 에베레스트 호텔에서 숙박하게 되었다. 맬러리는 루스에게 발코니에서는 "어두운 언덕을 배경으로 깜짝 놀랄 정도로 밝은" 흰색과 분홍색 목련꽃을 볼 수 있었다고, 이 호텔의 이름이 새겨진 화려한 편지지 위에 쓴 장문의 편지에서 말했다. 그는 예년보다 훨씬 더 열정적이고 그리워하는 풍으로 그녀에게 편지를 쓰면서, 마치 문체가 그의 육체적 부재, 즉 그가 재차 집을 떠나 있다는 명약관화한 사실을 어떻게든 상쇄할 수 있을 것처럼 사랑을 강조하는 낱말들을 되풀이했다.

가장 사랑하는 여인이여, 나는 시시각각 사랑하는 당신과 함께 있기를 바라고 무엇이든 함께 즐기기를 바라고 또 온갖 사물과 사람 이야기를 소곤소곤 나누고 싶다오. 그리고 난 나의 품에 사랑스러운 당신을 안고 싶고 탐스러운 다갈색 머리카락에 키스하고 싶소. (…)

사랑하는 당신을 내 곁으로 더 가까이 데려올 수 있는 어떤 방법이라도 있으면 좋겠소. 나는 거리의 원근이 한 사람의 상상력과 매우 깊은 관련이 있다고 생각한다오. 상상력이 끓어오를 때, 때때로 밤에 상상력이 온몸에 차올라 넘칠 때처럼, 별들 아래에서 나는 거의 당신의 귓가에 무언가를 속삭일 수 있을 듯했고 심지어 지금도 나는 사랑하는 당신 가까이 있다고 느낀다오. (…) 더욱이 나는 머지않아 곧 당신과 입맞춤을 할 거라오.

3월 29일 원정대 일행은 시킴을 가로지르는 여행을 시작했다. 이번에는 날씨도 매우 좋아서 맬러리는 "가뿐하고 따사롭고 께느른하고 로터스 이터153의 즐거움"이 가득한 기분을 느꼈다. 그는 바위 연못에서 벌거벗은 채로 목욕을 하고 숲 사이의 빈터에서 "아주 영험한 정글 고양이"를 놀라게 했다. "저런 짐승이 어떻게 온 숲에 생기를 불어넣는지 정말로 예사롭지 않았다." 이번 원정대 대원들은 서로 사이가 매우 좋았는데, 아마도 1922년의 에베레스터들보다 더 조화로웠을 것이다.

이번 원정에서 그들은 5주 동안의 장거리 여행을 끝내고 드디어 동롱북 빙하에 자리한 베이스캠프에 도착했다. 날씨는 살을 에듯 춥고 바람은 쉴 새 없이 불었지만 지난 원정 때만큼 기온이 낮

153　호메로스의 『오디세이아』에서 연원하는 관용어로 '연꽃 먹는 자'란 뜻인데, 무사태평하게 무위도식하는 사람을 가리킨다.

지는 않았다. 확실히 올해의 주요 위험은 눈보다 태양이었다. 캄파 종 부근 사막에서는 모든 사람의 얼굴이 밤 색깔로 달아올랐다. 맬러리는 입술과 뺨이 갈라져 덧난 상처 위에 가져온 유고油膏를 문질러 발랐다. 그는 양치기처럼 몸을 구부린 채 걸었고 턱에 염소 수염도 자라났다. 어빈은 오토바이 헬멧과 고글을 썼지만 바람과 햇빛을 제대로 막지는 못했다. 햇볕에 탔음에도 맬러리는 이전의 어느 해보다 더 건강하다고 느꼈고 배짱도 어느 때보다 두둑했다. 그의 마음속에는 어쨌든 이번만큼은 '임무 완수'를 해야만 한다는 의식이 끊임없이 커져만 갔다. 그는 루스에게 "내가 정상에 오르지 못하는 실패는 상상할 수도 없는 노릇이고 나의 자의식은 정상 공략에 패퇴해서 하산하는 모습을 지켜볼 수도 없어요"라고 말했다. 친구 톰 롱스태프에게는 훨씬 더 단호하게 말했다. "우리는 이번에 에베레스트산 정상을 당당하게 공격할 것이고 혹여 역풍을 만날지라도 이를 악물고 이 산의 최고점에 올라가 나의 발자국 도장을 찍고야 말 거라네." 그가 만사에 좋은 예감을 느낀 데에는 다른 이유도 있었다. 올해는 아스픽이 아니라 메추라기 푸아그라였고 샴페인도 1915년산 몽트벨로였던 것이다.

불길한 순간도 있었다. 캄파 종 부근까지 전진했을 때 대원들은 짐을 실어나르는 동물보다 훨씬 앞서 목적지에 도달했다. 개인용 텐트를 칠 수 없었기 때문에 그들은 녹색의 식당 천막을 세우고 그 안쪽 그늘에 누워서 짐이 도착하기를 기다렸다. 녹색 천막 덮개를 통해 굴절된 하얀 햇빛이 마치 백열광을 발하는 수족관 같은 인상적인 광경을 연출했다. 맬러리를 제외하고 하나둘씩 잠이 들었다. "누워서 얕은 잠을 자고 있을 때 녹색의 빛에 얼굴이 핼쑥해진" 내원들은 완전히 "시체 더미"처럼 보였다.

원정대에 대한 첫 번째 타격은 4월 11일 캄파 종에 도착했을 때 일어났다. 브루스 장군은 기나긴 원정 행군으로 몸이 쇠약해진 탓에 심장을 우려해 탐험을 계속하지 않기로 결심했다. 에드워드 노턴이 원정 대장직을 승계하면서 맬러리는 원정 부대장 겸 등반 팀장으로 선발되었다. 책임자라는 직책이 맬러리를 흥분시켰고 그는 재빨리 그가 생각하기에 절대적으로 안전한 성공 계획을 짰다. 그들은 노스 콜의 제4캠프에서 두 팀으로 나누어 정상 공격에 나설 것이었다. 두 팀 중 첫 번째 팀은 산소통 없이 등반하고 두 번째 팀은 산소 장비를 사용할 참이었다. 맬러리는 산소 장비를 갖출 팀에 참가할 예정이었기에 이것이 자신을 정상에 올려놓을 거라고 자신했다.

그들이 에베레스트산에 점점 더 가까워지자 맬러리는 흥분하기 시작했다. 그는 "이 위대한 사건이 어서 빨리 시작되기를 열망했다". 그들이 4월 29일 롱북 빙하의 빙퇴석 위에 캠프를 꾸리자마자 거의 동시에 일이 꼬이기 시작했다. 동장군을 동반한 폭풍설이 베이스캠프를 거침없이 공격한 것이다. 공중에서는 거센 눈발

에베레스트산으로 가는 길에는 고지대의 자갈 사막을 건너야 한다. 뒤쪽으로 초모
라리(히말라야산맥 동부, 부탄의 서북쪽 끝에 있는 봉우리)산이 보인다.
사진가 벤틀리 비섬 촬영. © Royal Geographical Society.

이 광포한 맹위를 떨쳤다. 기온이 온도계로 표시할 수 없을 정도
로 갑자기 낮아졌다. 올해의 원정 계획은 2년 전의 수고 보다 훨
씬 더 복잡하고 방대했다. 더 많은 캠프, 더 많은 짐꾼, 더 많은 장
비가 준비되었다. 날씨가 좋으면 문제가 없지만 밤이면 영하 50도
로 내려가는 무자비한 혹한이 가장 단순한 등반 구간인 동롱북
빙하를 올라가는 일도 대모험으로 만들었다. 빙하 표면의 푸른 얼
음은 유리의 재질과 다이아몬드의 경도를 가지고 있다. 징을 박은

등산화를 신었는데도 걷는 게 어려웠고, 엉성한 신발을 신은 짐꾼들에게는 보행이 더욱 불가능에 가까웠다. 하지만 여전히 원정은 계속되었고 모든 사람은 날이 갈수록 건강이 나빠지고 있었다. 노스 콜 이래쪽에 자리한 제3캠프에 도착한 맬러리는, 1922년 7명의 죽은 셰르파들을 기리기 위해 조촐한 돌무덤에 쌓아놓은 녹슨 산소통을 발견했다. 믿을 수 없을 정도로 모든 장소에는 변화가 거의 없었다. 추위와 고도가 방부 작업을 해 시간의 궤도를 멈추게 한 것이다. 여기서는 늙어가는 게 없다. 눈은 그저 스스로 모양을 형성하고 재형성해 돌무덤에 기대다 정처 없이 날려가고 녹아 없어진다. 아무것도 시간의 흐름과 소실을 말해주지 않는다.

제3캠프의 날씨는 끈질기게 적대적이었고, 그들은 하루 내내 작고 좁은 텐트에 갇혀 지냈다. 곳곳에서 눈은 바람에 소용돌이치듯 휘날리고 모든 표면에 고운 가루로 내려앉았다. 맬러리, 어빈, 소머벨, 오델 등 산 어깨의 위태로운 작은 피난처에 숨은 네 명은 강한 눈보라에 포위된 채 사막과 정글에 의해 가장 가까운 바다로부터 분리되어 있었고, 네 개 이상의 대양에 의해 영국과 떨어져 있었다. 그들은 위로와 위안이 필요할 때 로버트 브리지스의 시선집인 『인간의 정신The Spirit of Man』을 서로에게 읽어주었다. 또 콜리지의 시 「쿠빌라이 칸Kubla Khan」의 "햇빛 찬란한 환락의 돔"과 "얼음 동굴"에서, 토머스 그레이[154] 유명한 비가에서, 셸리의 「몽블랑Mont Blanc」에서, 에밀리 브론테의 애처로운 서정시들("나의 천성이 데려가는 곳까지 걸어갈 거야/ 산허리 위로 거친 바람이 부는 곳으로")에서 위안을 찾았다. 산비탈에는 눈이 계속 푹푹 내리고 텐트 바깥에서 뭉치고 쌓이면서 자신들이 내는 소리를 잦아들게 했다. 맬러리는 간헐적으로 잠에서 깨다가 2인치의 적설 속에 누워 있는 자신을 발견했다. 텐트 문을 뒤로 젖히면서 그는 빙정이 공중에서 빙글빙글 돌며 뒤틀리는 큰 회오리바람을 볼 수 있었다. 빙정 너머는 단지 망망한 설백과 거친 바람이 큰 소리를 내지르는 순백의 세계였다.

다른 선택지가 없었다. 철수할 수밖에 없었다. 이런 조건 아래에서 하루하루를 높은 산에서 허비하는 것은 몸에 대가를 남길 게 분명했다. 대원들과 짐꾼들은 곧바로 베이스캠프로 퇴각했다. 50명의 짐꾼이 도망치듯 눈보라를 뚫고 낮은 평지의 농장으로 돌아갔다. 베이스캠프에 병원을 세우고 추위로 인해 입은 부상을 치료했다. 동상, 설맹, 저체온증은 어디서나 볼 수 있었다. 한 티베트인 짐꾼은 고도로 인한 뇌 혈전으로 생을 마감했다. 또 다른 사람은 다리가 너무 아파서 부츠를 잘라야만 했는데, 동상 때문에 두 발이 발목까지 시커멓게 멍들어 마치 잉크 통 속에 있는 것 같았다. 그도 곧 사망했다.

맬러리는 기적적으로 건강을 되찾았으나 등정이 지체되니 조바

154　영국 낭만파 시인, 1716~1771년.

심이 났다. 그는 산 정상으로 올라가 이 '임무'을 완수하고 싶었다. "퇴각은 단지 일시적인 좌절일 뿐이다." 그는 편지에서 선언했다. "등정은 단지 중단되었을 뿐이다. 문제는 반드시 빠르게 해결되어야만 한다. 다음에 롱북 빙하를 걸어 올라갈 때가 마지막 기회가 될 것이다."

베이스캠프에서 창백한 큰 바위 주위와 보급품 상자 사이로 깃털에 윤기를 머금은 채 성큼성큼 걸어 다니는 까마귀들은 모든 것이 엉망진창인 상황을 틈타 자신들의 운을 시험하기 위해 온 기회주의자들이었다. 까마귀들은 호기심이 가득 찬 고개를 갸우뚱거리거나 멀리뛰기 선수처럼 두 발을 모으고 깡충깡충 뛰거나 검은 망토를 두르고 앉아 있었다. 뚱뚱한 비둘기들도, 뜻밖의 산양들도 조사차 찾아오곤 했다. 에베레스트산이 보일 때 그 산 자체는 맬러리의 표현대로 "강하게 흡연"하고 있다. 깃털을 닮은 빙연氷煙이 산정상으로부터 끊임없이 솟아나 바람에 펄럭이며 풍속의 세기를 증명하고 있는 것이다.

그들은 베이스캠프에서 일주일을 들여 기력을 되찾고 힘을 비축했다. 그리고 마침내 날씨가 호전되었고 맬러리, 소머벨, 노턴은 노스 콜로 다시 올라갔다. 하지만 눈보라가 그들을 다시 휘감았고 기온은 영하 24도까지 내려갔다. 어쩔 수 없이 다시 한번 아래쪽 제2캠프로 쫓겨났다. 더 많은 짐꾼이 추위로 인해 부상을 입었고, 등반 대원들은 육체뿐만 아니라 심리적으로도 고통을 받기 시작했다. 심지어 맬러리조차 더 이상 낙관적이지 않았다. 그는 5월 27일 루스에게 썼다. "사랑하는 나의 여인이여, 이번에는 완전히 상황이 나쁜 시기라오. 텐트 문을 열면 오로지 눈의 세계와 희망이 사라져가는 경관만 우울하게 내다보일 뿐이고 모두가 엄청난 노고를 기울였던 터라 이제는 피로에 지칠 대로 지친 상태라오. 그러나, 그러나, 그러나 다른 한편으로는 많은 좋은 일이 여전히 결정을 기다리고 있다오."

그후 한사코 절망을 거부한 맬러리의 끈기에 보답하기라도 하듯 날씨가 호전되는 듯했다. 풍속이 줄고 해가 얼굴을 비췄다. 바로 그토록 바랐던 '호기'였다. 맬러리는 루스에게 보내는 마지막으로부터 두 번째 편지에서, 그들이 정상 공격을 시도할 태세라고 말했다. "이제 촛불이 다 타려고 하니 그만 멈춰야겠소. 사랑하는 당신에게 내가 할 수 있는 최고의 축복―당신이 이 편지를 받기 전에 당신의 걱정이 끝나는―을, 가장 좋고 또한 가장 빠른 소식을 보낼 것이오."

그들은 노스 콜에 이르렀다. 능선보다 더 높은 곳에 캠프를 세웠다. 사전에 계획한 대로 정식적인 첫 번째 정상 공략을 시도하기 위해 소머벨과 노턴이 산소통 없이 등반조를 이루었다. 그들은 바람을 등졌지만 지세가 더 험난한 산등성이의 가장자리를 벗어나는 좋은 진전을 이루었다. 노턴은 훗날 마치 거대한 겹겹의 기와지붕을 기어오르는 것 같았다고 썼다. 잡을 수 있는 거라곤 전혀 없었고 온 절벽이 그 누구든 아래로 떨어뜨릴 궁리를 하고 있을 따름이었다. 소머벨은 멈출 수밖에 없었지만 노턴은 8534미터까지 오른 후에야 되돌아가지 않으면 목숨을 잃을 수도 있을 거라고 생각했다. 그는 위태롭게 발디딤 판이 될 만한 암석 슬랩들을 딛고 내려와 소머벨을 만났다. 그들은 함께 콜을 향해 되돌아 내려갔는데, 노턴이 소머벨보다 대략 18미터쯤 앞서 있었다. 갑자기 소머벨이 심한 기침을 시작했다. 그는 몸 안에 무언가 이물질이 있는 것처럼, 극도로 고통스럽게 그 무언가가 자신의 몸에서 자신을 분리시키고 목구멍을 틀어막는 듯한 공포에 휩싸였다. 숨이 턱 막혀 곧 질식할 것만 같았다. 숨을 쉴 수도 없었고 노턴에게 소리칠 수도 없었다. 노턴은 몸을 돌렸지만 소머벨이 뒤처지면서 따라오는 이유는 이 산을 스케치하기 위해서라고 생각했다. 아니었다. 소머벨은 생사의 갈림길에서 버둥거리고 있었다. 그는 눈 위에 앉아서 노턴이 그로부터 멀어져 가는 뒷모습을 지켜봤다. 그리고 그는 마지막 힘을 다해 주먹을 불끈 쥐고, 마치 망치로 패듯이 가슴과 목을 치고, 동시에 있는 힘껏 기침을 토했다. 어떤 이물질이 저절로 원래의 장소를 떠나 그의 입으로 뛰어들었다. 그는 그것을 눈 위에 내뱉었다. 동상에 걸려 크게 상한 그의 후두 덩어리였다.

소머벨과 노턴은 베이스캠프로 하산했고 어빈과 맬러리는 노스 콜을 떠날 채비를 했다. 6월 6일 아침, 그들은 처진 A자형 텐트 안에서 정어리 튀김과 비스킷, 초콜릿을 곁들인 마지막 아침

식사를 한 뒤 밖으로 나가 척박하고, 밟힌 흔적이 있는 콜의 눈밭에 올라 정상 공략을 위한 최후의 준비를 했다. 각자 두 개의 커다란 은빛 산소통을 등의 운반 틀에 가죽끈으로 묶었다. 그들은 마치 초기 컴퓨터 게임인 '제트팩 윌리스'처럼 지렛대를 크랭크 모양으로 구부려 그 추진력으로 산 정상까지 수직으로 솟구쳐 오를 수 있을 듯 보였다. 두 사람은 두툼한 가죽 각반을 차고 손모아장갑을 끼고 설맹을 막아주는 은색 테두리의 에이스 조종사 고글을 착용했다.

제5캠프에 이어 제6캠프에 무사히 도착한 어빈과 맬러리는 6월 8일 아침 일찍 정상 공략을 위해 출발했다. 그들이 등반을 시작했을 때에는 대기가 맑았으나 몇 시간이 지나자 얇고 기묘하게 빛나는 운무가 산 위에 모이기 시작했다. 노엘 오델은 7925미터 높이에 서 있다가 이 산을 전망하기 좋은 한 위치에서 '두 개의 검은 점(맬러리와 어빈)'이 산의 정상 능선을 따라 이동하는 광경을 봤다. 그리고 안개가 그들의 주위를 짙게 감쌌다.

3차 원정에서 다행히 생존한 등반 대원들은 산을 떠나기 전에 피라미드 모양의 케언을 쌓았다. 케언 위에는 영국이 시도한 세 차례의 원정 도중 이 산에서 목숨을 잃은 열두 명의 이름을 새긴 석판을 끼워 넣었다. 아직 아홉 구의 시신은 수습되지 않았지만 세계에서 '가장 큰 추모기념비'인 에베레스트산이 그들의 안식처를 표시해주고 있다는 것을 그 누군들 잊을 리 없었다.

이번 원정은 정말로 냉혹한 시간이었다. 제1차 세계대전이 끝나고 여섯 해가 흐른 지금 여전히 식탁에는 팔꿈치를 움직일 수 있을 만한 여분의 공간이 넉넉하고 그 주위에는 빈 의자들이 휑하니 놓여 있어, 마치 곁에 귀신이라도 있는 듯했다—전쟁 세대는 벌써 이런 모든 상황에 습관이 되어 있었다. 하지만 일상적인 습관이 병적인 우울함을 덜어주지는 못했다. 모두가 한밤중에 창백한 저 너머로부터 가까스로 살아온 손이 텐트 자락을 여미는, 뜻밖의 귀환을 내심 기대하고 있었다.

6월 19일 저녁, 케임브리지에 소재한 맬러리의 집으로 무정하게도 간결한 문체로 쓰인 한 통의 전보가 도착했다. 전보는 이렇게 시작했다. "나쁜 소식을 접하게 되어 에베레스트위원회는 심히 유감스럽습니다." 루스는 아이들을 모아 그녀의 침실로 데려가 애통한 비보를 알려주었고, 이어서 모두 함께 울기 시작했다. 그로부터 몇 주 동안 그녀에게 보낸 맬러리의 편지들이 차례로 도착했다. 망자가 된 가장이 보낸 안서雁書였다.

✳

맬러리의 사망과 거의 동시에 '인간 맬러리'를 '맬러리 신화'로 바꾸는 과정이 시작되었다. 왕립지리학회의 학회장인 노먼 콜리는 베이스캠프에 한 통의 전보를 타전했다. 그의 메시지는 이러했

「마지막에 떠난 사람」. 전경 능선의 가운데에 있는 추모의 원뿔 돌무덤에 주목하라.
그 뒤에서 에베레스트는 "강하게 흡연"하고 있다.
사진가 벤틀리 비섬 촬영. © Royal Geographical Society.

다. "영웅적 성취를 이룬 영예로운 죽음에 온 영국인이 깊이 감동
했다." 이 견해에 찬동한 『타임스』는 맬러리와 어빈의 부고를 게재
했고, 두 사람의 죽음이 갖는 고매함을 강조하면서 "그들 스스로
는 도저히 더 나은 결말을 선택할 수 없었을 것"이라는 확신을 공
개적으로 인정했다. 에베레스트위원회의 위원장인 아서 힝크스는
"두 사람의 가족은 그들이 인류가 이전에 가본 그 어떤 곳보다 더
높은 곳에서 죽었다는 사실을 알고 있고, 또한 어쩌면 그들의 친

척도 그들이 에베레스트산 정상에 누워 있다고 생각할 수 있기에" 부고에 따른 비통함이 완화되었다고 말했다. 1922년 맬러리와 함께 산상에 있던 등산가 톰 롱스태프도 같은 생각이었다. "이제 그들은 영원히 늙지 않을 테고 나는 그들이 우리 중 누구와도 자리를 바꾸지 않을 거라고 더없이 확신한다."

그러나 가장 놀라운 반응은 영허즈번드에게서 나왔다. 그는 맬러리에 대해 이렇게 썼다.

그는 눈앞에 닥친 위험을 잘 알고 있었고 그것들을 맞이할 준비가 되어 있었다. 하지만 그는 대담할 뿐만 아니라 지혜와 상상력을 가진 인물이었다. 그는 모든 성공이 무엇을 의미하는지를 이해할 수 있었다. 에베레스트는 '지구 자연력의 화신'이었다. 그는 반드시 인류의 정신을 대표해서 에베레스트에 맞서야만 했다. (…) 아무래도 그가 정확하게 공식적으로 말한 적은 없지만, 그의 마음속에는 "모 아니면 도"라는 생각이 분명히 존재했을 것이다. 세 번째 원정의 도중에 돌아가거나 죽는 양자택일에서, 후자를 선택하는 게 맬러리에게 가장 쉬웠을 것이다. 에베레스트 정상에 오른 '첫 번째'가 되고 싶다는 극도의 번뇌는 그가 남자로서, 산악인으로서, 예술가로서 견딜 수 있는 생의 무게보다 훨씬 더 깊었을 테고……

맬러리가 예술적 형식주의에 입각한 행위로서 죽음을 선택했을 수도 있다는 생각은 그야말로 예상 밖의 의견이다. 영허즈번드는 에베레스트산 정상 정복에 좌절했음에도 살아서 귀환한다는 것은 맬러리에게 견딜 수 없는 '수치'였을 거라고 암시했다. 정상 등정의 성공이나 에베레스트산상에서의 죽음이 훨씬 더 예술적이고, 심미적으로도 훨씬 더 만족스러웠을 거라는 말이다. 게다가 확실히 '맬러리 이야기'는 형식적으로나 줄거리 상으로나 '순수성'을 갖고 있었고 이 순수성이 그가 인류의 상상 속에서 계속 생존할 수 있도록 했다. 그의 행적은 이야기 구조 자체가 신화나 전설에 속한다. 준수하고 더할 나위 없이 잘생긴 맬러리—용감한 원탁의 기사 갤러해드 경—가 세 번이나 사랑하는 여인을 뒤로하고 미지의 세계를 향해 목숨을 건 모험을 감행했다. 두 차례의 원정에 패퇴하고, 세 번째에도 정상 정복이 불가능하다는 더 나은 판단을 했음에도 제 몸을 돌려 지구상에서 가장 높은 산꼭대기를 향하다가 미지의 구름 속으로 사라졌다니……!

그래서 영허즈번드의 말이 귀에 거슬릴망정 옳았을지도 모른다. 어쩌면 맬러리는 인류의 '전형'이 되겠다는 내적인 압력을 분명히 느꼈고, 이것이 '6월 그날의 결정'에 영향을 주었는지 모른다. 모든 사람은 이런 압력에 민감하다. 대부분의 경우 우리가 감지할 수 없이 미세한 방식으로 우리는 모두 신화와 전형이 우리에게 제공하는 삶의 본보기 같은 틀에 부합하기 위해 우리의 생활 방식을 조정하려는 경향이 있다. 삶의 새로움과 독창성을 제아무리 소중히 여긴다고 해도 우리는 가끔 미래를 그러한 이야기와 일치시키려고 한다.

맬러리와 어빈의 이러한 죽음에 대해 인생을 낭비한 것이라고 단정하는 사람은 거의 없는 듯하디. 고도 등반보다 더 의미 있는 행위는 전혀 없다고 생각하는, 이 가정을 꾸린 한 명의 남자와 언제까지나 전도유망한 옥스퍼드대학의 한 젊은 청년이 생명을 무익하게 도둑맞았다. 망자들의 가족과 절친을 제외하고는 아무도 이렇게 생각하지 않았다. 그럼에도 불구하고 어빈의 가족은 망연자실했다. 어빈의 어머니는 생때같은 아들이 언젠가는 집에 돌아올지도 모른다는 믿음을 단념하지 않으려고 애썼고, 몇 년 동안이나 아들이 귀가하는 길을 잘 알아볼 수 있도록 집 밖 현관에 등불을 켜두었다. 뭔가 착오가 생긴 것 뿐 언젠가는 아들이 살아 돌아올 거라는 실낱같은 희망을 버리지 않았던 그녀는 아들이 귀가했을 때 따뜻하게 맞이할 빛이 있어야 한다고 생각했던 모양이다. 물론 루스의 삶도 파괴되었다. 맬러리의 어머니는 비통함에 잠긴 채 루스가 마치 "꽃봉오리가 부러져 축 늘어져 있는 고귀한 백합"처럼 보인다는 것을 깨달았다. 루스는 절망적으로 제프리 윈스럽 영에게 이런 편지를 썼다. "아― 제프리, 그런 일이 발생하지 않았다면 얼마나 좋았을까요! 모든 게 꼭 그렇게 되어야만 했던 필요도 없었던 것 같은데……."

✳

　맬러리가 홀연히 사라진 후 75년째인 1999년 5월, 그의 시신이 한 수색대에 의해 발견되었다. 그는 대략 표고 8230미터에서 숨을 멈춘 채 엎드려 있었다. 에베레스트산 북벽의 깎아지른 듯한 테일러스〔산비탈이나 낭떠러지에 풍화작용으로 무너져 쌓인 돌무더기〕 산등성이 위에서 얼굴을 숙인 채 양팔을 머리 위로 쫙 벌려, 마치 아래로 추락하는 사이에 손톱들을 암석에 찔러넣고 필사적으로 자신을 멈춰 서게 하려 한 듯했다[155]. 오랜 세월이 흐르면서 작은 돌들이 산에서 흘러내려 유체의 일부분을 덮었다. 주검, 돌, 얼음이 한데 얼어붙어 맬러리는 실질적으로 '산비탈의 일부'가 되어 있었던 것이다.

　맬러리의 옷은 수십 년 동안의 풍상에 의해 시신으로부터 찢겨져 나와 누더기가 되었다. 하지만 극심한 추위는 그의 몸을 오롯이 보존했다. 그의 등은 하얗게 표백된 피부 아래 근육으로 그 기복이 여전히 유지됐다. 이토록 높은 곳에서 그의 육신은 부패하지 않았지만 석화되어 마치 딱딱한 돌처럼 보였다. 당시 맬러리의 시신 사진이 전 세계 언론에 공개되었을 때 많은 평론가가 그를 '하

---

[155]　고산지대의 까마귀들이 엉덩이 주변을 쪼아먹었는지 맬러리 사체의 허리 아랫부분은 많이 손상되어 있었고, 정강이뼈와 종아리뼈가 모두 부러진 오른쪽 다리 위로 왼쪽 다리가 뒤틀려 있었다.

얀 대리석 조각상'에 비유했다. 비록 죽었지만 여전히 생생하게 살아 있는 듯한 맬러리는 준수한 외모를 가진 비범한 남자였기에 그의 주위를 빼곡하게 둘러싼 많은 남자와 여자를 도취시키며 고전적인 소소와 비교하게 했다. "몽듀(오— 나의 신)! 조지 맬러리!" 리턴 스트레이치[156]는 1909년 그를 처음 본 후 깜짝 놀라면서 이 유명한 말을 큰소리로 외쳤다. "나의 손이 떨리고, 심장이 두근거리고, 온몸이 혼절하여 더는 말을 잇지 못했다. (…) 그는 키가 180센티미터이고, 프락시텔레스〔기원전 4세기의 그리스 조각가〕가 조각한 운동 선수의 몸매를 갖고 있고, 더욱이 얼굴은—오, 믿어지지 않을 정도로 잘생겼다!" 스트레이치는 전율하면서 맬러리를 프락시텔레스의 하얀 대리석 조각상에 비유했고, 90년 뒤 맬러리의 죽음은 '섬뜩한 현실'로 굳어졌다.

맬러리 역시 왜 그가 에베레스트로 몇 번이나 되돌아가는지를 알지 못했다. 그는 이러한 질문을 반복적으로 받을 때 양손을 과장되게 든 채 겸연쩍은 미소를 지었다. 1923년 미국에서 열린 한 강연에서 그는 질문자에게 이렇게 대답했다. "우린 에베레스트로 돌아갈 것 같은데 (…) 한마디로 우리는 헤어날 방법이 없으니까요." 그의 친구 루퍼트 톰프슨에게 보낸 편지에서는 이렇게 말했다. "내가 왜 이런 모험을 시작했는지 자네라면 나에게 말해줄 수

156　영국의 전기작가, 1880~1932년.

있을지도 모르겠네." 그리고 1922년, 뉴욕의 한 기자가 에베레스트산으로 돌아가는 까닭을 묻자 이런 불멸의 명언을 남겼다. "산이 거기에 있으니까요"[157]. 그러나 소설가 프랜시스 스퍼포드가 말한 바와 같이 탐험가들이 '왜 그랬는지'에 대한 대답을 능란하게 하지 못한다는 것은 주지의 사실이다.

어떤 측면에서는 이유 따위란 중요하지 않다. 맬러리는 에베레스트산에 갔으나 집으로 돌아오지 않았다, 이게 전부다. 우리는 그의 행동에 대해 완벽하게 만족스럽거나 납득을 할 만한 해석을 갖고 있지는 않지만 이 점이 '맬러리 신화'의 힘을 약화시키진 못한다. 원래 신화의 방식이 그러하다. 마치 롤랑 바르트가 이미 쓴 대로 신화는 매우 "효율적으로" 작동한다. 다시 말해 신화, 그것은 "인류 행위의 복잡성을 없애고 이러한 행위에 본질적인 단순성을 부여한다. (…) 사물 그 자체가 의미를 드러나게 해 그것은 더없이 만족스러운 명료성을 확립한다."

하지만 '맬러리가 왜 그랬는지'를 해석해줄 수 있다는 건 중요한 의미를 지닌다. 그가 그토록 자주 질문을 받았지만 대답하지 못한 의문을 그보다 더 나은 처지에 있는 우리가 어쩌면 해결해 줄 수 있을지 모르기 때문이다. 우리는 맬러리보다 더 쉽게 그가 계승하고 배양한, 그를 에베레스트산의 매력에 쉽게 빨려 들어가게

---

157   이 말은 1923년 3월 18일자 『뉴욕타임스』에 게재되었다.

한 이 감정의 전통을 더 잘 알아차릴 수 있다. 게다가 그것이 부분적으로 시도하려고 했던 이 책의 의도, 즉 맬러리는 왜 평야보다 '산에 오르는 마음'에서, 그리고 '산'에서 소중한 무언가를 더 많이 얻을 수 있었는지를 '역사적으로' 이해하고자 한 것이다.

맬러리가 불의의 사고를 당한 후 그는 이미 그에게 생명의 대가를 치르게 한 '산악 숭배'의 새롭고 강력한 원동력이 되었다. 그는 산(에 오르는 마음)의 매력을 확산시키고 증식시켜 더 넓게 퍼지도록 한 산악 숭배의 유포자로서 역사에 이름을 길이 남겼다. 맬러리는 마치 그의 전과 후의 많은 사람처럼 높은 산과의 열애 때문에 죽었지만 이 사실이 산의 기이하게 매력적인 역逆중력을 약화시키지 않았고 오히려 '거꾸로 된 만유인력'을 강화했다. 사후에 맬러리는 자신을 죽였던 바로 그 산에 오르는 마음을 불멸케 했다. 그는 인류의 마음속 산을 훨씬 더 유쾌하고, 아름답고, 영광스럽게 만든 것이다.

제9장

눈토끼

Mountains of the Mind

경이감은 모든 열정 중 으뜸이다.

—르네 데카르트, 1645년

조지 맬러리는 물론 극단적인 경우였다. 그는 하나의 산에 온 열정을 다 바치고 위험을 무릅쓰다가 결국에는 소중히 여기는 모든 것을 잃어버린 '아무개'였다. 나를 포함해 맬러리 앞뒤의 수많은 사람은 산처럼 적의를 품고 있고 예측할 수 없는 자연 그대로의 풍경에서 자신이 갈망하는 바를 적잖이 발견해왔다. 그러나 나자신을 비롯해 이 무수한 사람 중 대다수에게 산의 매력은 위험과 손해보다는 아름다움이나 이상함과 더 관련 있었다.

산은 점점 증가하는 서양의 상상 욕구에 부응해온 듯하다. 나날이 더 많은 사람이 자신의 갈망을 등산에서 발견하고 산상에서 매우 효과적인 위안과 즐거움을 찾고 있다. 사실 산은 모든 황야와 마찬가지로 인류를 위해, 인류에 의해 만들어졌다는 우리의 은근한 신념—너무나 쉽고 안일하게 빠져드는—에 도전한다. 대다수는 인류가 안배하고, 기획하고, 통제하는 세계 속에서 대부분의 시간을 살고 있다. 이 세상 사람들은 스위치를 픽 돌리거나 전화 다이얼을 빙빙 돌려도 반응하지 않는 어떤 환경이 있고, 그러한 환경은 그 나름대로의 리듬과 질서를 갖고 있다는 섭리를 망각한다. 산은 이런 건망증을 바로잡는다. 우리가 있는 힘껏 발휘할 수 있는 것보다 더 큰 힘에 대해 말하고, 우리가 가장 길게 상상할 수 있는 것보다 더 긴 시간의 지름을 통해 우리와 대면함으로써 '인공'에 대한 인류의 과도한 신뢰에 이의를 제기한다. 산은 인류의 지속 가능성과 인류 계획의 오만함에 뜻깊은 의문을 던지고 있다. 산은, 우리 안에 내재된 '겸손'을 불러일으킨다. 산에 오르는 마음은 겸양이라고.

산은 또한 자신의 내면 풍경에 대한 우리의 이해를 새롭게 해준다. 외딴 고산 세계의 엄혹함과 아름다움은 우리의 삶에서 가장 익숙하고 가장 잘 기록된 지역들을 부감할 수 있는 가치 있는 관점을 제공해준다. 산은 우리의 방향을 바꿀 수 있고 우리가 방향을 잡는 지점을 재조정할 수도 있다. 산은 그 광대함과 그 복잡성으로 한 개인의 마음을 확장하는 동시에 요약한다. 산은 우리 자신이 헤아릴 수 없는 면적과 규모를 통해 각자의 미미함을 깨닫게 한다.

궁극적으로 가장 중요한 것은 산이 '경이감'을 북돋운다는 점이다. 산이 주는 축복은 극복되거나 정복될 무언가, 즉 도전과 경쟁을 제공하는 데 있지 않다(비록 많은 사람이 이러한 태도로 등산을 해왔음에도 불구하고). 오히려 산은 더 온화하고 무한히 더 감동적인 '무언가'를 체험하게 한다. 이것이 빙판 아래에서 물이 만드는 은밀한 소용돌이든, 큰 바위와 나무가 바람을 등진 쪽에서 자라나는 이끼의 모피처럼 부드러운 촉감이든 산은 인류에게 무릇 대자연의 경이로움에 찬탄할 채비를 하게 한다. 산속에 있으면 자연 세계에서 가장 간단한 사물의 운행조차 가령 손바닥을 펴면 내려앉는 100만 분의 1온스 무게의 한 개의 눈송이처럼, 화강암의 얼굴에 끈기 있게 작디작은 도랑을 조각하는 하나하나의 물방울처럼, 자갈 비탈의 골짜기에서 아무런 동기도 없이 무심코 움직이는 듯한 하나하나의 돌멩이처럼, 놀라운 경이감을 다시 점화시킨다. 손을 내밀어 아래쪽을 만져 빙하가 지나간 암석에 남은 융기와 긁힌 자국을 느끼고, 소나기가 내린 뒤 콸콸 흐르는 물로 산비탈이 어떻게 활력이 넘치는지를 엿듣고, 늦여름 하늘빛이 주룩주룩 내리며 고갈될 줄 모르는 액체처럼 수 마일의 풍경을 가득 채우는 대자연을 볼 때, 이들 중 하찮고 의미 없는 경험은 없다. 산은 현대적 생활 방식 탓에 너무나 무의식적으로 침출되어 유체 이탈해버릴 수 있는, 이 경이감이라는 대단히 귀중한 능력을 인류에게 되돌려준다. 더불어 산은 그런 경이감을 일상생활에서 쏟아내라고 재촉한다.

✳

　어느 해 1월이 끝날 무렵, 나는 세 친구와 스코틀랜드 라간호 부근에 있는 로완 산인 베인 아차오라인Beinn a'Chaorainn에 올랐다. 그날 하루는 장대하게 시작되었다. 중세 스페인에서 제작된 대형 범선 같은 구름은 하늘에 돛을 활짝 펼치고, 푸른 상공에서 느릿느릿 항해하고 있었다. 날씨는 몹시 밝았고 백설은 태양 광선을 자신의 고유한 하얀색 주파수로 조율했다. 공기가 차가웠는데도 혹은 그래서였는지 우리 넷이 산속으로 들어갔을 때 나는 발가락과 손가락에서 피가 따스하게 고동치고 뺨 가장자리에서 햇볕이 달아오르는 듯하다고 느꼈다.

　로완산은 길가로부터 서로 다른 세 개의 봉우리가 솟아나 있다. 눈에 잘 띄나 험준한 동쪽 측면에는, 홍적세 동안 빙하가 침식하며 우묵하게 파낸 두 곳의 권곡이 있다. 그날 이 권곡들의 가파른 절벽은 얼음으로 두껍게 덮여 있었다. 우리가 그곳에 접근했을 때, 얼음은 햇빛 아래에서 반짝이며 빛나고 있었다. 우리는 먼저 솔숲 사이를 지난 뒤 탁 트여 훤한 땅에 이르렀다. 거기서 여러 곳의 폭넓은 물이끼 늪을 건넜다. 여름에 이 물이끼 늪은 넘쳐 흐르는 빗물에 젖으며 흔들리는 물침대처럼 전율했을 것이다. 그러나 겨울은 물이끼 늪을 고르게 얼려 꼼짝 못 하게 하고 그 위를 판유리 같은 얼음으로 뒤덮었다. 그 빙판 위를 걸으며 투명한 얼음을 내려다보니 마치 융단처럼 빽빽하고 다채로운 이끼가 보였고 그 사이에 황록색의 별 같은 벌레잡이제비꽃이 드문드문 흩어져 있었다.

우리는 두 곳의 얼음 권곡을 가르는 이 산의 동쪽 능선 중 하나를 오르기 시작했다. 등반하던 중 날씨는 분위기를 바꾸었다. 구름층이 두꺼워졌고 부유하는 속도도 느려졌다. 햇빛은 불안정해지고 은색에서 우중충한 회색으로 변했다. 한 시간 동안 산을 오르자 폭설이 내리기 시작했다.

산꼭대기에 가까이 접근할 무렵 우리는 화이트아웃 상황에 빠져 천지를 분간하는 것조차 힘들었다. 날씨는 훨씬 더 추워졌다. 장갑은 이미 단단하게 얼어 맞부딪치자 속이 텅 빈 듯 꽝꽝하는 둔탁한 소리를 냈다. 마치 들숨과 날숨이 들락날락하는 꼴사납고 굼뜬 어릿광대의 입 같은 내 얼굴에서 발라클라바 모자 위에 두툼하고 하얀 얼음 딱지가 쌓여 있었다.

산 정상으로부터 수백 야드 떨어진 능선은 평탄하게 뻗어 있어 우리는 안전하게 자일을 풀 수 있었다. 다른 사람은 멈춰 서서 요깃거리로 허기진 배를 달랬지만 나는 세속과 격절되는 화이트아웃의 막막한 외로움을 누리고 싶어 앞으로 나아갔다. 산등성이를 따라 바람이 나를 향해 불어오고, 그 무형의 풍력을 따라 모든 것이 움직이고 있었다. 수백만 개의 눈가루 입자가 지면 위로 쌓이면 곧바로 바람에 날려 끊임없이 흐르면서 물결인 듯 펄럭였다. 동그란 모양의 딱딱하고 오래 묵은 눈덩이가 마지못해 날리다 산 능선의 표면 위로 미끄러져 내려오곤 했다. 그리고 하늘에서 떨어지는 크고 부드러운 눈송이들이 바람에 날려 나에게로 밀려오고 있었다. 눈송이들은 옷에 거의 아무런 소리도 없이 계속 부딪히며 넘어졌고 그리하여 나의 옷은 바람이 불어오는 쪽에 부드럽고 얇은 솜털 같은 가랑눈 더미를 쌓았다. 마치 내가 느릿하게 흐르는 하얀 강에서 물살을 거슬러 올라가는 한 마리의 물고기처럼 보였다. 어느 방향으로든 단지 4~5미터 정도밖에 볼 수 없었다. 나는 완벽하게 혼자인 듯한 고독을 만끽했다. 소용돌이치듯 날리는 눈꽃 너머의 세계는 그 순간의 나에게는 중요하지 않게 되었고 거의 상상조차 할 수 없었다. 왠지 모르게 내가 이 지구별의 마지막 사람이 될 수도 있었을 테니까!

몇 분을 걸은 후 산 정상의 좁은 고원에 다다라 걸음을 멈췄다. 몇 걸음 떨어진 곳에 큰 귀를 씰룩씰룩 움직이며 쭈그려 앉아 나를 응시하고 있는 물체가 보였다. 한 마리의 눈토끼였다. 녀석은 자신의 산꼭대기 영토에 나타난 이 뜻하지 않은 허깨비에게 호기심이 있는 듯 보였지만 그렇다고 화들짝 놀라서 허둥지둥하지는 않았다. 눈토끼는 검은 꼬리, 가슴에 찍힌 작은 회색 반점, 두 귀를 감은 듯한 검은 테두리를 제외하고는 온몸이 눈처럼 깨끗한 흰

색이었다. 다른 신체 부위와 비교해 압도적으로 튼실한 뒷다리는 하반신을 천천히 앞으로 또 위로 한껏 끌어와 거의 머리 위로 우스꽝스럽게 넘겼다. 그 녀석은 묘한 걸음걸이로 몇 발짝씩만 움직였다. 그리고 다시 멈췄다. 불어오는 눈보라의 기이한 정적 속에 잠겨서 우리는 눈발이 하늘 가득 흩날리는 가운데 반 시간가량이나 우두커니 서 있었다. 나는 온몸이 얼음인 양 차가워져 어릿광대의 입술처럼 볼품없는 입을 삐죽거렸고 토끼는 무성한 흰 털과 반짝이는 검은 눈동자를 보란 듯이 뽐냈다.

그런 다음 친구들이 화이트아웃 속에서 유령처럼 나타났고, 그들의 등산 장비가 무심코 절거덕하는 소리를 냈다. 그 즉시 눈토끼는 방향을 바꿔 눈밭을 맹렬하게 걷어차며 우아하지만 재빠르게 눈보라 속으로 지그재그로 뛰어들어갔다. 그 녀석이 사라진 한참 뒤에도 검은 꼬리가 깐닥깐닥 움직였다.

나는 한동안 산꼭대기 위에 머물렀고 다른 사람들은 하산하기 위해 앞서서 걸어가도록 했다. 나는 줄곧 그 눈토끼를 떠올렸다. 그 같은 야생동물이 사람과 우연히 마주친 우발성은 산속 생명체에게도 자신만의 등산 루트가 있음을 상기시켜준다. 눈토끼가 나의 경로를 가로질러온 만큼 나도 눈토끼의 길을 허락 없이 가로질러왔던 셈이다. 그런 뒤 내 마음은 산꼭대기로부터 멀어졌다. 산마루의 화이트아웃을 체험하게 했던 고립된 장소는 이미 사라져 보이지 않게 되었다. 나는 더는 강설에 갇혀 있다는 느낌을

받지 않았다. 오히려 이 눈 내리는 풍경이 나를 포용해주어서 내가 이 경관의 연장선으로 확장되었다고, 다시 말해 내가 이 수백 마일을 뒤덮은 눈 내리는 '풍경의 일부'가 되었다고 느꼈다. 나는 동쪽으로, 캐언곰산맥의 10억 년 된 화강암 뒤편으로도 눈이 내리고 있을 거라고 생각했다. 북쪽으로 눈이 모나드리아스, 즉 회색 산맥의 공허한 황야를 고요히 뒤덮고 있을 거라고 상상했다. 서쪽으로, 눈이 노이다트반도의 러프 바운즈(스코틀랜드 서쪽의 고지대)에 솟은 거대한 산봉우리들—라다르 베인Ladhar Bheinn(스코틀랜드 게일어로 '발톱 산'), 메올 부이드헤Meall Buidhe(스코틀랜드 게일어로 '황산黃山') 그리고 루인 베인Luinne Bheinn(스코틀랜드 게일어로 '분노의 산') 위에 내리고 있을 거라고 어림짐작했다. 보이지 않는 뭇 산에 하나둘씩 늘어선 능선을 가로질러 내리고 있을 눈송이들을 떠올렸고, 그 순간만큼은 여기 말고 내가 가고 싶은 곳이 아무 데도 없다는 생각도 불쑥 들었다.

감사의 말

산과 등산의 역사는 결코 자취를 남기지 않은 불모의 영역이 아니다. 나는 정보와 아이디어의 쇄도 속에서 길을 잃고 헤매는 '나' 자신을 발견하고 오로지 다른 사람의 발자취를 따라야만 다시 길을 되찾을 수 있었던 경험만 해도 여러 번이다. 무엇보다, 우선 두 권의 책에 감사해야 한다. 첫 번째는 사이먼 샤마의 『풍경과 기억Landscape and Memory』이다. 이 책은 상상력과 지질학을 융합해, 나 자신의 미성숙한 풍경 감각을 엄밀하면서도 우아하게 표현하고 확장하는 작문법을 깨우쳐주었다. 두 번째는 프랜시스 스퍼포드의 장대한 문화사인 『나는 아마 어떤 시간이다 May Be Some Time』인데, 인류가 상상한 극지 탐험의 역사를 다룬 책으로 『산에 오르는 마음』을 집필하는 도중에 우연히 접했다.

이 책을 쓰는 동안, 일부는 산과 관련이 있고 일부는 그렇지 않은 리뷰 자료를 꾸준히 보내준 편집자들에게 감사의 마음을 전하고 싶다. 나에게 글쓰기 방면에서 능력을 발휘할 공간을 허용해 준 그들의 신뢰와 격려가 무척이나 고맙다. 이 책에 있는 많은 이미지와 문장은 처음에는 신문기사 형식으로 시도되었다. 특히 『이코노미스트』의 스티브 킹, 『런던 리뷰 오브 북스』의 제임스 프랑켄, 『옵서버』의 스테파니 메리트, 로버트 맥크럼과 조너선 히우드, 『스펙테이터』의 마크 아모리, 『타임스 리터러리 서플먼트』의 린지 두기드에게 감사의 말을 전하고 싶다. 그리고 '나의 첫 책'을 출간할 기회를 준 루시 레스브리지에게 매우 감사하다는 인사를 올린다.

각양각색의 이유로 다음과 같은 분들에게도 감사의 마음을 두루 전한다. 리처드 베걸리, 존 브루너, 아서 번스, 벤 버틀러-콜, 가이 데니스, 디니 골럽, 조 그리피스, 피터 한센, 로빈 호지킨, 델마와 빌 러벨, 조지와 바버라 맥팔레인, 제임스 맥팔레인, 게리 마틴, 테디 모이니한, 댄 닐, 로버트 포츠, 데이비드 쿠엔틴, 닉 세든, 앤디 쇼, 존 스텁스, 캡틴 토비 틸, 에먼 트롤럽, 사이먼 윌리엄스, 마크 워멀드와 에드 영 등이다.

감사를 전하고 싶은 분들이 또 있다. 로버트 더글라스-페어허스트는 박사과정 지도교수로서, 내 학문적 연구활동을 감독하고 내 '외도(대외적 집필)'를 관대하게 묵과해주는 딜레마에 빠졌음에도 그런 이중적인 역할을 너그러이 감당해주셨다. 헤리엇-와트대학 물리학과에 감사하다. 마크 볼란드는 나에게 그의 논문 「니체와 산Nietzsche and Mountains」(더럼대학, 1996)을 기꺼이 보내주었다. 그리고 랄프 오코너가 곧 출간될 예정이었던 '문학적 풍경과 19세기 지질학'을 미리 볼 수 있도록 해준 것에도 감사하다.

산타누 다스, 올리 헤이즈, 헨리 히칭스, 줄리아 러벨, 존 맥팔레인과 로자먼드 맥팔레인, 랄프 오코너, 에드워드와 앨리슨 펙은 모두 이 책의 초고 단계에서 검토를 위해 주도면밀하게 읽어주었다. 그들은 이 책이 완성될 수 있도록 각자의 전문 지식과 명료한 문해력으로 매우 귀중한 도움을 주었다.

『제비호와 아마존호』의 한 행을 제6장의 제사題詞로 사용하도록 허가해준 아서 랜섬 판권관리기구의 크리스티나 하디먼트와 다른 집행위원들에게 진심으로 감사하다. 존 맥팔레인은 302쪽과 460쪽의 사진을 사용하도록 허가해주었다. 로자먼드 맥팔레인은 면지들과 308쪽, 348쪽, 363쪽의 사진을 복제할 수 있도록 허가해주었다. 조지 맬러리의 일부 편지를 읽고 복제하도록 허락해준 케임브리지대학 막달렌 칼리지의 학장과 연구원들 그리고 맬러리의 가족들에게 감사하다. 산드라 노엘은 405쪽의 사진을 게재하도록 허락해주었다. 434쪽과 442쪽에 있는 삽화들은 왕립지리학회의 허가를 받고 복제했다. 387쪽의 사진은 오드리 샐켈드가 복제하도록 허가해주었고, 325쪽 스티븐 스퍼리어의 지도는 스퍼리어 가족의 허가를 받고 실었다. 58쪽, 60쪽, 68~69쪽, 86쪽, 108쪽, 202쪽, 215쪽, 221쪽, 254쪽, 381쪽의 삽화들은 케임브리지대 도서관 특별 평의원들의 허가를 받아 복제되었다. 다른 모든 삽화의 저작권은 저자에게 있다. 나의 에이전트인 제시카 울라드에게 각별하게 감사하다. 그녀는 산더미처럼 엉망진창으로 쌓인 원고 중에서 『산에 오르는 마음』에 알맞은 글을 가려 뽑아내고, 이 책 안에 '나'를 집어넣어야 한다고 조언했고 그 이후 훌륭한 비평가이자 열렬한 독자가 되어주었다. 나의 편집자들인 그란타 출판사의 사라 할로웨이와 판테온 출판사의 댄 프랭크는, 이 책에서 잘못된 점이 무엇이고 어떻게 고칠지, 또한 이 책의 좋은 점이 무엇이고 어떻게 유지할지를 탁월하게 파악해주었다. 나의 어머니 로자먼드 맥팔레인은 그녀의 근사한 사진을 사용할 수 있도록 허락해주셨다. 어머니의 끊임없는 격려와 열정, 삽화에 대한 기술적 전문성에 감사드린다(제9장에 실려 있는 그녀의 사진 작품 「눈토끼」는 세계자연기금WWF이 선정한 2015년 최고의 야생동물 8선에 올랐다).

줄리아가 나를 위해 이바지한 모든 것에 감사하다. 무엇보다 나의 외조부모님 에드워드와 앨리슨 펙의 열의와 자애, 지식에 감사드리고 싶다. 『산에 오르는 마음』을 그들에게 바친다.

옮긴이 후기

지은이는 '풍경과 마음의 상호작용'에 대한 작품들로 일가를 이루었다. 그는 『언더랜드』(2019)에 아래와 같이 썼다.

"나는 15년 넘게 '경관과 인간 마음의 관계'에 대한 글을 써왔다. '왜 나는 젊어서 산에 끌려 산에 대한 열정으로 죽을 각오까지 했을까'라는 개인적인 질문에 답을 찾고자 시작한 여정이 다섯 권의 책과 2000여 쪽에 걸친 디프 맵Deep map 프로젝트로 전개되었다. 나는 세계에서 가장 높은 봉우리의 얼음 덮인 정상에서 출발해 아래로 내려가는 궤도에 따라 아마도 종착점이 될 지하 공간까지 탐험했다."

'디프 맵 프로젝트' 곧 '풍경과 인간 마음의 관계에 대한 5부작'의 첫 작품이 『산에 오르는 마음』(2003)이다. 그리고 국내에 소개되지 않은 『와일드 플레이스The Wild Places』(2007), 『디 올드 웨이즈The Old Ways』(2013), 『랜드마크Landmarks』(2015)가 있다. 서양에서는 모두 독자들의 큰 사랑을 받는 스테디셀러다. 요컨대 '인류가 산(의 아름다움)에 매료된 역사'를 다룬 『산에 오르는 마음』은 저자가 불과 '28살'에 세상에 내놓은 데뷔작으로, 세 개의 상을 받았을 정도로 큰 반향을 일으켰다. 당시 그는 알프스, 로키산맥, 톈산 등 고산 등정에 성공한 '청년 전문 등산가'였다. 풍경(산)이 인류의 마음을 어떻게 형성했고, 또한 인류의 마음은 풍경에 어떤 영향을 끼쳤는가에 대한 책을 쓰게 된 기원은 1장에 '자서전'처럼 서술되어 있다.

 열두 살 때 스코틀랜드 산간 고지대에 자리한 외조부모 집에서 조지 맬러리의 생애를 다룬 『에베레스트와의 승부』를 읽은 이후, 유년 시절 그는 남극 탐험기 『지상 최악의 여행』, 힐러리와 텐징이 에베레스트를 초등한 과정을 기록한 『에베레스트 등정』 그리고 『알프스산맥 등정기』『안나푸르나』 등 산과 극지 원정에 관한 실화들을 탐독했다. 어릴 적부터 산악인이나 탐험가들을 '이상적인 여행자'로 생각하고 "그들처럼 되길 열렬하게 갈망했다". 무엇보다, 산 사나이들에게 한껏 이끌렸다. 그리고 청소년 때부터 등산을 시작해 20대에는 암벽 등반에도 능숙한 알피니스트가 되었다.

편집자의 조언에 따라, 이런 개인적 경험("나")을 책 속의 여기저기에 배치한 게 핍진감을 배가한 '산악문학' 류 작품 탄생의 밑받침이 되었다는 것은 두말할 나위 없다.

이 책은 우선 인류가 명백한 위험에도 불구하고 산에 홀리는 까닭을 숙고하면서, 산의 강력하고 때로는 치명적인 흡인력("역중력")을 조사하고, 인간(의 마음)이 어떻게 산을 적대하다가 경외하게 되었는지, 어떻게 산이 인류의 상상에 큰 영향력을 발휘하게 되었는지 그 300년의 역사를 제반 학문에 대한 배경 지식을 토대로 박학다식하게 추적한다. 비단 산봉우리뿐만 아니라 산을 구성하고 있는 산빛, 대기, 얼음, 눈, 빙하, 바위, 암벽, 광석, 추위 등 일련의 지질학·기상학적 특징을 과학적, 문화적, 예술적, 철학적으로 탐구한다. 미지의 영역을 선취하려는 제국주의와 등산가, 탐험가, 지리학자, 군사가, 지질학자 등끼리의 경쟁 에피소드들도 자못 흥미롭다. 특히 이야기의 굽이굽이마다 괴테, 바이런, 디킨스, 윌리엄 블레이크, 셸리, 키츠, 워즈워스, 새뮤얼 존슨, 존 뮤어, 테일러 콜리지, 테니슨, 마크 트웨인, 가스통 바슐라르, 스마일스(『자조론』의 저자), 니체, 루소, 히틀러, 프르제발스크(러시아 탐험가), 터너(영국 풍경화가), 클로드 모네, 푸생, 찰스 다윈 등 문인, 화가, 과학자, 역사적 인물이 야생 풍경과 얽힌 일화, 그들이 산을 느낀 감정과 인식 태도가 삽입되어 있어 참신한 지식을 쌓을 수 있을 뿐만 아니라 읽는 재미까지 쏠쏠하다.

『텔레그래프』가 서평했다. "새로운 종류의 탐색적 글쓰기다. 아마도 단순하게 도서분류법을 무시하는 것이 아니라 독특한 장르의 탄생일 수 있다." 옮긴이도 번역을 하면서 '이 책의 장르가 특이하고 독창적'이라는 심경이 꼬리를 물었다. 지구과학 논픽션, 지질학 교양서, 야생 경관 비평서, 고도에 관한 명상록, 자전적 등산회고록, 산과 인류의 관계에 대한 세계사, 산을 느끼는 감정에 대한 인류학적 보고서, 탐험지리학서, 지도학서, 등산 스포츠서, 산악 수필 문학, 미지모험서, 미스터리 추리소설, 등산 강박에 대한 심리학서, 고도탐험기, 산악 로드 여행기, 생태 환경서, 산의 덕성에 관한 시적 에세이, 빙하와 얼음과 눈과 바위에 관한 연구서, 풍경 탐구 과학서…… 아니면 장르 불문의, 일단 딱히 정해진 장르가 없는 '(산에 관한) 자연과학과 인문역사의 통합적 대중 교양서'라고 두루뭉술하게 정의해도 큰 무리는 없을 듯싶다. 총 9장의 내용에 비춰 큰 틀로 판가름하자면, 1~7장에서 지구 지질사와 미지 탐험사, 정원 원예학, 문화사, 지도학, 인류학, 종교사 등을 지은이의 산악 열정과 조화롭게 융합해 인류가 산을 인식해온 감정의 역사, 인간과 산의 교류사를 다면적으로 탐구했다. 이 책이 특이한 장르에 속한 것으로 보이는 이유 중 하나는 본문 이곳저곳에, 저자의 개인적 풍경 여행을 마치 몽타주처럼 교차 편집해 책이 1인칭 시점의 '자전적 회고록'이 되도록 했기 때문이다.

이 책의 취지나 성격은 제1장에 드러나 있다. 지은이는 시간의 흐름에 따라 인류가 '산을 상상하는 방식'이 어떻게 변화해왔는지, 산에 대한 인류의 감정 반응이 다양한 문화적·지적 영향에 의해 형성되거나 매개되는 방식은 무엇이었는지, 산이 어떻게 인류를 그토록 완전하게 "소유"할 수 있게 되었는지, 어쨌든 단지 암석과 얼음의 구조물에 불과한 산이 어떻게 그렇게도 엄청난 매력을 발휘할 수 있는지를, 이 책에서 설명하려 노력했다고 밝힌다. 따라서 이 책은 인류가 산에 어떻게 올라갔는지 즉 등산법에 관한 책이나 등산사登山史라기보다는, 산에 대한 인간의 감정·관념·인식·태도를 살펴보는, 달리 말해 '마음의 산'에 대한 인류문화사적 보고서다. 산에 인류가 홀린 마음 그 300여 년의 과정을 추적한 '산에 오르는 마음의 역사서'다. 그래서 지은이는 우리가 '산'이라고 부르는 것은, 사실 자연 세계의 물질 형태와 인류의 상상력이 협력하여 구성한, 즉 "마음의 산Mountains of the Mind ―이 책의 원제―"이라고 한다. 이렇게 '산에 대한 인류의 다양한 감정의 계보'를 추적하면서, 이러한 '감정'이 어떻게 형성되고, 계승되고, 재구성되고 또 개인이나 시대에 받아들여질 때까지 전달되었는지를 '통합 학문'적으로 밝혀낸다.

이 책 전반을 관통하는 저자의 요점은 '산에 대한 인류의 마음'은 신학적·지질학적·예술적·사회적 힘(의미)이 풍부하게 혼합된 '문화적 산물'이라는 것이다. 산이 늘 모험심을 시험하는 장소나 경치가 좋은 휴양지로 여겨진 건 아니었다. '산의 가치'는 단지 지난 3세기 동안 주목받았다. 등산은 '근대의 산물'이었다. 그 전에 산은 용과 악마가 거처하는 사악한 장소이기에 '혐오와 기피'가 최선이었다. 18세기 이전까지 알프스 고갯길을 넘어야 했던 여행자들은 눈을 가렸다. 공포가 덮쳐오는 산봉우리를 보지 않기 위해서였다. 300년 전에 산 정상 등정은 '미친 짓거리'였다. 산은 지구의 얼굴 살갗 위 "부스럼"이나 "사마귀" "옴" "외음부"에 불과했었다. 18세기가 되자, 인류는 처음으로 산을 '정신적인' 차원에서 여행했고, 산지 풍경의 아름다움에 상응하는 감성이 발달되기 시작했다. '등산 운동'은 19세기 중엽에 출현했고 19세기에서 20세기로 바뀔 무렵, 산 찬미자들에게 '집착의 대상'이 되었다.

이렇듯 산이 미신의 대상이 아니라 과학적 인식 대상이 되는 과정은 제2장에 잘 드러나 있다. 무릇 산은 지질학의 토대를 마련했고, 등산도 늘 지질학과 긴밀하게 협조하는 가운데 발전했다. 17세기에 기독교 성경을 극복한 지질학이 출현하고, 그 지질학의 지속적 발달로 한때 "인류 죄악의 거대한 유물"로 여겨졌던 산이 지구사의 일부가 되었다. 인류에게 산은 외경스럽기도 하고 매혹적이기도 하다는 인식을 결정적으로 정립시킨 책이 토머스 버넷의 『지구신성론』이다. 책은 신학자들이 '6000년'으로 추정했던 지구의 나이가 수백만 년일 것이고 '지구는 늘 똑같아 보인다'는 성서의 정설에 반박했다. 18세기 말까지 지질학은 지구(산)에 대한 성경적 인식을 산산조각냈다. 조르주 뷔퐁의 『자연사』는 지구는 결코 "어린 지구"가 아니고, 성경이 주장하는 창세기(일주일)의 하루하루는 훨씬 '더 긴 시기'일 거라고 추론했다. 이후 제임스 허턴의 『지구이론』, 찰스 라이엘의 『지질학 원리』, 드 소쉬르의 『알프스 산상으로의 여정』 등이 일으킨 지질학 혁명은 인류가 산을 상상하는 방식에 근본적인 변화를 일으켰다. 이전에는 산이 견고하고 영원히 변치 않을 듯 보였지만, 실제로는 억겁의 세월 동안 형성되고, 변형되고, 재구성되었다는 게 밝혀졌다. 존 러스킨의 『산의 아름다움에 대하여』는 "산은 움직인다"고 했다. 이 직관적 통찰은 놀랍게도 1912년, 알프레드 베게너가 대륙이동설을 발표하면서 옳다는 게 증명되었다. 가령 히말라야산맥은 여전히 '발육' 중이고 에베레스트산은 1년에 약 5밀리미터씩 조숙하게 자라고 있다.

제3장은 산 위에서의 고소 현기증이 '기분을 들뜨게' 하는 측면이 있다는 것, 즉 왜 산에 오르는 마음은 '즐거운 공포'인가를 탐구한다. 에드먼드 버크가 펴낸 『숭고와 아름다움의 관념의 기원에 대한 철학적 탐구』(1757)가 획기적인 저서였다. 그는 완전하게 이해하기에는 너무 크고, 너무 높고, 너무 빠르고, 너무 모호하고, 너무 강하고, 너무 지나친 힘으로 인류를 사로잡아 두렵기는 하지만 또한 어쨌든 마음에 즐거움을 주는, 즉 산과 같은 '숭고한' 풍경은 관찰자의 마음에 즐거움과 두려움이 뒤섞인 도취감을 불러일으킨다고 역설했다. '숭고한 광경(산)'이 두려움을 불러일으킬 수 있지만, 이런 공포는 "너무 가까이 다가가지만 않으면 늘 희열을 낳

는" 열정이란 걸 알아낸 것이다.

제5장은 영국의 정원학, 화가들의 풍경화, 찰스 다윈의 진화론 여행 등을 통해 '산악 숭배의 역사'를 추적하면서 '고도가 어떻게 두렵지만 짜릿한 즐거움을 주는가' 하는 '고도의 역설'을 철학적으로 사색한다. 산봉우리는 큰 시야를 선사해 자아감을 앙양하지만, 산꼭대기에서 엿보게 되는 심원한 시간과 공간의 장엄한 전망으로 인해 '자기 자신(인간이라는 존재)'이 하찮아 소멸할 수 있다는 관조적 명상으로까지 나아간다. 고도는 개인의 영혼을 고무시키는 동시에 소멸시키는, 이른바 패러독스라는 것이다. 그래서 "산의 꼭대기들을 향해 여행하는 사람들은, 반은 자기 자신을 사랑하고, 반은 소멸―자아 망각―을 사랑한다."

제6장은 미지를 '이미 알고 있는' 것으로 바꾸는 방식을 대표하는 지도 제작과 발견된 미지에 대한 명명 작업이 식민화 과정이었음을 추적한다. 세계의 대다수 산악 지대는 19세기, 이른바 제국주의 세기에 지도화되었다. 19세기 동안 탐험과 발견에 대한 제국주의적 '집착'이, 멀리 원정을 떠나는 본격적인 탐험가가 될 수는 없지만, 미지의 세계가 끌어당기는 매력을 느낀 이들에게 집 근처에 있는 산은 원정 탐험을 대신해주는 대체 경험이 되어주었다. 그리하여 '등산 운동'이 탄생한다.

제7장은 16세기 박물학자 콘라트 게스너를 시작으로 서방세계가 '산악 미신'을 추방하게 된 과정을 보여준다. "또 하나의 다른

세계(산)"가 뭇 신과 괴수들의 영토에서 벗어나 '자연현상의 향연'으로 인식된 것은, 17~18세기에 풍미한 자연신학, 과학적 합리주의, '세속적인 산악 숭배'를 창조한 작품으로 공인받고 있는 루소의 소설 『신엘로이스』와 19세기 중반에 탄생한 사진술 덕분이었다.

제8장은 이 책에서 가장 특이한 장르다. 에베레스트산 정상 부근에서 사라진 조지 맬러리의 원정기를 지은이는 "추리적인 역사로 흥미진진하게 재창조"하려고 편지, 탐험 일기 등 여러 사실적 자료를 취합하고 개인적 상상력(가설)을 가미해 마치 '단편 역사 추리소설'처럼 각색했다. 에베레스트산이 어떻게 조지 맬러리의 마음을 장악하게 되었고, 무엇이 그를 아내와 가족으로부터 떠나게 만들었으며, 결국 무엇이 그의 생을 마감하게 했는지를 추론한다. 아직도 그가 '세계 최초'로 에베레스트산을 정복했는가는 미완의 미스터리로 남아 있다. 사실 맬러리는 이 책의 주제들을 실증해주는 전형적인 산의 남자다. 산에 오르는 마음이 '치명적인 홀림'으로 그에게서 집중적으로 체현되었기 때문이다.

제9장에서 지은이는 산마루에서 눈토끼를 만난 에피소드를 짧은 '고백록 일기'처럼 기록한다. 산은, 지구가 인간을 위해 만들어졌다는 은근한 신념(인류의 오만)에 도전한다면서, 어쩌면 이 책의 메시지일지도 모르는 경구를 던진다. "산은, 우리 안에 내재한 '겸손'을 불러일으킨다."

옮긴이는 등산에 문외한이다. 그래서 번역에 오류가 있을까 저

어하여 산악서도 여러 권 읽어보면서 배경지식을 쌓았다. 이 책에 나오는 등산용어는 『등산 상식사전』 『등산 마운티니어링』을 참고해서 옮겼다. 영미권 독서 시장에서는 이미 '고전 급'이 되어버린 이 '산·마음·책'을 번역하면서 때마침 건강을 되찾을 겸 해서 앞산(봉산)의 꼭대기와 뒷산(북한산) 기슭을 내친 김에 거의 날마다 오르락내리락했다. 소설가 이병주의 말마따나 등산은 "오를 때엔 심장의 운동이고 내려올 땐 신경의 운동"이었으며, 번역이란 모름지기 '엉덩이의 힘'으로 하는 일이었다.

원래 이 책을 기획하면서 지은이의 다른 책 서너 권을 원서로 검토했었다. 유별난 글쓰기 스타일이 눈에 띄었다. 개인적 경험을 '액자(소설)'처럼 한 권의 책 이곳저곳에 삽입하고, 또한 한 권의 책 속에서 시점(1인칭·2인칭· 3인칭)이 중복되고 과거(완료) 이야기도 현재형 동사를 사용해 묘사하는 부분이 적지 않았다. 그래서 우리말로 옮기고 나서 통일된 시제로 정돈하기가 꽤 번거로웠는데, 산에 오르면서 누누이 반추하고 갈무리했다(번역 마감 날짜를 지키지 못한 핑계 중 하나이기도 하다). 시인 두보는 「망악望嶽」에서 "조물주가 영묘 불가사의한 신비를 모아서 산을 만들었다造化鍾神秀"고 읊었다. 굳이 이 시구에 빗대어 이 책을 한 문장으로 간추리자면 "조물주가 영묘 불가사의한 신비를 모아서 만든 산에 오르는 마음을 썼다". 『산에 오르는 마음』을 다 읽은 독자라면 그 전언과 여운이 와닿을 시 두 편을 권함으로써, 이만 마칠까 한다. 김광섭의 「산山」, 김종길의 「고고孤高」다.

북한산 자락에서

옮긴이가

참고문헌

〈1장〉

Malcolm Andrews, *The Search for the Picturesque: Landscape Aesthetics and Tourism in Britain, 1760–1800* (Aldershot: Scolar, 1990).

John Ball, ed., *Peaks, Passes and Glaciers: a Series of Excursions by Members of the Alpine Club* (London: Longmans, Green & Co., 1859).

James Boswell, *The Journal of a Tour to the Hebrides, with Samuel Johnson* (London: C. Dilly, 1785).

Apsley Cherry-Garrard, *The Worst Journey in the World* (London: Penguin, 1922).

Bernard Comment, *The Panorama* (London: Reaktion, 1999).

G. R. De Beer, *Early Travellers in the Alps* (London: Sidgwick & Jackson, 1930).

―――, *Alps and Men* (London: Edward Arnold, 1932).

Daniel Defoe, *A Tour through the Whole Island of Great Britain* (London: Dent; New York: Dutton, 1962, first published 1724–7).

Claire Eliane Engel, *A History of Mountaineering in the Alps* (London: George

Allen & Unwin Ltd, 1950).

R. Fitzsimons, *The Baron of Piccadilly: the Travels and Entertainments of Albert Smith 1816–1860* (London: Geoffrey Bles, 1967).

Maurice Herzog, *Annapurna*, trans. Nea Morin and Janet Adam Smith, (London: Jonathan Cape, 1952).

John Hunt, *The Ascent of Everest* (London: Hodder and Stoughton, 1953).

U. C. Knoepflmacher and G. B. Tennyson, eds., *Nature and the Victorian Imagination* (Berkeley; London: University of California Press, 1977).

Arnold Lunn, *The Matterhorn Centenary* (London: George Allen & Unwin Ltd, 1965).

John Mandeville, *The Travels of Sir John Mandeville*, trans. C. W. R. D. Moseley (Harmondsworth: Penguin, 1983).

Alfred Mummery, *My Climbs in the Alps and the Caucasus* (London: Fisher Unwin, 1898).

John Murray, *A Glance at Some of the Beauties and Sublimities of Switzerland: with Excursive Remarks on the Various Objects of Interest, Presented during a Tour through Its Picturesque Scenery* (London: Longman, Rees, Orme, Brown and Green, 1829).

E. F. Norton et al., *The Fight for Everest: 1924* (London: Edwin Arnold, 1925).

John Ruskin, *Modern Painters*, 5 vols. (Volume IV, *Of Mountain Beauty*) (London: George Allen & Sons, 1910; first published 1843, 1846, 1856, 1860).

Horace-Bénédict de Saussure, *Voyages dans les Alpes, précédés d'un essai sur l'Histoire Naturelle des environs de Genève* (Neuchâtel: Samuel Fauche, 1779 – 96).

Ernest Shackleton, *South* (London: Heinemann, 1970, first published 1920).

Albert Smith, *The Story of Mont Blanc* (London: Bogue, 1853).

Leslie Stephen, *The Playground of Europe* (London: Longmans, Green & Co., 1871).

Edward Whymper, *Scrambles amongst the Alps in the Years 1860–69* (London: John Murray, 1871).

Frank Worsley, *Endurance: an Epic of Polar Adventure* (London: Philip Allan &

Co., 1931).

Francis Younghusband, *The Epic of Mount Everest* (London: Edward Arnold, 1926).

⟨2장⟩

Robert Bakewell, *An Introduction to Geology, illustrative of the general structure of the earth; comprising the elements of the science, and an outline of the geology and mineral geography of England* (London: J. Harding, 1813).

Georges Louis-Leclerc Buffon, *Natural History: Containing a Theory of the Earth*, trans. J. S. Barr, 10 vols. (London: J. S. Barr, 1797, first published 1749–88).

Thomas Burnet, *The Sacred Theory of the Earth*, ed. Basil Willey (London: Centaur Press, 1965, first published in Latin in 1681, and in English in 1684).

Georges Cuvier, *Essay on the Theory of the Earth*, trans. and ed. Robert Jameson, 5th edn (Edinburgh: William Blackwood, 1827, first published 1812).

Charles Darwin, *The Voyage of the Beagle* (London: Dent; New York; Dutton, 1967, first published 1839).

Isabella Duncan, *Pre-Adamite Man; or, the Story of Our Old Planet & Its Inhabitants, Told by Scripture & Science* (London: Saunders, Otley and Co., 1860).

Richard Fortey, *The Hidden Landscape* (London: Pimlico, 1994).

Douglas Freshfield, *The Life of Horace Bénédict de Saussure* (London: Edward Arnold, 1920).

Marjorie Hope Nicolson, *Mountain Gloom and Mountain Glory: the Development of the Aesthetics of the Infinite* (Ithaca: Cornell University Press, 1959).

James Hutton, *Theory of the Earth* (Weinheim: H. R. Engelman, 1959, first published 1785 99).

Charles Lyell, *The Principles of Geology: an Attempt to Explain the Former Changes of the Earth's Surface by Reference to Causes Now in Operation*, 3 vols. (London: John Murray, 1830–33).

John McPhee, *Basin and Range* (New York: Farrar, Straus and Giroux, 1981).

Hugh Miller, *The Testimony of the Rocks or Geology in Its Bearings on the Two*

Theologies Natural and Revealed (Edinburgh: William P. Nimmo, 1878, first published 1857).

John Playfair, *Illustrations of the Huttonian Theory of the Earth* (London: Cadell and Davies, 1802).

Martin Rudwick, *Scenes from Deep Time: Early Pictorial Representations of the Prehistoric World* (Chicago: Chicago University Press, 1992).

Jonathan Smith, *Fact and Feeling: Baconian Science and the Nineteenth- Century Literary Imagination* (Madison, Wis.: University of Wisconsin Press, 1994).

Antonio Snider–Pelligrini, *Creation and Its Mysteries Revealed* (Paris: 1858).

Alfred Wegener, *The Origins of Continents and Oceans* (London: 1966, first published 1915).

Simon Winchester, *The Map That Changed the World* (London: Viking, 2001).

William Whiston, *A New Theory of the Earth*, 4th edn (London: Sam Tooke and Benjamin Motte, 1725).

John Woodward, *The Natural History of the Earth*, trans. Benjamin Holloway (London: Thomas Edlin, 1726).

〈3장〉

Edmund Burke, *A Philosophical Enquiry into the Origin of Our Ideas of the Sublime and Beautiful*, ed. Adam Phillips (Oxford: World's Classics, 1990, first published 1757).

George Byron, *Letters and Journals*, ed. Leslie A. Marchand, 12 vols. (London: John Murray, 1973–81).

Charles Darwin, *The Origin of Species by Means of Natural Selection* (Oxford: Oxford University Press, 1998, first published 1859).

Elaine Freedgood, *Victorians Writing about Risk* (Cambridge: Cambridge University Press, 2000).

Yi Fu Tuan, *Landscapes of Fear* (Oxford: Blackwell, 1979).

Frances Ridley Havergal, *Poetical Works*, 2 vols. (London: James Nisbet & Co.,

1884).

Samuel Johnson, *A Journey to the Western Islands of Scotland* (Oxford: Claren-
don Press, 1985, first published 1775).

John Ruskin, *The Letters of John Ruskin*, ed. E. T. Cook and Alexander Wedder-
burn, 2 vols. (London: G. Allen, 1909).

Robert Service, *Collected Poems of Robert Service* (London: Benn, 1978).

Samuel Smiles, *Self-help* (London: John Murray, 1958, first published 1859).

Samuel Taylor Coleridge, *Collected Letters of Samuel Taylor Coleridge*, ed. E. L.
Griggs, 6 vols. (London: 1956–71).

John Tyndall, *Mountaineering in 1861* (London: Longman, Green & Co., 1862).

〈4장〉

Louis Agassiz, *Études sur les glaciers* (Neuchâtel: Solothurn, 1840).

Henry Alford, 'Inscription for a Block of Granite on the Surface of the Mer de
Glace', in *The Poetical Works of Henry Alford*, 4th edn (London: Strahan, 1865).

Karl Baedeker, *Handbook for Travellers to Switzerland and the Adjacent Portions
of Italy, Savoy and the Tyrol*, 4th edn (London: John Murray, 1869).

Gillian Beer, *Open Fields* (Oxford: Clarendon Press, 1996).

Marc-Theodore Bourrit, *A Relation of a Journey to the Glaciers in the Duchy of
Savoy*, trans. Charles and Frederick Davy (Norwich: Richard Beatniffe, 1779).

Samuel Butler, *Life and Habit* (London: Trübner, 1878).

Frank Cunningham, *James David Forbes, Pioneer Scottish Glaciologist* (Edin-
burgh: Scottish Academic Press, 1990).

James L. Dyson, *The World of Ice* (London: The Cresset Press, 1963).

James David Forbes, *Travels through the Alps of Savoy* (Edinburgh: Adam and
Charles Black, 1843).

Edward Peck, 'The Search for Khan Tengri', *Alpine Journal*, vol. 101, no. 345
(1996), 131–9.

Richard Pococke, *A Description of the East and Some Other Countries*, 2 vols.

(London: J. & R. Knapton, 1743-5).

Robert Ker Porter, *Travels in Georgia, Persia, Armenia, Ancient Babylon, etc.*, 2 vols. (London: Longman, 1821-2).

John Ruskin, *The Collected Works*, ed. E. T. Cook and A. Wedderburn, 39 vols. (London: G. Allen, 1903-12).

Percy Bysshe Shelley, *Peacock's Memoirs of Shelley: with Shelley's Letters to Peacock*, ed. H. F. B. Brett-Smith (London: H. Frowde, 1909).

John Tyndall, *The Glaciers of the Alps* (London: John Murray, 1860).

Mark Twain, *A Tramp Abroad* (London: Chatto & Windus, 1901, first published 1880).

William Windham, *Account of the Glacieres or Ice Alps in Savoy* (London: 1744).

〈5장〉

Richard D. Altick, *The Shows of London* (Cambridge, Mass.: The Belknap Press, 1978).

John Auldjo, *Narrative of an Ascent to the Summit of Mont Blanc* (London: Longmans, 1828).

Gaston Bachelard, *Air and Dreams*, trans. Edith R. Farrell and C. Frederick Farrell (Dallas: The Dallas Institute Publication, 1988, first published 1943).

Mick Conefrey and Tim Jordan, *Mountain Men* (London: Boxtree, 2001).

Alain Corbin, *The Lure of the Sea*, trans. Jocelyn Phelps (Paris, 1988, London: Penguin, 1990).

John Evelyn, *The Diary of John Evelyn*, ed. E. S. de Beer, 6 vols. (Oxford: Clarendon Press, 1955).

Bruce Haley, *The Healthy Body and Victorian Culture* (Cambridge, Mass.: Harvard University Press, 1978).

John Muir, *My First Summer in the Sierra* (Boston: Houghton Mifflin, 1911).

Jim Ring, *How the English Made the Alps* (London: John Murray, 2000).

Percy Bysshe Shelley, *The Poems of Shelley*, ed. Geoffrey Matthews and Kelvin

Everest, 2 vols. (London: Longmans, 1989).

Joe Simpson, *The Beckoning Silence* (London: Jonathan Cape, 2002).

Andrew Wilson, *The Abode of Snow*, 2nd edn (Edinburgh: London: William Blackwood & Sons, 1876).

Geoffrey Winthrop Young, *The Influence of Mountains upon the Development of Human Intelligence* (London: Jackson, Son & Company, 1957).

〈6장〉

J. R. L. Anderson, *The Ulysses Factor* (London: Hodder & Stoughton, 1970).

Colonel S. G. Burrard and H. H. Hayden, *A Sketch of the Geography and Geology of the Himalaya Mountains and Tibet* (Calcutta: Government of India, Geological Survey of India, 1907–8).

Joseph Conrad, *Heart of Darkness* (London: Penguin, 1973, first published 1902 as a novella, 1899 as a serial).

——, *Lord Jim* (Edinburgh: Blackwoods, 1900).

George Eliot, *Middlemarch*, ed. W. J. Harvey (London: Penguin, 1985, first published 1871-2).

Douglas Freshfield, *The Exploration of the Caucasus*, 2 vols. (London: Edward Arnold, 1896).

R. L. G. Irving, *The Mountain Way* (London: J. M. Dent & Sons, 1938).

Richard Jefferies, *Bevis, the Story of a Boy* (London: Duckworth & Co., 1904).

Jon Krakauer, *Into the Wild* (London: Pan, 1999).

Barry Lopez, *Arctic Dreams: Imagination and Desire in a Northern Landscape* (New York: Charles Scribner's Sons, 1986).

Roderick Nash, *Wilderness and the American Mind* (New Haven; London: Yale University Press, 1973).

Colonel R. H. Phillimore, *Historical Records of the Survey of India*, 4 vols. (Dehra Dun: Survey of India, 1958).

J. B. Priestley, *Apes and Angels* (London: Methuen & Co., 1928).

Arthur Ransome, *Swallows and Amazons* (London: Jonathan Cape, 1930).

Eric Shipton, *Blank on the Map* (London: Hodder and Stoughton, 1936).

Susan Solnit, *Wanderlust: a History of Walking* (London: Penguin, 2000).

Wilfred Thesiger, *The Life of My Choice* (London: Collins, 1987).

〈7장〉

Abbé Pluche, *Spectacle de la Nature . . . Being Discourses on Such PARTICULARS of Natural History as Were Thought Most Proper to Excite the Curiosity and Form the Minds of Youth*, trans. Mr Humphreys, 3rd edn (London: L.Davis, 1736).

Charles Dickens, *Little Dorrit*, ed. J. Holloway (London: Penguin Classics, 1985, first published 1855–7).

Conrad Gesner, *On the Admiration of Mountains*, trans. W. Dock (San Francisco: The Grabhorn Press, 1937).

C. S. Lewis, *The Lion, the Witch, and the Wardrobe: a story for children* (London: Geoffrey Bles, 1950).

Claude Reichler and Roland Ruffieux, *Le Voyage en Suisse* (Paris, Robert Laffont, 1998).

Jacob Scheuchzer, *Itinera per Helvetiae Alpinas Regiones* (London: Vander, 1723).

Barbara Maria Stafford, *Voyage into Substance: Art, Science, Nature, and the Illustrated Travel Account, 1760–1840* (Massachusetts: MIT Press, 1984).

John Tyndall, *Hours of Exercise in the Alps* (London: Longmans, 1871).

〈8장〉

Roland Barthes, *Mythologies*, trans. Annette Lavers (London: Paladin, 1973).

Peter Bishop, *The Myth of Shangri-La: Tibet, Travel Writing and the Western Creation of Sacred Landscape* (The Athlone Press: London, 1989).

Robert Bridges, ed., *The Spirit of Man* (London: Longmans & Co., 1916).

C. G. Bruce, *Twenty Years in the Himalaya* (London: Edward Arnold & Co., 1910).

——, *The Assault on Mount Everest, 1922* (London: Edward Arnold & Co., 1923).

John Buchan, *The Last Secrets* (London: Thomas Nelson, 1923).

Patrick French, *Younghusband* (London: HarperCollins, 1994).

Peter and Leni Gillman, *The Wildest Dream: Mallory, His Life and Conflicting Passions* (London: Headline, 2000).

Michael Holroyd, *Lytton Strachey* (London: Vintage, 1995).

C. K. Howard-Bury and George Mallory, *Mount Everest: the Reconnaissance, 1921* (London: Edward Arnold & Co, 1922).

S. C. Joshi, ed., *Nepal Himalaya; Geo-ecological Perspectives* (Naini Tal: Himalayan Research Group, 1986).

John Keay, *When Men and Mountains Meet: the Explorers of the Western Himalaya* (London: John Murray, 1977).

Kenneth Mason, *Abode of Snow* (London: Diadem Books, 1987).

John Noel, *Through Tibet to Everest* (London: Edward Arnold, 1927).

David Pye, *George Leigh Mallory* (Oxford: Oxford University Press, 1927).

Cecil Godfrey Rawling, *The Great Plateau, Being an Account of Exploration in Central Tibet, 1903, and of the Gartok Expedition 1904–1905* (London: Edward Arnold, 1905).

David Robertson, *George Mallory* (London: Faber, 1969).

Royal Geographical Society and Mount Everest Foundation, *The Mountains of Central Asia* (London: Macmillan, 1987).

Audrey Salkeld and Tom Holzel, *The Mystery of Mallory and Irvine* (London: Pimlico, 1999).

J. R. Smith, *Everest: the Man and the Mountain* (London: Whittles, 1999).

Walt Unsworth, *Everest*, 3rd edn (Seattle: The Mountaineers, 2000).

C. J. Wessels, *Early Jesuit Travellers in Central Asia 1603–1721* (The Hague: Martinus Nijhoff, 1924).

Geoffrey Winthrop Young, *On High Hills* (London: Methuen, 1933).

Francis Younghusband, *Everest: the Challenge* (London: Nelson, 1936).

〈9장〉

James Joyce, *Dubliners* (London: Jonathan Cape, 1926, first published 1914).

〈그 외〉

훌륭하고 신뢰할 만한 『알파인저널』은 초기 『산봉우리, 산길, 빙하』부터 최신호까지 필수적인 자료원이 되어줬다. 아울러 『블랙우드에든버러매거진』 『콘힐매거진』 『데일리뉴스』 『철학매거진』과 왕립학회의 『철학회보』 『타임스』 등을 참고했다.

Phil Bartlett, *The Undiscovered Country* (London: The Ernest Press, 1993).

Ronald Clark, *The Victorian Mountaineers* (London: Batsford, 1953).

Fergus Fleming, *Killing Dragons* (London: Granta, 2000).

Wilfrid Noyce, *Scholar Mountaineers: Pioneers of Parnassus* (London: Dennis Dobson, 1950).

Keith Thomas, *Man and the Natural World: Changing Attitudes in England 1500 -1800* (London: Allen Lane, 1983).

Walt Unsworth, *Hold the Heights: the Foundations of Mountaineering* (London: Hodder and Stoughton, 1994).

Jan Morris, *Pax Britannica trilogy* (London: Faber, 1968, 1973, 1978).

Donald Bennet, ed., *The Munros* (Edinburgh: The Scottish Mountaineering Trust, 1985).

찾아보기

산에 오르는 마음

초판 인쇄 2023년 2월 8일
초판 발행 2023년 2월 24일

지은이   로버트 맥팔레인
옮긴이   노만수
펴낸이   강성민
편집장   이은혜
기획   노만수
편집   박지호
마케팅   정민호 이숙재 박치우 한민아 이민경 박진희 정경주 정유선 김수인
브랜딩   함유지 함근아 박민재 김희숙 고보미 정승민

펴낸곳   (주)글항아리 | 출판등록 2009년 1월 19일 제406-2009-000002호

주소   10881 경기도 파주시 회동길 210
전자우편 bookpot@hanmail.net
전화번호 031) 955-2696(마케팅) 031) 955-1936(편집부)
팩스   031) 955-2557

ISBN   979-11-6909-072-8(03980)

잘못된 책은 구입하신 서점에서 교환해드립니다.
기타 교환 문의: 031) 955-2661, 3580

www.geulhangari.com